Geomorfologia
e
Meio Ambiente

Leia também:

Avaliação e Perícia Ambiental

Geomorfologia do Brasil

Geomorfologia:
Uma Atualização de Bases e Conceitos

Geomorfologia:
Exercícios, Técnicas e Aplicações

Impactos Ambientais Urbanos

A Questão Ambiental

Antonio José Teixeira Guerra
e
Sandra Baptista da Cunha

organizadores

Geomorfologia e Meio Ambiente

13ª EDIÇÃO

Copyright © Antonio José Teixeira Guerra e
Sandra Baptista da Cunha

Capa: projeto gráfico de Leonardo Carvalho, utilizando fotos de processo
erosivo acelerado (voçoroca em São Gabriel do Oeste – MS)
(Foto de A. J. T. Guerra, 1995)

2017
Impresso no Brasil
Printed in Brazil

CIP-Brasil. Catalogação na fonte
Sindicato Nacional dos Editores de Livros, RJ.

G298 13ª ed.	Geomorfologia e meio ambiente / Antonio José Teixeira Guerra e Sandra Baptista da Cunha (organizadores). – 13ª ed. – Rio de Janeiro: Bertrand Brasil, 2017. 396p. Inclui bibliografia ISBN 978-85-286-0573-0 1. Geomorfologia. 2. Meio ambiente. I. Guerra, Antonio José Teixeira. II. Cunha, Sandra Baptista da.
96-0989	CDD – 551.4 CDU – 551.4

Todos os direitos reservados pela
EDITORA BERTRAND BRASIL LTDA.
Rua Argentina, 171 – 2º andar – São Cristóvão
20921-380 – Rio de Janeiro – RJ
Tel.: (0xx21) 2585-2000 Fax: (0xx21) 2585-2087

Não é permitida a reprodução total ou parcial desta obra, por quaisquer
meios, sem a prévia autorização por escrito da Editora.

Atendimento e venda direta ao leitor:
mdireto@record.com.br ou (21) 2585-2002

Sumário

Apresentação 13
Prefácio 15
Autores 21

CAPÍTULO 1   INTEMPERISMO EM REGIÕES TROPICAIS 25
                 Claudio Gerheim Porto

1. *Introdução* 25

2. *Fatores Condicionantes do Intemperismo* 26
    2.1. Fatores Endógenos 27
    2.2. Fatores Exógenos 28

3. *Intemperismo Físico* 29

4. *Intemperismo Químico* 30
    4.1. Reações de Dissolução 30
    4.2. Reações de Oxidação 31
    4.3. Reações de Hidrólise 32

5. *Regolitos Tropicais e Zonas Morfoclimáticas* 33

6. *Conceituação de Regolitos* 38

7. *Estruturação de Regolitos* 40
    7.1. Zona Saprolítica 40
    7.2. Zona Pedolítica 42

8. *Condições para a Formação e Equilíbrio dos Regolitos Lateríticos* 46

9. *Processos de Transformação de Regolitos* 47
    9.1. Podzolização de Latossolos 47
    9.2. Regolitos Lateríticos Modificados sob Regimes Equatoriais 48
    9.3. Regolitos Lateríticos Modificados sob Regime Árido 50

10. *Conclusões* 53

11. *Bibliografia* 54

CAPÍTULO 2   PEDOLOGIA E GEOMORFOLOGIA 59
                  Francesco Palmieri
                  Jorge Olmos Iturri Larach

1. *Introdução* 59

2. *Estudos de Campo e de Laboratório* 61
    2.1. Atividades de Campo 61
    2.2. Atividades de Laboratório 62

3. *Tipos de Mapas de Solos* 64

4. *Pedologia — Conceitos Básicos* 64
    4.1. Solo 66
    4.2. Horizonte de Solo 66
    4.3. Perfil 67
    4.4. Solum 68
    4.5. Pedon 68
    4.6. Polipedon 69

5. *Gênese do Solo* 69
    5.1. Fatores 70
    5.2. Mecanismos 72
    5.3. Processos 73

6. *Relações entre Pedologia e Meio Ambiente* 74
    6.1. Relevo e Características dos Solos 76
    6.2. Clima e Características dos Solos 81
    6.3. Organismos e Características dos Solos 85

7. *Solos e Paisagens* 90

8. *Aplicação dos Estudos Edafo-Ambientais* 115

9. *Conclusões* 118

10. *Bibliografia* 119

CAPÍTULO 3   MOVIMENTOS DE MASSA: UMA ABORDAGEM
                    GEOLÓGICO-GEOMORFOLÓGICA 123
                    Nelson Ferreira Fernandes
                    Cláudio Palmeiro do Amaral

1. *Introdução* 123

2. *Classificação e Condicionantes* 126
   2.1. Classificação 127
   2.2. Condicionantes Geológicos e Geomorfológicos 147

3. *Documentação e Investigação dos Deslizamentos* 161

4. *Previsão de Deslizamentos e Medidas para Redução dos Riscos Associados* 171
   4.1. Mapas de Susceptibilidade a Deslizamentos 171
   4.2. Cartas de Risco de Acidentes Associados a Deslizamentos 175
   4.3. Medidas de Redução dos Acidentes Associados a Deslizamentos 181

5. *Conclusões* 185

6. *Bibliografia* 186

CAPÍTULO 4   BIOGEOGRAFIA E GEOMORFOLOGIA 195
            João Batista da Silva Pereira
            Josimar Ribeiro de Almeida

1. *Introdução* 195

2. *Princípios Gerais da Biogeografia* 196
   2.1. Fatores Determinantes da Biogeografia 197

3. *Inter-relações das Dinâmicas Biológica e Geográfica* 205
   3.1. Inter-relações Históricas e Filogenéticas: Geomorfologia e Biogeografia 206

3.2. Inter-relações Estruturais e Funcionais do Clima-Solo-Biota 219

3.3. Inter-relações Biogeoquímicas 222

4. *Biogeografia e Formações de Novas Espécies* 226
   4.1. Teoria Sintética da Evolução 226
   4.2. Especiação Geográfica e Especialização Ecológica 227
   4.3. Distribuição Geográfica: Centro de Origem e Área Biogeográfica 231

5. *Regiões Biogeográficas* 233
   5.1. Regiões Fitogeográficas 234
   5.2. Regiões Zoogeográficas 236
   5.3. Regiões Biogeográficas da América Latina 239

6. *Conclusões* 246

7. *Bibliografia* 247

CAPÍTULO 5   DESERTIFICAÇÃO: RECUPERAÇÃO E DESENVOLVIMENTO SUSTENTÁVEL 249
Dirce Maria Antunes Suertegaray

1. *Introdução* 249

2. *Recuperação de Áreas Desertificadas* 255

3. *Problemática da Desertificação no Brasil* 261

4. *Processo de Arenização no Sudoeste do Rio Grande do Sul e Propostas de Recuperação* 266

5. *Desertificação, Biodiversidade e Desenvolvimento Sustentável* 279

6. *Conclusões* 285

7. *Bibliografia* 287

CAPÍTULO 6   GEOMORFOLOGIA APLICADA AOS EIAS — RIMAs 291
Jurandyr Luciano Sanches Ross

1. *Introdução* 291

2. *Estudos de Impacto Ambiental* 296
    2.1. Antecedentes do EIA-RIMA 296
    2.2. Aplicações dos Estudos de Impacto Ambiental e Relatórios de Impacto Ambiental 300

3. *Abordagem Geomorfológica nos Estudos Ambientais* 305
    3.1. Entendimento Morfogenético: Diagnóstico do Relevo 307

4. *Recursos Naturais, Sistemas Naturais e Fragilidade Potencial do Relevo* 316
    4.1. Análise Empírica da Fragilidade 318

5. *Relevo e Impactos Ambientais* 324
    5.1. Um exemplo Aplicado: Implantação de Núcleo Urbano 324

6. *Conclusões* 334

7. *Bibliografia* 335

CAPÍTULO 7   DEGRADAÇÃO AMBIENTAL 337
Sandra Baptista da Cunha
Antonio José Teixeira Guerra

1. *Introdução* 337

2. *Relações entre Meio Ambiente e Geomorfologia* 338
   2.1. Meio Ambiente 339
   2.2. Degradação Ambiental e Sociedade 342
   2.3. Causas da Degradação Ambiental 345
   2.4. Papel Integrador da Geomorfologia 348

3. *Desequilíbrios na Paisagem* 352
   3.1. Bacia Hidrográfica — Uma Visão Integradora 353
   3.2. Encostas 355
   3.3. Vale Fluvial 361
   3.4. Gestão e Impactos 365

4. *Monitoramento da Degradação Ambiental* 367
   4.1. Mensuração 368
   4.2. Tipos de Mensuração e Problemas Relacionados 371

5. *Conclusões* 375

6. *Bibliografia* 376

ÍNDICE REMISSIVO 381

Apresentação

A Geomorfologia, por se tratar de uma ciência que estuda diferentes aspectos da superfície da Terra, possui um caráter altamente integrador entre as Ciências Ambientais procurando compreender a evolução espaço-temporal do relevo terrestre. Assim sendo, nesse livro, a Geomorfologia é o fio condutor entre os diversos segmentos que constituem o quadro ambiental.

O livro *Geomorfologia e Meio Ambiente* se propõe a complementar a obra anteriormente lançada — *Geomorfologia: uma Atualização de Bases e Conceitos* — através da análise de temas como: intemperismo, pedologia, movimentos de massa, biogeografia, desertificação, impactos e degradação ambiental. Atende, como o livro anterior, ao ensino de graduação e pós-graduação nas áreas de Geografia, Geologia, Ecologia, Biologia, Engenharia Civil, Agronômica e Florestal e outros cursos no campo das Ciências da Terra.

Esta obra busca reunir tópicos tratados em diferentes publicações, de forma a atualizar e aprofundar conhecimentos dispersos contribuindo para a diminuição dos impactos e a melhoria da gestão ambiental.

No primeiro capítulo, o intemperismo é analisado em regiões tropicais, destacando sua importância na formação dos solos. O segundo capítulo enfatiza a importância dos conceitos básicos pedológicos, destacando as diversas aplicações que os estudos edafo-ambientais possuem no mundo de hoje. O terceiro capítulo apresenta os movimentos de massa levando em consideração os fatores geológicos, geomorfológicos, climáticos e sociais que detonam esses processos. O quarto capítulo trata das relações entre biogeografia e geomorfologia apresentando a importância dos oceanos, continentes e ilhas, bem como das formas de relevo como fatores determinantes da distribuição dos animais e vegetais na superfície da Terra. O quinto capítulo aborda a desertificação, enfatizando a preocupação do homem no combate a esse processo, sua recuperação e o conseqüente desenvolvimento sustentável. O sexto capítulo analisa o papel da Geomorfologia nos EIAs-RIMAs, abordando os sistemas ambientais face às intervenções antrópicas. O sétimo e último capítulo destaca a degradação ambiental analisando as relações entre ambiente, degradação e geomorfologia que representa o fio condutor desse livro.

Prefácio

Este é o terceiro livro que os autores lançam no mercado editorial em curto espaço de tempo e que se complementam. Trata-se, como seus antecessores, de importante contribuição à bibliografia geomorfológica brasileira, que certamente receberá a melhor acolhida.

Um prefácio é mais do que simples apresentação de uma obra, já que deve introduzir o leitor no seu espírito (prefácio, do latim *prae* = antes e *fare* = falar); por extensão, não deveria limitar-se a derramar elogios: por essas razões, elaborar um prefácio não é tarefa das mais simples.

Este livro apresenta importantes contribuições à literatura geomorfológica brasileira, que é um de seus propósitos. Um outro, seria o de mostrar a contribuição da Geomorfologia para os estudos ambientais. Finalmente, e não menos ambicioso, tem o propósito de atender ao ensino da Geografia, das Ciências Naturais e suas aplicações no campo das Engenharias.

Para entender esta obra, é importante lembrar ao leitor como ela se situa no panorama editorial brasileiro

PREFÁCIO

sobre a matéria. Em relação à Geomorfologia, preenche um espaço de tempo considerável entre o aparecimento das 1ª e 2ª edições do texto de MARGARIDA M. PENTEADO (1973 e 1978) e daquele de CHRISTOFOLETTI. É bem verdade que sai quase ao mesmo tempo que o livro homólogo de BIGARELLA (1995). Sobre a aplicação da Geomorfologia para estudos do meio ambiente, tem já companhia mais recente nas obras de JURANDYR LUCIANO SANCHES ROSS (1990) e de VALTER CASSETTI (1991). Por aí, o leitor perceberá o quão ainda é escassa a produção nacional de textos básicos, e porque este livro, com seus companheiros que o antecedem de pouco, preenche uma lacuna no panorama editorial brasileiro.

Em relação ao terceiro propósito, de atender ao ensino, é necessário apresentar algumas considerações para permitir ao leitor melhor apreciar o espírito deste trabalho.

Na sua apresentação, os organizadores lembram, com muita propriedade, que o livro "busca reunir tópicos tratados em diferentes publicações" essa observação, com certeza, alerta o leitor de que os autores de cada tópico o abordarão livremente sem, necessariamente, a presença de um fio condutor que os unifique. Em outros termos, não se trata de uma obra linear, como classicamente são construídos os manuais.

Se essa liberdade faz com que o texto, de um lado, mostre uma evidente falta de unidade (que os organizadores procuram compensar no capítulo final), que pode confundir o leitor menos avisado (por exemplo, estudante de graduação), tem, por outro lado, a virtude de mostrar que o caminho do conhecimento não é uma senda única, que a sua construção percorre várias tri-

PREFÁCIO

lhas, que se complementam ou se completam e, até mesmo, se contradizem. Isso está relacionado ao fato que os que aí laboram não seguem os mesmos postulados teórico-metodológicos. Essa virtude traz consigo a possibilidade da riqueza de reflexões, que o leitor mais avisado faz naturalmente (por exemplo, estudantes de pós-graduação e outros profissionais).

Por fim, é também importante assinalar ao leitor que os organizadores propõem, com este livro, complementar a obra anteriormente lançada: *Geomorfologia: uma Atualização de Bases e Conceitos.*

Com efeito, os dois primeiros capítulos preenchem uma lacuna desse texto: o capítulo 1, de CLAUDIO GERHEIM PORTO trata do "Intemperismo em Regiões Tropicais", abordando seus aspectos físicos e químicos, os principais elementos que compõem solos e alteritas e suas eventuais variações em função dos condicionantes climáticos. O segundo capítulo "Pedologia e Geomorfologia", de FRANCESCO PALMIERI e JORGE OLMOS ITURRI LARACH, aborda brevemente os procedimentos dos trabalhos pedológicos que resultariam, entre outras coisas, em mapeamentos. Segue a linha clássica de explicar a organização vertical dos perfis de solo e suas relações com os fatores ambientais naturais, ressaltando a influência da topografia, como elemento importante para a compreensão da relação da Pedologia com a Geomorfologia. Terminam em considerações a respeito da aplicação dos estudos pedológicos para a melhor compreensão do meio ambiente.

O capítulo 3 "Movimentos de Massa: uma Abordagem Geológico-Geomorfológica", de NELSON FERREIRA FERNANDES e CLAUDIO PALMEIRO DO AMARAL, é também

PREFÁCIO

complementar ao livro anterior citado: este trata apenas dos processos erosivos pelo escoamento pluvial superficial, provocador da movimentação de partículas. Neste capítulo, como complemento, são tratados os movimentos coletivos, onde a ação da gravidade assume papel fundamental, como a queda de blocos, ou é grandemente auxiliada pela saturação/acumulação de água nos solos e saprolitos. Acrescentam as movimentações de blocos, a influência das características estruturais das rochas, como fatores que facilitam ou propiciam movimentos de massa, assim como as descontinuidades no interior dos solos. Trata-se, assim, de completar a visão da importância dos processos endogenéticos na formação dos relevos, abordada na obra anterior. Também aqui, os autores terminam com considerações sobre as maneiras de detectar, prever e prevenir movimentos de massa, atendendo assim ao propósito de mostrar a contribuição dos conhecimentos geomorfológicos para os estudos ambientais.

Em "Biogeografia e Geomorfologia" (capítulo 4), JOÃO BATISTA DA SILVA PEREIRA e JOSIMAR RIBEIRO DE ALMEIDA apresentam o último complemento à *Geomorfologia: uma Atualização de Bases e Conceitos*: nesse sentido, constituiria mesmo uma inovação, em termos de texto básico de Geomorfologia, se este capítulo lá estivesse em vez daqui. A abordagem é bastante original, pois procura mostrar as causas da distribuição das espécies na superfície terrestre, tanto em função das condições ambientais atuais quanto daquelas devidas às variações paleoclimáticas, pelo menos a partir da fragmentação do PANGEAE. As indicações sobre as relações clima-solo-biota, envolvendo aspectos geoquímicos, sobre as teorias da evolução e suas conseqüências em termos de especiação geográfica e especialização ecológica permitem uma boa abordagem da fito e da zoogeografia.

É importante assinalar ao leitor que este capítulo representa a primeira aproximação de uma Biogeografia voltada para nosso continente: talvez o prenúncio de um futuro livro sobre a matéria?

Os três capítulos finais tratam, estes sim, da aplicação da Geomorfologia aos estudos do meio ambiente.

"Desertificação: Recuperação e Desenvolvimento Sustentável" de DIRCE MARIA ANTUNES SUERTEGARAY não procura explicar o que é deserto (que aliás não foi tratado no livro anterior), mas sim mostrar que há perigo de desertificação sob certas condições de uso das terras, quais os meios e procedimentos de recuperação. Há uma especial menção a problemas brasileiros, sobretudo os fenômenos de arenização da campanha gaúcha.

No capítulo 6, "Geomorfologia Aplicada aos EIAs-RIMAs", JURANDYR LUCIANO SANCHES ROSS apresenta inicialmente o histórico desses procedimentos entre nós, suas delimitações oficiais. Para mostrar como o diagnóstico do relevo pode auxiliar a percepção de riscos e fragilidades dos ambientes, apresenta um estudo de caso, indicando como é possível realizar a pesquisa e a representação cartográfica da fragilidade do relevo.

O último capítulo "Degradação Ambiental", de autoria dos organizadores SANDRA BAPTISTA DA CUNHA e ANTONIO JOSÉ TEIXEIRA GUERRA, parte da premissa que a "degradação ambiental é, por definição, um problema social": na realidade, é preciso não esquecer que trata-se de uma apreciação/avaliação dos danos que as ações do homem provocam nos ambientes, sobretudo nos proces-

PREFÁCIO

sos naturais. Privilegiam a bacia hidrográfica, que integra (e permite essa visão integradora) a maior parte dos processos naturais: é aí que os impactos causados pelas ações antrópicas podem ser mensurados, avaliados e monitorados. Porém, mais do que isso, esse capítulo procura "costurar" a unidade do livro, tentando mostrar que, apesar de tudo, ele apresenta certa unidade, sobretudo através da identidade de propósitos de cada tópico: a sua contribuição ao estudo do ambiente.

Pelo que se depreende da leitura deste livro, ele não é apenas muito rico pelas informações que contém, mas muito mais pelas reflexões que permite a respeito das relações entre o estudo das formas do relevo, sua gênese, evolução e comportamento, e os riscos de degradação ambiental e como preveni-los. Certamente, ocupará um lugar privilegiado nas mesas de estudo e trabalho de estudantes e profissionais.

JOSÉ PEREIRA DE QUEIROZ NETO

Autores

Claudio Gerheim Porto é geólogo, doutor em Geologia pela Universidade de Londres (Inglaterra) e professor adjunto do Departamento de Geologia da Universidade Federal do Rio de Janeiro (Instituto de Geociências, Ilha do Fundão, Cidade Universitária, CEP 21940-590, Rio de Janeiro)

Francesco Palmieri é engenheiro agrônomo, doutor em Ciência do Solo pela Universidade de Purdue (Estados Unidos) e pesquisador III da EMBRAPA — CNPSolos (Rua Jardim Botânico 1024 CEP 22460-000, Rio de Janeiro)

Jorge Olmos Iturri Larach é engenheiro agrônomo pela Universidade Federal Rural do Rio de Janeiro e pesquisador II da EMBRAPA — CNPSolos (Rua Jardim Botânico 1024 CEP 22460-000, Rio de Janeiro)

Nelson Ferreira Fernandes é geólogo, doutor em Geologia pela Universidade da Califórnia (Berkeley) e professor adjunto do Departamento de Geografia da Universidade Federal do Rio de Janeiro (Instituto de

Geociências, Ilha do Fundão, Cidade Universitária, CEP 21940-590, Rio de Janeiro)

Claudio Palmeiro do Amaral é geólogo, mestre em Geologia pela Universidade Federal do Rio de Janeiro, e técnico da Fundação Instituto de Geotécnica do Rio de Janeiro/GEORIO (Rua Fonseca Telles 121/10º São Cristóvão, CEP 20940-020, Rio de Janeiro)

João Batista da Silva Pereira é biólogo, mestrando em Ecologia pela Universidade Federal do Rio de Janeiro e tecnologista senior II da Fundação IBGE (Rua Paulo Fernandes 24, Praça da Bandeira, CEP 20271-300, Rio de Janeiro)

Josimar Ribeiro de Almeida é biólogo, doutor em Ciências Biológicas pela Universidade Federal do Paraná e professor adjunto do Departamento de Ecologia da Universidade Federal do Rio de Janeiro (Instituto de Biologia, Ilha do Fundão, Cidade Universitária, CEP 21590, Rio de Janeiro)

Dirce Maria Antunes Suertegaray é doutora em Geografia Física pela Universidade de São Paulo e professora titular do Departamento de Geografia da Universidade Federal do Rio Grande do Sul (Departamento de Geografia, Campos do Vale, Rua Bento Gonçalves 9500, CEP 91540-000, Porto Alegre, Rio Grande do Sul)

Jurandyr Luciano Sanches Ross é doutor em Geografia pela Universidade de São Paulo (USP) e professor assistente doutor do Departamento de Geografia da Faculdade de Filosofia, Letras e Ciências Humanas da Universidade de São Paulo (Caixa Postal 8105, CEP 05508-900, São Paulo)

Sandra Baptista da Cunha é doutora em Geografia pela Universidade de Lisboa (Portugal) e professora adjunta do Departamento de Geografia da Universidade Federal do Rio de Janeiro (Instituto de Geociências, Ilha do Fundão, Cidade Universitária, CEP 21940-590, Rio de Janeiro)

Antonio José Teixeira Guerra é doutor em Geografia pela Universidade de Londres (Inglaterra), pesquisador do CNPq e professor adjunto do Departamento de Geografia da Universidade Federal do Rio de Janeiro (Instituto de Geociências, Ilha do Fundão, Cidade Universitária, CEP 21940-590, Rio de Janeiro)

CAPÍTULO 1

INTEMPERISMO EM REGIÕES TROPICAIS

Claudio Gerheim Porto

1. Introdução

Toda atividade biológica terrestre depende direta ou indiretamente do manto de intemperismo, ou regolito, que nada mais é do que uma fina película representando um contato transicional entre a litosfera e a atmosfera. Como regolito entende-se todo material inconsolidado que recobre o substrato rochoso inalterado, ou protolito, sendo formado por material intemperizado *in situ* ou transportado. No regolito, as propriedades físicas, químicas e mineralógicas do protolito se alteram, progressivamente de baixo para cima, até atingir os solos em superfície, sempre buscando atingir o equilíbrio com as condições ambientais vigentes. Sobre os regolitos atuam também os processos geomorfológicos que moldam a superfície terrestre. Torna-se portanto evidente que o entendimento dos processos responsáveis pela formação dos regolitos é de fundamental importância para o estudo de muitos tópicos ligados ao meio ambiente.

Esta importância é especialmente marcante nas regiões tropicais onde, devido às mais altas temperaturas e umidade, a degradação química é acelerada podendo resultar em regolitos de mais de uma centena de metros de espessura. A importância dos regolitos em regiões tropicais vem se materializando no meio científico através de uma série de trabalhos mais recentes que sistematizam conceitos de um campo de conhecimentos caracteristicamente multidisciplinar, uma vez que tem tido a contribuição de geólogos, geomorfólogos, pedólogos, agrônomos, mineralogistas, geotécnicos, entre outros. Entre esses trabalhos destacam-se os de Butt & Zeegers (1992), com ênfase na exploração mineral, Faniran & Jeje (1983), McFarlane (1976) e Thomas (1994), com ênfase na geomorfologia, Nahon (1991) e Tardy (1993), com ênfase na petrologia, e Fookes (1990) com ênfase na geotecnia.

Neste capítulo serão focalizados os processos de evolução intempérica de regolitos em regiões tropicais, após uma breve revisão de alguns princípios que regem o intemperismo nessas regiões.

2. Fatores Condicionantes do Intemperismo

Os fatores que condicionam o intemperismo de uma maneira geral podem ser divididos em dois grandes grupos: fatores endógenos e exógenos. Os fatores endógenos estão diretamente relacionados à natureza do protolito e à tectônica associada. Os fatores exógenos são interdependentes e basicamente controlados pelas condições climáticas e geomorfológicas.

2.1. Fatores Endógenos

Um dos principais fatores endógenos que condicionam o intemperismo é a composição mineralógica do protolito, já que esta influencia no seu grau de alteração, de acordo com a susceptibilidade de alteração dos minerais presentes. Esta susceptibilidade depende da ligação entre os ions que é mais forte naqueles com maior carga e menor raio atômico. Assim, os íons Si^{4+} e Al^{3+} formam ligações mais fortes do que íons como o Mg^{2+}, Fe^{2+}, Ca^{2+}, Na^+ e K^+. Este é o princípio básico para se explicar a série de Goldich (1938) que dá a ordem de estabilidade dos minerais como mostra a Figura 1.1 e de onde se deduz que rochas de composição básica e ultrabásica tendem a se alterar mais facilmente do que as mais ricas em quartzo. No entanto a granulometria dos minerais também influencia a alteração já que quanto menor o grão, maior a razão entre sua superfície e seu volume, e conseqüentemente, maior sua exposição aos agentes intempéricos. O *fabric* do protolito também vai influenciar na susceptibilidade à alteração da rocha. Grãos recristalizados possuem maior área de contato entre si, resultando numa maior coesão. Da mesma forma, planos de fratura ou clivagem podem facilitar o acesso de fluidos intempéricos. Por este motivo, áreas muito tectonizadas tendem a gerar regolitos mais espessos.

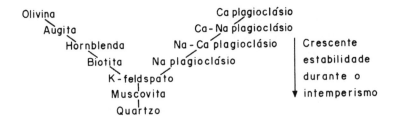

Figura 1.1 — *Seqüência de susceptibilidade ao intemperismo de minerais silicatados (Goldich, 1938).*

Por outro lado, em áreas tectonicamente estáveis, os regolitos tendem a se preservar, ao contrário de áreas tectonicamente ativas que, devido a movimentos de soerguimento, promovem um aumento da taxa de erosão. Áreas estáveis também permitem que os regolitos permaneçam expostos por longos períodos e evoluam de acordo com as mudanças ambientais. A combinação desses fatores é suficiente para tornar bastante complexa suas influências na formação de regolitos.

2.2. Fatores Exógenos

Estes fatores dependem basicamente das condições climáticas e geomorfológicas. Clima quente e úmido, com cobertura vegetal exuberante, favorece a formação de espessos regolitos através da ação de ácidos orgânicos que facilitam o intemperismo químico. A ação física das raízes também induz ao fraturamento e acesso aos fluidos, além de proteger o regolito da ação erosiva. O regime hidrológico também pode favorecer a formação de espessos regolitos em situações de livre circulação de fluidos e constante lixiviação, o que evita a saturação das soluções e a consequente diminuição de sua reatividade. De acordo com os princípios termodinâmicos isto se traduz em situações onde a atividade da água é igual a umidade levando à formação de minerais secundários hidratados (Tardy e Nahon, 1985). Isto ocorre em ambientes com boa porosidade associado a terrenos com inclinações suficientes para permitir o escoamento dos fluídos no lençol d'água, sem no entanto elevar em demasia a taxa de erosão superficial.

3. Intemperismo Físico

Estes são subordinados aos processos químicos de alteração da rocha em regiões tropicais. Mecanismos tais como fraturamento por cristalização de sais e insolação agem, geralmente, sobre o protolito quando suas superfícies são expostas. Em regiões cobertas por regolitos esses mecanismos não atuam, mas o fraturamento devido ao alívio de pressão pode ocorrer na frente de intemperismo, gerando um conjunto de fraturas teoricamente paralelas à superfície. No entanto, o *microfabric* do protolito é também afetado por microfraturamentos intra e intergrãos que podem acompanhar planos de fraqueza originais no protolito não necessariamente paralelos à superfície (Dobereiner e Porto, 1993; Barroso *et al.*, 1993). Isto gera um complexo sistema de microfraturas que resulta num aumento de volume (Porto e Hale, 1995). Este aumento pode, no entanto, vir a ser compensado por uma redução volumétrica em áreas vizinhas, por perda de massa, devido à lixiviação química (Trescases, 1992). O fraturamento por alívio de pressão é, provavelmente, um dos primeiros efeitos do intemperismo, permitindo o acesso de fluídos que desencadeiam as reações responsáveis pelo intemperismo químico.

4. Intemperismo Químico

Reações químicas do intemperismo são controladas essencialmente pela água meteórica e gases nela dissolvidos (O_2 e CO_2). Os produtos dessas reações constituem os minerais secundários, que formam o regolito, e o material dissolvido, que pode ser removido em solução ou reprecipitado em ambientes favoráveis no regolito. Os produtos secundários formam o plasma enquanto que os resíduos de minerais primários formam o esqueleto do novo *fabric* desenvolvido (Brewer, 1964). Os produtos secundários, quando formados *in situ*, a partir da estrutura cristalina de um mineral preexistente, são denominados de minerais transformados. Quando estes se formam a partir de ions precipitados das soluções intempéricas são denominados de minerais neoformados.

Os principais tipos de reações intempéricas serão apresentados nos itens abaixo:

4.1. Reações de Dissolução

Esta reação se dá pela solubilização dos elementos que compõem os minerais. Sua intensidade vai depender da quantidade de água que passa em contato com os minerais e da solubilidade desses minerais. Assim, minerais de alta solubilidade, como halita (NaCl), são facilmente dissolvidos. Isto contrasta com a solubilidade do quartzo que é muito baixa ($<6mg/<SiO_2$). Normalmente as águas continentais se encontram saturadas com a sílica dissolvida, proveniente de outros silicatos, mas quando estes são consumidos, como nas porções superiores de regolitos muito lixiviados, tipo perfis lateríticos, as soluções passam a ser subsaturadas em sílica e o quartzo pode ser dissolvido pela água meteórica pura (Trescases, 1992).

4.2. Reações de Oxidação

Trata-se de uma reação com O_2 formando óxidos, ou hidróxidos, se a água também é envolvida no produto secundário.

Afeta principalmente os minerais contendo ions polivalentes tais como o ferro e manganês. Principal responsável pela coloração avermelhada característica dos regolitos tropicais. A reação pode se dar por etapas, primeiramente com a liberação do Fe^{2+} por hidrólise:

$$2FeS_2 + 2H_2O + 7O_2 \rightarrow 2Fe^{2+} + 4SO_4^{2-} + 4H^+$$

Seguido da oxidação do Fe^{2+}:

$$2Fe^{2+} + 3H_2O + \tfrac{1}{2}O_2 \rightarrow 2FeO.OH + 4H^+$$

Em perfis lateríticos esta reação é referida como ferrólise (Mann, 1983).

Os óxidos e hidróxidos de ferro, aqui representados por FeO.OH, são insolúveis e precipitam-se na faixa de pH geralmente encontrada em superfície ou são carreados em soluções coloidais. No entanto, é também comum nos solos superficiais de regolitos tropicais condições ácidas e redutoras devido à abundância de matéria orgânica e nestas condições os oxihidróxidos de ferro se reduzem e são mobilizados para fora ou para níveis inferiores do regolito.

4.3. Reações de Hidrólise

Trata-se da reação mais comum para os minerais silicatados. É a reação química que se dá pela quebra da ligação entre os íons dos minerais pela ação dos íons H^+ e OH^- da água. Os protons H^+ são consumidos e íons OH^-, catíons e ácido silícico são colocados em solução, podendo haver um produto secundário residual.

Na sua forma mais simples pode ser exemplificada com a hidrólise da olivina, neste caso sem a produção de mineral secundário:

$$Mg_2SiO_4 + 4H_2O \rightarrow 2Mg^{2+} + 4OH^- + H_4SiO_4$$

A presença de ácido carbônico a partir de CO_2 dissolvido na água, favorece ainda mais as reações de hidrólise.

As reações de hidrólise podem também ser exemplificadas para os feldspatos potássicos que, com a crescente agressividade das soluções percolantes, pode gerar ilita, caolinita ou gibsita como produto secundário. Estes produtos podem também ser gerados em estágios, primeiramente para ilita, subseqüentemente para caolinita e por fim para gibsita com a perda gradual de K e Si (Figura 1.2).

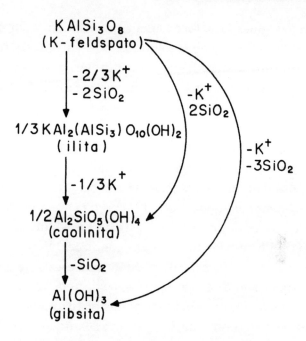

Figura 1.2 — *Possíveis reações intempéricas do feldspato potássico mostrando a proporção de K^+ e SiO_2 perdido em cada estágio de transformação.*

5. Regolitos Tropicais e Zonas Morfoclimáticas

As condições climáticas que prevalecem dentro dos regolitos são as que determinam os processos intempéricos que atuam nos mesmos. Estes dados são escassos, a nível regional, mas refletem o clima atmosférico, que influencia diretamente na lixiviação dos regolitos. A lixiviação é dada pela diferença entre a precipitação e o escoamento superficial e a evapotranspiração que é o efeito combinado da transpiração das plantas e a evaporação. Regiões climáticas atuais, no entanto, nem sempre refletem o tipo de regolito associado. Regolitos como observados hoje podem resultar de longo e complexo processo evolutivo que se dá em estreita relação com a evolução dos regimes climáticos e geomorfológicos. Regolitos podem, portanto, apresentar características herdadas de regimes pretéritos. Para que essas mudanças de regime possam imprimir suas marcas nos regolitos, e na paisagem em geral, estas devem ser suficientemente duradouras. Segundo Butt (1987) uma escala de tempo de 102 a 103 anos seria necessária para que os solos comecem a se adaptar às novas condições. Para o perfil intempérico e a paisagem em geral, essa escala de tempo seria da ordem de 106 e 107 anos, respectivamente.

Nas regiões temperadas atuais os regolitos são, em geral, mais recentes, devido ao efeito exumador das glaciações pleistocênicas. Já nas regiões tropicais e subtropicais, especialmente aquelas dominadas por áreas cratônicas, tectonicamente estáveis e de baixo relevo, os regolitos e a paisagem em geral são resultados de efeitos intempéricos cumulativos que podem durar dezenas a centenas de milhões de anos. Como exemplo pode-se citar porções do escudo Pré-cambriano do oeste da Austrália que estão expostas ao intemperismo desde o Proterozóico, porém mais comumente desde o Terciário (Butt, 1981).

Regiões que foram submetidas a semelhantes histórias intempéricas são reconhecidas como zonas morfoclimáticas (Budel, 1982). Estas zonas são definidas em termos dos efeitos dos processos morfogenéticos ativos sobre os regolitos preexistentes. As zonas morfoclimáticas relevantes para os trópicos e subtrópicos são mostradas na Figura 1.3, onde predomina a zona peritropical, correspondente às regiões tropicais sazonais atuais, caracterizadas por regolitos espessos e aplainamento pronunciado. Já a zona tropical interior corresponde às regiões de clima equatorial, permanentemente úmido e com aplainamento menos pronunciado.

As condições que caracterizam a zona peritropical foram provavelmente bem mais abrangentes durante o Cretáceo, atingindo não apenas as regiões marginais, hoje ocupadas pelas zonas áridas quentes, mas avançava a latitudes mais elevadas.

A influência da migração continental nessas mudanças globais foi fundamental como exemplificado na Figura 1.4, que mostra a posição dos continentes Sul-americano e Africano no Cretáceo e no Mioceno. Observa-se que, durante o Cretáceo, as áreas hoje ocupadas pelas florestas equatoriais eram dominadas por regimes climáticos sazonais, com precipitação média de 500 a 2000mm/ano, o que favorece a formação de regolitos lateríticos, com formação de crostas ferruginosas. No Mioceno estes regolitos são submetidos às condições equatoriais que promovem a destruição das crostas. Dessa maneira, as crostas hoje presentes na região Amazônica são feições reliquiares. Da mesma forma, as crostas hoje presentes nas regiões semi-áridas do oeste da Austrália e do Sahel, na África, são herdadas de regimes morfoclimáticos pretéritos.

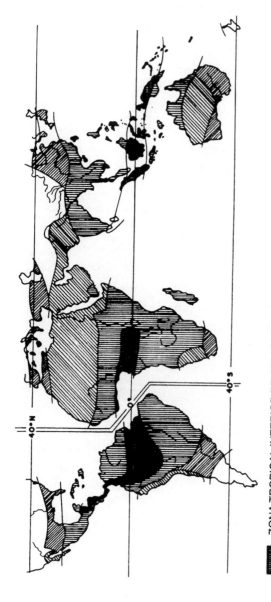

Figura 1.3 — *Regiões morfoclimáticas atuais (Budel, 1982).*

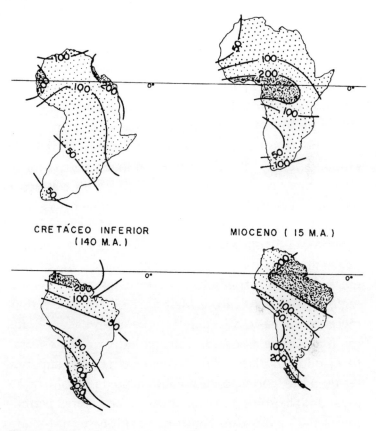

Figura 1.4 — *Posição relativa dos continentes Sul-americano e Africano em relação ao Equador durante o Cretáceo e o Mioceno com as respectivas isoietas (modificado de Tardy et al., 1988).*

6. Conceituação de Regolitos

O conceito de regolitos em regiões tropicais está estreitamente ligado ao de perfis lateríticos. O termo laterito, originalmente definido por Buchanan (1807), na Índia, para descrever um material avermelhado e endurecido, utilizado para construção, tem sido mais recentemente estendido para abranger o perfil laterítico como um todo (Nahon e Tardy, 1992; Tardy, 1993). Perfis lateríticos podem se encontrar incompletos por truncamento ou por não terem se desenvolvido na totalidade ou ainda variadamente modificado ao longo de sua história intempérica pela imposição de diferentes condições morfoclimáticas. Tardy (1992) define como terrenos lateritizados toda a área do globo correspondente à zona de rubeficação definida por Pedro (1968). Esta área recobre quase um terço da área continental emersa. No entanto, em termos de processos de evolução de perfis em regiões tropicais Pedro e Melfi (1983) distinguem dois mecanismos básicos: aquele em que as argilas caoliníticas mantêm-se associadas aos oxihidróxidos de ferro, formando um plasma homogêneo nas porções superiores do perfil, corresponde ao fenômeno da ferralitização gerando latossolos, característicos de ambientes permanentemente úmidos como nas regiões equatoriais (Lucas e Chauvel, 1992). O outro mecanismo ocorre quando há tendência de separação das argilas dos oxihidróxidos de ferro, levando à formação de níveis concrecionados ferruginosos e a uma maior diferenciação dos horizontes intempéricos, caracterizando então a lateritização que é favorecida em regimes com marcada alternância entre as estações secas e úmidas. Os principais sistemas de nomenclatura usados para descrever perfis lateríticos encontram-se sumarizados na Tabela 1.1.

TABELA 1.1 — SUMÁRIO DA TERMINOLOGIA APLICADA A PERFIS LATERÍTICOS RESIDUAIS COMPLETOS (MODIFICADO DE BUTT E ZEEGERS, 1992)

Maiores Subdivisões	Termos Gerais	Butt e Zeegers (1992)	Nahon e Tardy Leprun (1992)
Pedolito	Zona ferruginosa	Cascalho laterítico	Camada ferruginosa de seixos
			Crosta ferruginosa pisolítica
	Laterito, *duricrust*, plintito, ferricrete	Couraça (pisolítica nodular ou maciça)	Crosta ferruginosa conglomerática endurecida
			Crosta nodular macia ou carapaça nodular
	Zona mosqueada	Zona de argilas mosqueadas	Zona de argilas mosqueadas (*argiles tachetées*)
Saprolito	Saprolito (zona pálida)	Saprolito	Saprolito fino (*argiles bariolées*)
			Saprolito grosseiro (*arène/grus*)
		Saprock	horizonte pistache
Protolito	Rocha sã	Rocha sã	Rocha mãe

7. Estruturação de Regolitos

Na Figura 1.5 são apresentados esquematicamente os dois tipos básicos de regolitos tropicais, sendo um desenvolvido sob regime equatorial, e o outro, sob regime sazonal com desenvolvimento de crostas ou perfil laterítico *sensu strictu* (Tabela 1.1). Em termos de processos esses perfis podem ser divididos em duas grandes zonas: a saprolítica e a pedolítica que se diferenciam pela presença da ação pedogenética na última.

7.1. Zona Saprolítica

Esta inicia seu desenvolvimento na frente de intemperismo sendo caracterizada por intenso microfraturamento como visto no item 3. Até onde o material é compacto, pouco poroso e com poucos minerais secundários, aplica-se o termo *saprock* (Tabela 1.1). Com o avanço da alteração passa-se ao saprolito propriamente dito que é definido como rocha alterada com preservação de estruturas, texturas e volume de protolito e onde os minerais secundários são pseudomorfos sobre os primários (Millot e Bonifas, 1955; Nahon, 1986; Velbel, 1989). Apesar da saprolitização ser definida como um processo isovolumétrico, alguns trabalhos têm mostrado evidências em contrário (Brimhall *et al.*, 1991; Dobereiner e Porto, 1993; Porto, 1995). As porções inferiores do saprolito tendem a apresentar uma granulação mais grosseira e porosidade mais acentuada (saprolito grosseiro, Tabela 1.1). Sua coloração amarelada evidencia o processo de oxidação do ferro que se precipita muito localmente, ao longo de microporos, próximo aos

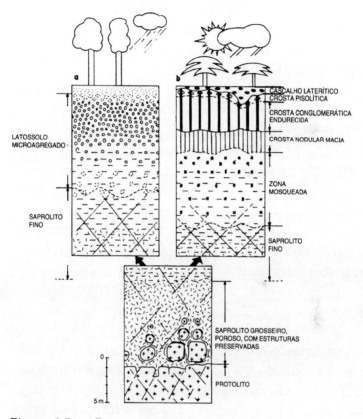

Figura 1.5 — *Estruturação dos regolitos sob regime equatorial, gerando latossolos (a) e sazonal, gerando perfis lateríticos (b) (modificado de Nahon, 1991).*

minerais de origem. Tratando-se de um ambiente profundo, abaixo do nível freático, neutro a alcalino, as reações de hidrólise são pouco agressivas, o que explica a preservação parcial da mineralogia do protolito. Apesar da caolinita predominar, argilas esmectíticas e vermiculíticas podem também se formar dependendo da mineralogia primária. Inicialmente as reações intempéricas diferem de acordo com o microambiente de perfil, resultando em uma alta heterogeneidade.

As porções superiores do saprolito apresentam uma textura mais fina (saprolito fino, Tabela 1.1) e os minerais primários são quase inexistentes; exceção feita ao quartzo e a outros resistatos. A porosidade diminui em função do preenchimento dos vazios pela precipitação química ou translocação (iluviação) das caolinitas provenientes de níveis superiores do perfil. Nas porções superiores do saprolito fino pode ser iniciado um processo de colapso ou compactação, o que descaracteriza as feições estruturais do protolito.

7.2. Zona Pedolítica

Acima do saprolito começa a se caracterizar uma zona bastante distinta, com uma estruturação fortemente influenciada por processos pedogenéticos. Sob regimes úmidos bem drenados esta zona forma latossolos que apresentam uma estrutura fina e microagregada composta de um plasma caolinítico com oxihidróxidos de ferro e alumínio e um esqueleto de grãos de quartzo residual (Figura 1.5).

Sob regimes sazonais o nível freático flutua promovendo uma alternância entre condições mais e menos oxidantes, e favorecendo sucessivas remobilizações do ferro que vai então se concentrar gerando nódulos ferruginosos em meio a uma matriz desferruginizada, composta de caolinita e quartzo (Figura 1.6a), caracterizando a zona mosqueada do perfil laterítico (Tabela 1.1 e Figura 1.5).

As argilas dessa matriz desagregada são então dispersas em solução gerando uma microporosidade que pode ser realçada, através da formação de túbulos, pela ação biogênica. Estes poros são então preenchidos por argilas supergênicas, à semelhança do que foi descrito no saprolito fino (Figura 1.6b) e podem ser secundariamente ferruginizadas formando nódulos hematíticos endurecidos (Figura 1.6c). De acordo com Tardy e Nahon (1985) a hematita se precipita preferencialmente em microambientes de baixa microporosidade, geralmente ricos em argilas, onde a atividade da água é menor do que a umidade. Neste microambiente a precipitação da hematita acompanha a dissolução da caolinita, devido aos protons H^+ gerados (Ambrosi et al., 1986). Os íons Al^{3+} podem ser parcialmente incorporados na estrutura da hematita, no entanto, a maior parte do Al e Si liberados se reprecipitam localmente, gerando uma nova acumulação de caolinita, que bloqueia a porosidade da matriz, que por sua vez promove mais precipitação de hematita, perpetuando-se, assim, o processo que gera então a crosta laterítica (Figura 1.7).

Nas porções superiores da crosta, os nódulos hematíticos passam a adquirir uma camada concêntrica, ou cortex, de composição goetítica que se desenvolve centripetamente, a partir da hidratação da hematita, resultando na formação de uma estrutura pisolítica

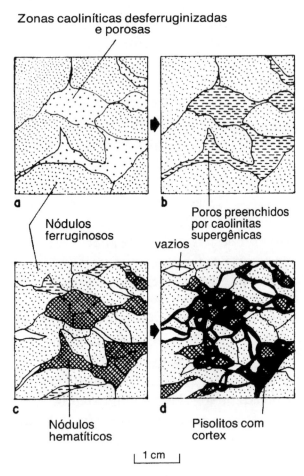

Figura 1.6 — *Esquema de evolução da zona mosqueada e crosta pisolítica de um perfil laterítico (modificado de Nahon, 1988).*

a) *Zona mosqueada com nódulos ferruginosos em meio a matriz caolinítica desferruginizada.*
b) *Preenchimento dos poros por caolinita supergênica.*
c) *Ferruginização das caolinitas e formação de nódulos hematíticos (crosta laterítica).*
d) *Transformação de nódulos hematíticos em pisolitos (crosta pisolítica).*

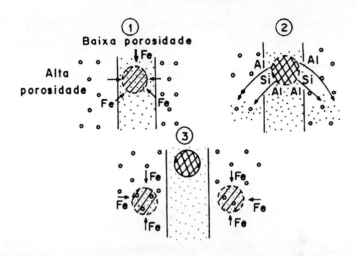

Figura 1.7 — *Esquema da formação de nódulos ferruginosos em função da porosidade da zona mosqueada (modificação de Nahon, 1991).*

(Figura 1.6d). Isto se dá devido à exposição da crosta a um ambiente mais hidromórfico próximo à superfície, onde, associado à ação pedoturbadora, resulta no desmantelamento da crosta e formação de uma camada de pisolitos desagregados, em meio a um solo argiloferruginoso semelhante aos latossolos encontrados nas regiões úmidas.

Este processo de desmantelamento de crostas gerando latossolos superficiais tem sido reconhecido por vários autores em regiões tropicais (Leprun, 1979; Tardy *et al.*, 1988; Nahon *et al.*, 1989; Costa *et al.*, 1993). No entanto, há propostas alternativas para origem desses latossolos que em algumas regiões da Amazônia podem atingir até 10m de espessura, sendo denominados argila de Belterra (Sombroek, 1966). Segundo Truckenbrodt *et al.*, (1991) podem representar uma cobertura sedimentar depositada a partir de material saprolítico oriundo de elevações preexistentes ou ter sua origem a partir do transporte vertical de material saprolítico para a superfície, através da ação de termitas (Freyssinet, 1991; Tardy e Roquin, 1992).

8. Condições para a Formação e Equilíbrio dos Regolitos Lateríticos

O desenvolvimento de terrenos lateríticos é geralmente favorecido durante as fases de aplainamento de ciclos geomorfológicos, quando extensos pediplanos se desenvolvem, servindo como uma superfície estável para a diferenciação dos horizontes lateríticos. A associação com climas sazonais é essencial para a formação da zona mosqueada, na zona de flutuação de nível freático. Com o gradual rebaixamento da superfície ao longo do tempo, o ferro se acumula residualmente formando a crosta (Figura 1.8). De acordo com este modelo o ferro se acumula residualmente, no entanto há também autores que sugerem uma fonte de ferro externa ao perfil (McFarlane, 1976; Ollier e Galloway, 1990).

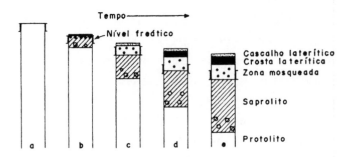

Figura 1.8 — *Formação do perfil laterítico com o rebaixamento da superfície (modificado de Butt, 1981).*

O perfil laterítico quando em equilíbrio com as condições morfoclimáticas, alimenta a formação de uma crosta a partir da zona mosqueada que, por sua vez se forma a partir do saprolito. Concomitantemente, a crosta é destruída próximo à superfície gerando latossolos com pisolitos. Para que esta estruturação se mantenha em equilíbrio dinâmico é necessário que as taxas de avanço de suas frentes de transformação sejam semelhantes mantendo assim a diferenciação dos horizontes (Lucas e Chauvel, 1992).

De acordo com os dados apresentados por Nahon e Tardy (1992) regolitos se formam a uma taxa de 20 a 40 mm/1000 anos em regiões tropicais, o que implica na duração de alguns milhões de anos para a formação de espessos regolitos (maior do que 20 metros). Nahon (1986) sugere uma escala de tempo de 1 a 6 milhões de anos para a formação de um perfil laterítico completo.

9. Processos de Transformação de Regolitos

A quebra do equilíbrio em regolitos tropicais se dá, essencialmente pela mudança do regime hidrológico que pode ser causado em função de mudanças climáticas, geomorfológicas ou das condições estruturais internas ao regolito. Alguns desses processos são exemplificados nesse sub-item:

9.1. Podzolização de Latossolos

Um exemplo típico de alteração de regolitos gerados em ambientes equatoriais é a transformação dos latossolos microagregados em podzols. Estudos realizados na Amazônia por Lucas *et al.* (1984); Boulet *et al.* (1984) e Lucas e Chauvel (1992) mostram que os latossolos em regiões aplainadas se lixiviam redepositando caolinita na interface com o saprolito por iluviação, acarretando uma diminuição da porosidade. Com isto, a drenagem no regolito passa a escoar lateralmente e próximo à superfície, transformando os latossolos em podzols arenosos. Esta frente de transformação avança de dentro para fora da superfície modificando seu relevo original (Figura 1.9).

Neste exemplo, a mudança no regime hidrológico é causada por transformações estruturais internas ao regolito, mas poderia também ser causada por uma mudança no nível de base de erosão por soerguimento ou incisão da superfície, o que também promoveria um escoamento lateral mais pronunciado e, nesse caso, a frente de podzolização se daria das margens para o interior da superfície (Nahon, 1991).

9.2. Regolitos Lateríticos Modificados sob Regimes Equatoriais

Modificações desse tipo ocorrem tipicamente nas regiões Amazônica e da África Equatorial.

A imposição de um regime permanentemente úmido acarreta numa diminuição da flutuação do nível freático, interrompendo a formação da zona mosqueada. No entanto, os processos de degradação da crosta laterítica são acelerados gerando latossolos na superfície, associados a remanescentes da crosta que geralmente se acumulam num horizonte *stone line*, localizado entre o sa-

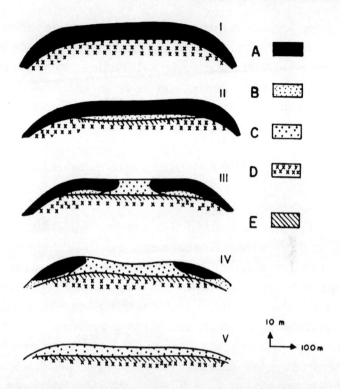

Figura 1.9 — *Evolução latossolos-podzols na região amazônica da Guiana Francesa (modificado de Lucas e Chauvel, 1992).*
A – Latossolo microagregado
B – Horizonte arenoso lixiviado
C – Areia podzólica
D – Saprolito
E – Caolinita eluviada bloqueando a porosidade do saprolito superior

prolito e os latossolos. Com o avanço da degradação da crosta, os remanescentes lateríticos no *stone line* diminuem e este se enriquece relativamente em fragmentos de quartzo. Segundo o modelo proposto por Lecomte (1988), o horizonte *stone line*, no novo relevo formado, contém mais material laterítico nas zonas de topo de

INTEMPERISMO EM REGIÕES TROPICAIS

colina, devido sua maior proximidade da antiga superfície laterítica (Figura 1.10). A origem dos fragmentos de quartzo no *stone line* é também atribuída à sua acumulação diretamente a partir de veios de quartzo no saprolito durante o rebaixamento da superfície (Porto e Hale, 1991; Tardy e Roquin, 1992).

9.3. Regolitos Lateríticos Modificados sob Regime Árido

Este é o caso clássico dos terrenos lateríticos do oeste da Austrália. O rebaixamento do nível freático se dá pela imposição de condições mais áridas e tem como conseqüência a interrupção da formação da zona mosqueada. No entanto, a crosta tende a se fossilizar na superfície, preservando as antigas superfícies de aplainamento que passam a sofrer principalmente erosão mecânica. Esta fossilização é auxiliada pela desidratação dos hidróxidos de Fe e Al dos horizontes lateríticos e seu conseqüente endurecimento (Butt, 1981).

Com a diminuição do fluxo de água, a taxa de alteração na frente intempérica decresce favorecendo a formação de argilas esmectíticas ou *horizonte pistache* (Tabela 1.1). Com o aumento da evaporação as soluções passam a se enriquecer em sais e precipitam silcretes e calcretes nas porções superiores do regolito.

A fossilização dos regolitos submete as porções superiores do saprolito à lixiviação, durante as curtas estações chuvosas. Este fenômeno dá origem à zona pálida (Tabela 1.1) que representa saprolitos muito lixiviados e caoliníticos. A zona pálida, no entanto, é geralmente mais desenvolvida quando o rebaixamento do ní-

INTEMPERISMO EM REGIÕES TROPICAIS

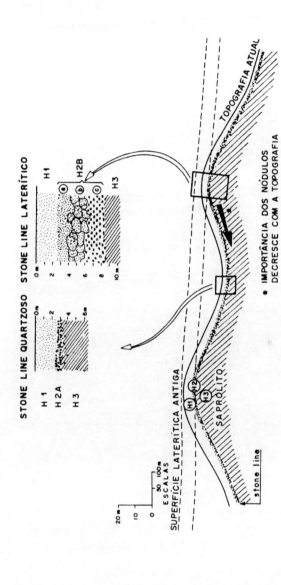

Figura 1.10 — *Desenvoltimento de perfis tipo stone line em ambiente laterítico (modificado de Lecomte, 1988).*

H_1 – *Horizonte argiloso móvel*
H_2 – *Horizonte stone line   a – acumulação de pisolitos   b – remanescentes de crosta   c – acumulação de nódulos*
H_3 – *Saprolito com estruturas preservadas*

vel freático se dá sob um clima úmido, como acontece em conseqüência de movimentos tectônicos com soerguimento de blocos. Isto acarreta no rebaixamento do nível de base de erosão e incisão da superfície (Figura 1.11).

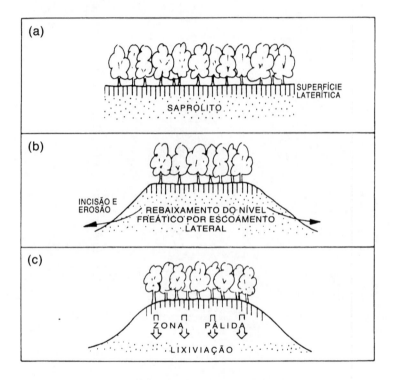

Figura 1.11 — *Desenvolvimento da zona pálida por lixiviação devido incisão da superfície (modificado de McFarlane, 1976).*

a) Desenvolvimento da superfície laterítica
b) Incisão e erosão da superfície com rebaixamento do nível freático
c) Lixiviação constante do saprolito gerando a zona pálida

No oeste da Austrália, a mudança para um clima mais árido se deu a partir do Mioceno, mas esta tendência inicialmente sofreu reversões periódicas que resultaram numa retomada da lateritização. Este fenômeno deixou suas marcas no regolito com a presença de diversos níveis ferruginosos sub-horizontalizados dentro do saprolito (Davy e El-Ansary, 1986; Butt, 1989).

10. Conclusões

Os processos responsáveis pela formação de regolitos em regiões tropicais podem ser bastante complexos já que inúmeras variáveis, que são função basicamente de natureza do protolito, clima e geomorfologia, desempenham seus papéis de forma e intensidade que variam no tempo geológico.

Neste capítulo apresentamos apenas alguns desses processos que foram investigados detalhadamente de acordo com trabalhos mais recentes, baseados principalmente em dados provenientes do oeste da Austrália e oeste da África. Nota-se que, no Brasil, há considerável espaço para pesquisa nesse campo de conhecimento. Entender os fatores endógenos e exógenos que controlam o desenvolvimento de regolitos em escala local, regional e até continental é de fundamental importância para o estudo do meio ambiente, pois só assim torna-se possível compartimentar o território em regiões que sofrem ou sofreram processos evolutivos, comuns para então observar a influência da ação antropogênica que pode acelerar ou redirecionar os processos naturais. Dessa forma, a importância dos regolitos para o meio ambiente está justamente no seu entendimento como um todo e não apenas dos solos superficiais que possuem uma dinâmica diferente e se modificam a uma taxa mais elevada, quando comparado com as zonas saprolíticas subjacentes. Este entendimento pode contribuir nos estudos dos processos pedológicos e geomorfológicos, dos movimentos de massa, da distribuição da fauna e flora e da degradação ambiental que são alguns dos tópicos tratados a seguir neste livro.

11. Bibliografia

AMBROSI, J.P., NAHON, D. e HERBILLON, A.J. (1986) A study of the epigenetic replacement of kaolinite by hematite in laterite-petrographical evidences and a discussion on the mechanism involved. *Geoderma*, 37: 283-294 pp.

BARROSO, E.V., POLIVANOV, H., PRESTES, A., NUNES, A.L.S.; VARGAR Jr., E.A. e ANTUNES, F.S. (1993) Basic properties of weathered gneissic rocks in Rio de Janeiro, Brazil. *Geotechnical Engineering of Hard Soils* — Soft Rocks, Balkema, 29-35 pp.

BOULET, R., CHAUVEL, A. e LUCAS, Y. (1984) Les systèmes de transformation en pédologie. In: *Livre Jubilaire du Cinquantenaire*. Association Française pour l'Etude du Sol, Paris, 167-179 pp.

BREWER, R. (1964) *Fabric and Mineral Analysis of Soils*. John Wiley, New York, 470 p.

BRIMHALL, G.H., LEWIS, C.J., FORD, C., BRATT, J., TAYLOR, G. e WARIN, O. (1991) Quantitative geochemical approach to pedogenesis: Importance of parent rock material reduction, volume expansion, and eolian influx in laterization. *Geoderma*, 51: 51-91 pp.

BUCHANAN, F. (1807) *A Journey from Mandras through the Countries of Mysore, Kanara and Malabar*, Volume 2 and Volume 3. East India Co., London, vol. 2:. 436-461, 559; vol. 3: 66, 89, 251, 258, 378.

BUDEL, J. (1982) *Climatic Geomorphology*. Princeton University Press, Princeton, 443 p.

BUTT, C.R.M. (1981) *The nature and origin of the lateritic weathering mantle with particular reference to Western Australia:* University of Western Australia Geology Department Publication, 6: 11-29 pp.

BUTT, C.R.M. (1987) A basis for geochemical exploration models for tropical terrains. *Chem. Geol.*, 60: 5-16 pp.

BUTT, C.R.M. (1989) Genesis of supergene gold deposits in the lateritic regolith of the Yilgarn Block, Western Australia. In: R.R. Keays, W.R.H. Ramsay and D.I. Groves (Editors), *The Geology of Gold Deposits: The Perspective in 1988.* Economic Geology Monograph, 6: 460-470 pp.

BUTT, C.R.M. e ZEEGERS, H. (1992) Exploration Geochemistry in tropical and subtropical terrains. In: Govett, G.J.S. (ed.), *Handbook of Exploration Geochemistry*, Elsevier, 4: 607 pp.

COSTA, M.L., COSTA, J.A.V. e ANGÉLICA, R.S. (1993) Gold-bearing bauxitic laterite in a tropical rain forest climate: Cassiporé, Amapá, Brazil. *Chron. Rech. Min.*, 510: 41-51 pp.

DOBEREINER, L. e PORTO, C.G. (1993) Considerations on the weathering of gneissic rocks. In: *The Engineering Geology of Weak Rocks* Cripps *et al.* (eds.). Balkema, 193-205 pp.

DAVY, R. e EL-ANSARY, M. (1986) Geochemical patterns in the laterite profile at the Boddington gold deposit, Western Australia. *J. Geochem. Explor.*, 26: 119-144 pp.

FANIRAN, A. e JEJE, L.K. (1983) *Humid tropical Geomorphology*. Longman, London, 414 p.

FOOKES, P.G. (1990). Chairman, Geological Society Engineering Group Working Party Report. Tropical Residual Soils. *The Quarterly Journal of Engineering Geology*, 23(1): 101 pp.

FREYSSINET, P. (1991) Géochimie et minéralogie des latérites du Sud Mali. Evolution du paysage et prospection géochimique de líor: Unpublished Ph.D. thesis, University of Strasbourg, 269 p.

GOLDICH, S.S. (1938) A study in rock weathering. *J. Geol.*, 46: 17-58 pp.

LECOMTE, P. (1988) Stone line profiles: importance in geochemical exploration. *J. Geochem. Explor.*, 30: 35-61 pp.

LEPRUN, J.C. (1979) Les cuirasses ferrugineuses des pays cristallins d'Afrique Occidentale Sèche. Génèse, Transformations, Dégradations Sciences Géologiques, Mémoire, 58. Université Louis Pasteur, Strasbourg, 224 p.

LUCAS, Y., CHAUVEL, A., BOULET, R., RANZANI, G. e SCATOLI-

NI, F. (1984) Transição latossolos-podzois sobre a formação Barreiras na região de Manaus, Amazônia. *Rev. Bras. Ciênc. Solo,* 8: 325-335 pp.

LUCAS, Y. e CHAUVEL, A. (1992) Soil formation in tropically weathered terrains, in: Govett, G.J.S. (ed.), *Handbook of Exploration Geochemistry.* Elsevier, 4: 57-78 pp.

MANN, A.W. (1983) Hydrogeochemistry and weathering on the Yilgarn Block, Western Australia — ferrolysis and heavy metals in continental brines. *Geochim. Cosmochim. Acta,* 47: 181-190 pp.

McFARLANE, M.J. (1976). *Laterite and Landscape.* Academic Press, London, 151 p.

MILLOT, G. and BONIFAS, M. (1955) Transformations isovolumétriques dans les phénomènes de latéritisation et de bauxitization. *Bulletin Service Carte Géologique,* Alsace Lorraine, 8: 3-10 pp.

NAHON, D. (1986) Evolution of iron crusts in tropical landscapes. In: *Rates of Chemical Weathering of Rocks and Minerals.* Academic Press, London, 169-191 pp.

NAHON, D. (1991) *Introduction to the Petrology of Soils and Chemical Weathering.* John Wiley, New York, 313 p.

NAHON, D. (1991) Self organization in chemical lateritic weathering. *Geoderma,* 51: 5-13 pp.

NAHON, D., MELFI, A. e CONTE, C.N. (1989) Présence dfun vieux système de cuirasses ferrugineuses latéritiques en Amazonic du Sud. Sa transformation in situ en latosols sous la forêt équatoriale actuelle. *C.R. Acad., Sci., D,* Paris, 308: 755-760 pp.

NAHON, D. e TARDY, Y. (1992) The ferruginous laterite. In: Govett, G.J.S. (ed.). *Handbook of Exploration Geochemistry,* Elsevier, 4: 41-78 pp.

OLLIER, C.D. e GALLOWAY, R.W. (1990) The laterite profile, ferricrete and unconformity. *Catena,* 17: 97-109 pp.

PEDRO, G. (1968) Distribution des principaux types dfalteration chimique à la surface du globe. Présentation dfune esquisse géographique. *Rev. Géogr. Phys. Géol. Dyn.,* 2(10): 457-470 pp.

PEDRO, G. e MELFI, A.J. (1983) The superficial alteration in tropical regions and the lateritization phenomena. In: Melfi, A.J. e Carvalho, A. (eds.). *II International Seminar on Lateritization Processes,* São Paulo, Brazil, 3: 13 p.

PORTO, C.G. e HALE, M. (1991) Gold redistribution in the stone line lateritic profile of the posse deposit, central Brazil. *Econ. Geol.*, 90: 308-321 pp.

SOMBROEK, W.G. (1966) Amazon soils. A reconnaissance of the soils of the Brazilian Amazon region. *Wageningen, Centre for Agr. Publ. Document*, 292 p.

TARDY, Y. (1992) Diversity and terminology of lateritic profiles. In: Martini, J.P. e Cheswoth, W. (eds.), *Weathering, Soils and Paleosoils. Developments in Earth Surface Processes* 2. Elservier, 379-406 pp.

TARDY, Y. (1993) *Petrologic des Latérites et des Sols Tropicaux.* Masson, Paris, 460 p.

TARDY, Y. e NAHON, D. (1985) Geochemistry of laterites, stability of Al-goethite, Al-hematite and Fe^{3+}-kaolinite in bauxites and ferricretes: an approach to the mechanism of concretion formation. *Am. J. Sci.*, 285: 865-903 pp.

TARDY, Y., MELFI, A.J. e VALETON, I. (1988) Climats et paléoclimats tropicaux périatlantiques. Rôle des facteurs climatiques et thermodynamiques: température et activité de líeau, sur la répartition et la composition minéralogique des bauxites et des cuirasses ferrugineuses au Bresil et en Afrique. *C.R. Acad. Sci.*, Paris, 306: 289-295 pp.

TARDY, Y. e ROQUIN, C. (1992) Geochemistry and evolution of lateritic landscape. In: Martini, I.P. e Chesworth, W. (eds.), *Weathering, Soils and Paleosoils. Developments in Earth Surface Processes* 2. Elsevier, 407-443 pp.

THOMAS, M.F. (1994) *Geomorphology in the Tropics. A Study of Weathering and Denudation in Low Latitudes.* John Wiley and Sons, New York, 460 p.

TRESCASES, J.J. (1992) Chemical Weathering. In: Govett, G.J.S. (ed.). *Handbook of Exploration Geochemistry*, 4: 25-40 pp.

TRUCKENBRODT, W., KOTSCHOUBEY, B. e SCHELLMANN, W. (1991) Composition and origin of the clay cover on North Brazilian laterites. *Geologische Rundschau*, 80(3): 591-610 pp.

VELBEL, M.A. (1989) Mechanisms of saprolitization, isovolumetric weathering, and pseudomorphous replacement during rock weathering — a review. *Chemical Geology*, vol. 84: 17-18 pp.

CAPÍTULO 2

PEDOLOGIA E GEOMORFOLOGIA

Francesco Palmieri
Jorge Olmos Iturri Larach

1. Introdução

Os estudos sistemáticos de solos, no Brasil, começaram na década de 50 com a Comissão de Solos do Ministério da Agricultura, que tinha como objetivo o inventário dos solos do território nacional. Esta meta foi atingida com a publicação do Mapa de Solos do Brasil na escala 1:5.000.000, em 1981, pelo Serviço Nacional de Levantamento e Conservação de Solos da Empresa Brasileira de Pesquisa Agropecuária (EMBRAPA). Foram executados vários levantamentos de solos a níveis estaduais e regionais. Na produção destes levantamentos foram estabelecidos critérios e atributos distintos para caracterização das classes de solos constituintes das unidades de mapeamento que serviram de

PEDOLOGIA E GEOMORFOLOGIA

base para evolução do Sistema Brasileiro de Classificação de Solos, que, atualmente, está em sua terceira aproximação (EMBRAPA,1988).

As várias aproximações do sistema nacional apresentam concepções e adequações estabelecidas no sistema americano *Keys to Soil Taxonomy* (*Soil Survey Staff*, 1994) e no *World Soil Resource* (FAO, 1991). Por outro lado salientamos que concepções e atributos estabelecidos na Classificação Brasileira de Solos foram adotados e/ou adequados nas classificações internacionais acima citadas.

Os mapeamentos de solos executados pelo Centro Nacional de Pesquisa de Solos, CNPS-EMBRAPA apresentam as unidades de mapeamento subdivididas em fases, em função de características referentes às condições edafo-ambientais que interferem no comportamento dos solos e/ou que tenham implicações ecológicas concernentes ao potencial de utilização das terras.

Presentemente, nas unidades de mapeamento de solos, são reconhecidas as fases de vegetação primária, relevo e de substrato rochoso.

Neste capítulo, não se tratará de esgotar o tema, porém, de dar uma visão geral e de forma sintética dos conceitos básicos de pedologia e das relações das classes de solos com as paisagens brasileiras.

As informações sobre solos e paisagens foram extraídas principalmente do Mapa de Solos do Brasil 1:5.000.000 (EMBRAPA, 1981), do Mapa de Unidades de Relevo do Brasil 1:5.000.000 (IBGE,1993), do Delineamento Macroagroecológico do Brasil 1:5.000.000 (EMBRAPA,1992/93), e de diversos Levantamentos de Solos produzidos pela EMBRAPA/SNLCS a nível estadual, bem como do conhecimento acumulado pelos autores sobre solos e meio ambiente.

2. Estudos de Campo e de Laboratório

Para elaboração de mapas de solos autênticos ou originais são indispensáveis a verificação dos solos na sua ambiência, análises laboratoriais e trabalhos de gabinete, os quais consistem na transformação dos dados em informações úteis para utilização dos mapas de solos. Após a aquisição dos materiais básicos necessários ao levantamento de solos, entre outros, mapas topográficos, fotografias aéreas e imagens orbitais, a metodologia para execução dos trabalhos de campo engloba etapas simples, para que ocorra um efetivo entendimento dos aspectos naturais locais e regionais.

2.1. Atividades de Campo

No início dos trabalhos há uma reunião preliminar da equipe técnica para exame expedito, porém criterioso, dos materiais básicos para o estabelecimento do roteiro do primeiro trabalho de campo. Esta reunião serve para harmonizar e homogeneizar conceitos e critérios, com o objetivo de estabelecer uma linguagem comum e preliminar sobre parâmetros e características que serão levados em conta na identificação e caracterização dos padrões naturais e antrópicos identificados na fotointerpretação preliminar. Estes padrões permitem verificar as diversas interações dos fatores e processos pedogenéticos que influenciam na caracterização,

PEDOLOGIA E GEOMORFOLOGIA

formação e distribuição espacial das unidades edafo-ambientais. Em uma etapa seguinte é elaborada uma prospecção de campo, na qual são percorridos os padrões dominantes identificados na fotointerpretação, com a finalidade de elaborar uma legenda preliminar de identificação das classes de solos, passíveis de serem representadas na escala cartográfica final de publicação. Durante esta prospecção, observam-se as correlações existentes entre as classes de solos e as condições ambientais representadas pelo relevo, tipo de vertente, declividade, cobertura vegetal, clima, material originário, drenagem interna e/ou superficial e uso antrópico. Simultaneamente a este trabalho são identificados, também, os critérios de fotointerpretação para delimitação espacial das unidades edafo-ambientais. Durante os trabalhos de campo ocorrem verificações dos padrões identificados, coleta e descrição de perfis representativos das classes de solos e avaliação do potencial de utilização das unidades edafo-ambientais.

Salientamos que os trabalhos de fotointerpretação e verificação de campo constituem-se em ciclos sucessivos de ajustes de mapeamento e harmonização da legenda preliminar, com o objetivo de se conseguir o grau de confiabilidade desejado do mapa de solos da área em estudo.

2.2. Atividades de Laboratório

As amostras coletadas no campo são enviadas ao laboratório, onde são secas ao ar, destorroadas e passadas em peneira com abertura de 2mm de diâmetro. Na fração maior que 2mm é feita a separação de cascalhos e calhaus. Na fração inferior a 2mm (terra fina seca ao ar) são procedidas as determinações físicas e químicas, conforme metodologia descrita no Manual de Métodos de Análise de Solos, 3ª aproximação (EMBRAPA, 1979a). Para as análises físicas e químicas, é utilizada terra fina seca ao ar e para representação uniforme dos resultados, são referidos a terra fina seca a 105°C, utilizando-se fator de correção que expressa a relação entre o peso da amostra, de terra fina seca ao ar e o peso da mesma amostra após a secagem a 105°C.

As análises físicas compreendem determinações da densidade aparente, densidade real, porosidade, composição granulométrica, argila dispersa em água e grau de floculação.

As análises químicas compreendem determinações de carbono orgânico, nitrogênio total, pH em água (H_2O) e cloreto de potássio (KCl, N), fósforo (P) assimilável, ataque por ácido sulfúrico (H_2SO_4; d = 1,47) e carbonato de sódio (Na_2CO_3, 5%), sílica (SiO_2), sesquióxido de ferro (Fe_2O_3), sesquióxido de alumínio (Al_2O_3), óxido de titânio (TiO_2), óxido de manganês (MnO), relação sílica/alumínio (SiO_2/Al_2O_3, Ki), relação sílica sesquióxidos (SiO_2/R_2O_3, Kr) e relação alumínio/ferro (Al_2O_3/Fe_2O_3), cálcio (Ca), magnésio (Mg), potássio (K) e sódio (Na) extraíveis, soma de bases extraíveis (valor S) = Ca + Mg + K + Na, hidrogênio (H) extraível e alumínio (Al) extraível, acidez extraível (H + Al), capacidade de permuta de cátions (valor T = S + H + Al), saturação de bases (valor V = 100.S / T) e relação alumínio soma de bases extraíveis (100Al/Al + S).

As análises mineralógicas são procedidas nas areias e frações mais grosseiras, onde são identificadas as espécies de minerais de forma qualitativa e semi-quantitativa.

3. Tipos de Mapas de Solos

A elaboração de um mapa de solos pode ser considerada como a arte de apresentar a distribuição espacial das unidades de solos, passíveis de serem representadas cartograficamente na escala que o trabalho será publicado. Em se tratando de mapas autênticos corresponde a representação das unidades de solos, identificadas no campo, e no caso de mapas compilados corresponde a unidades de solos inferidas de outras fontes e/ou levantamentos preexistentes.

O estabelecimento, *a priori*, do grau de homogeneidade requerido das unidades de mapeamento é extremamente importante para se selecionar o tipo de levantamento de solos que servirá de base ao planejamento e/ou solução de problemas ambientais, rurais ou urbanos. Na Tabela 2.1 encontram-se sumarizados os objetivos, tipos de prospecção de campo e escala da publicação de cada tipo de levantamento de solos (Olmos, 1983).

4. Pedologia — Conceitos Básicos

Os conceitos apresentados neste capítulo expressam as idéias da comunidade de pesquisadores da ciência do solo, especialmente daqueles preocupados com a natureza e a identificação de atributos de solos, objeti-

TABELA 2.1 — TIPOS DE MAPAS DE SOLOS

TIPOS DE MAPAS DE SOLOS		ESCALA DE PUBLICAÇÃO (*)	PROSPECÇÃO DOS SOLOS	OBJETIVOS
AUTÊNTICOS OU ORIGINAIS Produzidos por estudos feitos diretamente no campo	ULTRA-DETALHADO	> 1:10.000	Observações a pequenos intervalos. Limites entre unidades totalmente percorridos.	Sistemas sofisticados de agricultura, áreas urbanas e industriais, projetos especiais de irrigação.
	DETALHADO	1:10.000 a 1:25.000	Observações sistemáticas ao longo de transversais. Limites entre unidades parcialmente percorridas.	Áreas experimentais, uso agrícola pastoril ou florestal intensivo. Projetos conservacionistas de irrigação ou engenharia civil.
	SEMI-DETALHADO	1:25.000 a 1:100.000	Observações a pequenos intervalos. Limites inferidos, por verificação ao longo de algumas transversais.	Seleção de áreas com maior potencial de uso intensivo. Identificação de problemas localizados de uso e conservação de solos.
	RECONHECIMENTO (**)	1:100.000 a 1:750.000	Observações a intervalos regulares ou a cada mudança de padrão. Limites estabelecidos por fotointerpretação ou mapas planialtimétricos e verificados ao longo das estradas.	Avaliação dos recursos potenciais de solos em estados e territórios para planejamento de desenvolvimento de grandes áreas.
	EXPLORATÓRIO	1:750.000 a 1:250.000	Observações em grandes intervalos em pontos predeterminados em outros mapas. Limites largamente compilados de outras fontes ou traçados em imagens orbitais, radar ou mapas planialtimétricos.	Avaliação qualitativa de recursos de solos a fim de identificar áreas de maior ou menor interesse para estudos em escala maior.
COMPILADOS. INFERIDOS DE OUTRAS FONTES DE INFORMAÇÃO (Geomorfologia, Geologia, Vegetação, Climatologia) produzidos no escritório	ESQUEMÁTICO	≤ 1:1.000.000	Classes de Solos muito heterogêneas taxonomicamente. Previsão das classes e limites dos Solos por Correlações com dados existentes.	Informação generalizada da distribuição e natureza dos solos de um continente, país ou região.
	GENERALIZADOS	Várias Ex. 1:60.000 1:5.000.000	Resultantes da eliminação de detalhes não significativos para determinado objetivo, feitos com base em levantamentos de solos anteriores, isto é, desagregação de informação.	

(*) — As escalas de trabalho são maiores que às de publicação, exceto para os mapas compilados.

(**) — Dependendo do grau de informações e escala do mapa são distinguidos três tipos de mapas: Alta, Média e Baixa Intensidade.

vando agrupá-los em unidades homogêneas, dentro de um sistema de classificação que sirva de referencial para a execução de levantamentos de solos e suas interpretações utilitárias.

4.1. Solo

O solo neste contexto é formado por um conjunto de corpos naturais tridimensionais, resultante da ação integrada do clima e organismos sobre o material de origem, condicionado pelo relevo em diferentes períodos de tempo, o qual apresenta características que constituem a expressão dos processos e dos mecanismos dominantes na sua formação. Dentro deste ponto de vista, solo é uma parcela dinâmica e tridimensional da superfície, constituído por um conjunto de características peculiares internas e externas, com limites definidos de expressão. Seu limite superior é a superfície terrestre e seu limite inferior é aquele em que os processos pedogenéticos cessam ou quando o material originário dos solos apresenta predominância das expressões dos efeitos do intemperismo geo-físico-químico.

4.2. Horizonte de Solo

Após o material originário do solo ser produzido e/ou depositado processa-se a diferenciação de camadas e/ou zonas mais ou menos paralelas à superfície. Estas camadas e/ou zonas as quais representam a expressão dos processos e dos mecanismos de formação do solo são denominadas de horizontes. Os horizontes são identificados e diferenciados entre si, com base em características examinadas no campo e complementadas com análises químicas, físicas e mineralógicas (Figura 2.1).

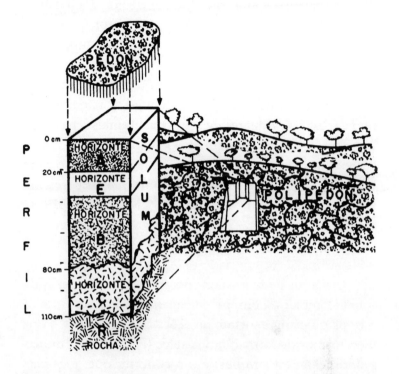

Figura 2.1 — *Diagrama esquemático de um Pedoambiente mostrando perfil, solum e pedon em uma trincheira; e o polipedon, o qual é constituído por um conjunto de pedons similares, em uma superfície topográfica.*

4.3. Perfil

O perfil do solo é a unidade de descrição e de exame de solos no seu ambiente natural (Figura 2.1). Compreende os horizontes pedogenéticos identificados, contidos numa seção vertical, desde a superfície do terreno até uma profundidade de 2 metros, ou até o aparecimento de rocha em fase inicial de decomposição, ou não, caso esta ocorra numa profundidade menor que 2 metros (ou até o aparecimento de horizonte diagnóstico, caso este esteja a uma profundidade maior que 2 metros). Os solos tropicais, em geral, apresentam perfis mais profundos do que os solos de regiões temperadas. Alguns solos tropicais possuem espessura superior a 2 metros de profundidade, porém, em geral, não apresentam variações evidentes de seus constituintes a partir de 2 metros, no horizonte principal B. O perfil de solo pode ser examinado ao longo de cortes de estradas ou em trincheiras abertas especificamente para descrição, exame e coleta de amostras de solo (EMBRAPA, 1979b).

4.4. Solum

O solum pode ser considerado como um perfil de solo incompleto. Compreende apenas os horizontes A, E e B, os quais evidenciam as ações dos processos e dos mecanismos de formação dos solos (Figura 2.1). Embora a definição seja simples, é um conceito que, algumas vezes, ocasiona muita discordância no exame de solos no campo, devido à dificuldade de distinguir precisamente o seu limite inferior, isto é, quais características são influenciadas pelos processos pedogenéticos e pelos processos geoquímicos.

4.5. Pedon

Pedon é considerado a unidade mínima de descrição e de coleta de amostras de um solo (Figura 2.1). Um pedon é a menor porção que podemos descrever e coletar amostras de solos representando a natureza e o arranjo dos horizontes. (*Soil Survey Staff*, 1975). O pedon é tridimensional, seu limite inferior é um tanto quanto arbitrário entre o que é considerado solo e não solo, e suas dimensões laterais são largas o suficiente para permitir o estudo da natureza e da variabilidade dos horizontes. A área de um pedon pode variar de 1 a 10m^2 dependendo da variabilidade dos horizontes do solo. O conceito de pedon é mais abrangente que o de perfil, inclui o volume de solo, além das dimensões verticais e laterais.

4.6. Polipedon

Polipedon é considerado como a unidade de classificação. Consiste de um grupo contínuo de pedons similares (Figura 2.1). O conceito de polipedon faz a ligação entre as entidades básicas de solos (pedons) e os indivíduos solos que são as unidades taxonômicas. O polipedon tem um tamanho mínimo maior que 1m^2 e uma área máxima não especificada. (*Soil Survey Staff*, 1975).

5. Gênese de Solo

Os solos não são iguais em todas as partes, podendo diferir de município para município, de fazenda para fazenda ou mesmo dentro de uma mesma parcela de terra cultivada. Existe, freqüentemente, uma propensão de se dar importância, apenas, à camada superficial ou arável e de desconhecer o que está abaixo dos primeiros centímetros da superfície. Este fato conduz à uti-

PEDOLOGIA E GEOMORFOLOGIA

lização inadequada, provocando, na maioria das vezes, a depauperização do solo e a degradação ambiental. Os solos são corpos naturais da superfície terrestre que ocupam áreas e expressam características (cor, textura, estrutura etc.) da ação combinada dos fatores, associados aos mecanismos e processos de formação do solo. As diferenças entre as várias condições naturais determinam as características peculiares de cada indivíduo solo. A quantidade e a intensidade de chuva, radiação solar, temperatura, umidade, declividade do terreno, comunidades de plantas que nele se desenvolvem, afetam a natureza do solo em cada local. O solo, como entidade natural independente, pode possuir características herdadas do material originário e/ou características adquiridas, cujas relações variam com o tempo.

5.1. Fatores

Segundo Jenny (1941), o solo é função de cinco variáveis independentes, denominadas fatores de formação dos solos, como segue:

Solos = f (clima, organismos, material originário, relevo e tempo)

a) *Clima* — Através de seus elementos meteorológicos, como por exemplo a temperatura, precipitação e umidade, é um dos mais ativos fatores, influenciando diretamente no intemperismo das rochas, produzindo o material de origem dos solos, na constituição e natureza dos horizontes (hidrólise, hidratação, solução, alcalinização, carbonatação, etc.) na distribuição e translocação de materiais e na intensidade com que se processa a pedogênese do material de origem e os mecanismos de perdas, transformações, adições e translocações de constituintes dos horizontes do solo.

b) *Organismos* — A fração orgânica do solo é fornecida pelos vegetais e animais e é reponsável, em geral, pela cor escura dos horizontes. A ação dos microorganismos na decomposição e/ou transformação dos resíduos orgânicos supre o solo de sais minerais e elaboram substâncias húmicas que produzem no solo propriedades químicas e físicas favoráveis ao desenvolvimento das plantas; fornecem, também, ao solo ácidos orgânicos e dióxido de carbono, os quais, em parte, são responsáveis pela decomposição e/ou lixiviação de vários constituintes minerais dos solos.

c) *Material originário* — Refere-se ao material não consolidado a partir do qual o solo se formou (saprolito). Os materiais de partida do solo podem ser autóctones, quando resultam do intemperismo da rocha subjacente; alóctones, quando não estão relacionados com o embasamento local (transportado de outras áreas) e pseudo-autóctones, quando resultante da mistura e/ou retrabalhamento de produtos locais ao longo de encostas. Por vezes é difícil diagnosticar a procedência do material de origem dos solos. A natureza da composição textural, mineralógica e química do material tem, em geral, influência nas características apresentadas pelos solos.

d) *Relevo* — Refere-se à configuração superficial da crosta terrestre e afeta o desenvolvimento dos solos, principalmente, pela influência sobre a dinâmica da água, erosão, microclimas e por conseguinte, na temperatura do solo. Os solos formados em declives muito íngremes podem apresentar, localmente, condições de clima semi-árido, mesmo que estejam em regiões úmidas. Por outro lado, solos de várzea podem apresentar características de encharcamento, mesmo que estejam localizadas em regiões semi-áridas, devido à adição de água das partes mais elevadas.

e) *Tempo* — Um certo período de tempo é necessário para o desenvolvimento de horizontes no solo. A idade de um solo é avaliada em função do grau de desenvolvimento dos horizontes e presença ou não de minerais primários pouco resistentes ao intemperismo.

5.2. Mecanismos

Quaisquer que sejam as causas, cada solo possui uma combinação de características que lhe é peculiar e o distingue dos outros solos.

a) *Fases de Formação*

Os solos são representados por perfis característicos constituídos por horizontes e a distribuição e o arranjamento desses horizontes é governado por duas fases, distintas, (Simonson, 1967):

Fase I — Produção e acumulação do material originário — Intemperismo geológico atuando na formação do material inicial do solo;

Fase II — Diferenciação de horizontes — Transformação do material inicial em horizontes através da ação de vários fenômenos bio-químico-físicos agindo coletivamente ou isoladamente na evolução das características pedogenéticas dos horizontes de um perfil de solo.

b) *Mecanismos de Formação*

A diferenciação dos horizontes é caracterizada pela intensidade e evidências de características formadas pelos mecanismos de formação do solo (Simonson, 1967):

— *Adição*: Incorporação de matéria orgânica, água etc.
— *Perdas*: Lixiviação, erosão etc.
— *Transformações*: Formação de húmus e de minerais secundários etc.
— *Translocações*: Movimentação de material de um horizonte para outro.

5.3. Processos

Os processos de formação de solos consistem em um conjunto de eventos que diretamente afetam e expressam seus efeitos, através de características dos horizontes. Dentre os principais processos podemos citar:

a) *Latolização:* Domina a perda de sílica e de bases do solum e enriquecimento relativo de oxidróxidos de ferro e hidróxido de alumínio.

b) *Podzolização:* Domina a translocação de matéria orgânica e/ou óxidos de ferro e alumínio do horizonte A para o horizonte B.

c) *Calcificação:* Domina a translocação e acumulação de carbonato de cálcio de um horizonte para outro.

d) *Salinização:* Consiste na translocação e acumulação de sais solúveis de cloretos e sulfatos de cálcio, magnésio, sódio e potássio de um horizonte para outro.

e) *Gleização:* Domina a transformação (redução) de ferro sob condições de excesso de água, ocorre em solos hidromórficos.

6. Relações entre Pedologia e Meio Ambiente

Os estudos pedológicos, mapeamento e gênese, são de natureza interdisciplinar por excelência, e as interrelações entre pedologia e meio ambiente ocorrem no momento em que o material de origem do solo é afetado pelos agentes atmosféricos, plantas e animais.

A gênese e a geografia dos solos tiveram seu impulso com os trabalhos e conceitos formulados por Dokuchaev, em 1883, durante o inventário dos solos da Rússia, nos quais os solos foram considerados como entidades naturais independentes, que apresentam características específicas da ação combinada do material de origem, clima, vegetação, topografia e idade do material de origem. Estes conceitos atinaram com a comunidade de cientistas da época, no sentido de que o solo, sendo uma entidade natural independente, além de possuir características herdadas do material de origem, possui atributos que expressam os efeitos de fatores ambientais.

Nos trabalhos de Jenny (1941), os cinco fatores estabelecidos por Dokuchaev (1883), foram considerados como variáveis independentes e representados pela expressão:

$$S = f (cl, o, p, r, t).$$

Sendo os solos função do clima (cl), organismos (o), material de origem (p), relevo (r) e tempo (t).

Estes dois conceitos têm sido aceitos e reconhecidos, tanto que os solos são individualizados através de características morfológicas, observadas em seus perfis, no campo, quantificadas em análises laboratoriais, através de pedons coletados e como parte integrante das paisagens na delimitação cartográfica da distribuição espacial das classes de solos.

Como podemos ver, desde os primórdios dos estudos da ciência do solo, o indivíduo solo foi considerado como uma entidade natural e parte integrante do ambiente e que expressa os efeitos das condições ambientais, que prevaleceram ou que ainda prevalecem na sua ambiência.

As modificações resultantes da ação dos fatores ambientais podem corresponder a uma seqüência de eventos ou a um complexo de reações e/ou ao arranjamento de materiais na massa do solo, provocando alterações que se refletem nas características morfológicas e/ou nas propriedades químicas, físicas e mineralógicas dos solos. Rochas e sedimentos, que estão próximos à superfície, correspondem, em geral, à porção interna do ambiente. Solos se desenvolvem sobre estes materiais pela ação integrada dos agentes climáticos e organismos, condicionados pelo relevo. As relações entre as características de solos e os agentes ambientais formam uma lista muito extensa. Para o presente trabalho foram selecionados o relevo, o clima e os organismos como fatores externos que influenciam ou influenciaram o ambiente na qual o solo está inserido.

6.1. Relevo e Características dos Solos

O relevo exerce uma forte influência na evolução e desenvolvimento dos solos. Porém, correlações entre configuração do terreno e classes de solos e/ou características de solos são válidas para condições fisiográficas específicas. O aspecto do relevo local tem marcantes influências nas condições hídricas e térmicas dos solos e, por conseguinte, no clima do solo. Estas influências se refletem, principalmente, em microclimas e na natureza da vegetação natural, e em características e propriedades dos solos. As características descritas a seguir podem ser relacionadas com o relevo e/ou com a posição do solo na paisagem:

a) *Dinâmica da Água* — Compreende a movimentação vertical e subparalela à superfície do terreno e à freqüência e duração de períodos em que o solo se apresenta saturado ou não com água. Nas partes altas e relativamente planas, os solos apresentam boa drenagem interna, nas encostas com declives mais acentuados apresentam drenagem boa ou excessiva, porém são mais secos, enquanto que nas partes inferiores das vertentes e nas áreas de várzeas e/ou depressões há predominância de água na massa do solo durante o ano. Esta permanência de água resulta em solos imperfeitamente drenados ou mal drenados, dependendo se o lençol freático está próximo à superfície ou não, respectivamente (Figura 2.2).

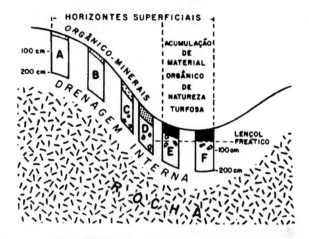

Figura 2.2 — *Representação esquemática da influência do relevo na drenagem interna, na cor, na espessura e na natureza do horizonte superficial.*

A — Solos nos quais a água é removida rapidamente, abrangendo as classes de drenagem excessivamente, fortemente ou acentuadamente drenado. O horizonte superficial A é orgânico-mineral, em geral pouco espesso e de coloração bruno-escuro ou bruno-avermelhado-escuro. O horizonte B apresenta cores vivas avermelhadas e/ou amareladas e não apresentam mosqueados de oxi-redução.

B — Solos bem drenados nos quais a água é removida com facilidade, porém não rapidamente. O horizonte superficial A é orgânico-mineral, em geral pouco espesso e de coloração bruno-escuro ou bruno-avermelhado-escuro. O horizonte B apresenta cores vivas avermelhadas ou amareladas, podendo apresentar pouco mosqueado de oxi-redução a partir de 180cm da superfície.

C — Solos moderadamente drenados nos quais a água é removida um tanto lentamente, o lençol freático pode afetar a parte inferior do horizonte B e/ou ocorrer adição de água através de translocação lateral interna. O horizonte superficial A é orgânico-mineral, em geral, pouco espesso de coloração bruno-acinzentado-escuro. O horizonte

PEDOLOGIA E GEOMORFOLOGIA

B apresenta cores vivas amareladas ou avermelhadas, porém na parte inferior ocorrem mosqueados de oxi-redução cinzentos ou ocres devido a influência do lençol freático.

D — Solos imperfeitamente drenados, nos quais a água é removida do solo lentamente, permanecendo molhado por período significativo. O horizonte superficial A é normal e moderadamente espesso de coloração bruno-acinzentado-escuro. O horizonte B apresenta na parte superior cores vivas avermelhadas ou amareladas e é comum a partir de um metro da superfície a ocorrência de mosqueados de oxi-redução de cores cinzentas e ocres devida a influência do lençol freático.

E — Solos mal drenados nos quais o lençol freático está na ou próximo à superfície e permanecem molhados grande parte do ano. O horizonte superficial A é, normalmente, formado por material orgânico bem decomposto de natureza turfosa e de cor preta. Os horizontes e/ou camadas subjacentes apresentam, freqüentemente, matizes cinzentos e/ou azulados e mosqueados de oxi-redução.

F — Solos muito mal drenados, nos quais o lençol freático está à superfície grande parte do ano. O horizonte superficial A formado por material orgânico bem decomposto de natureza turfosa, esta sobrejacente a material orgânico pouco decomposto. As camadas e/ou horizontes sobrejacentes apresentam matizes cinzentos, azulados e/ou esverdeados e mosqueados de oxi-redução.

b) *Espessura do Solo e Diferenciação de Horizontes* — Os solos, em superfícies mais suaves, são mais profundos e apresentam, em geral, nítida diferenciação entre horizontes principais. Nas encostas mais íngremes apresentam-se mais rasos com menor diferenciação entre os horizontes principais, devido ao acentuado escoamento superficial de água, que favorece a remoção do material edafisado (Figura 2.3).

Figura 2.3 — *Corte de estrada em relevo forte ondulado, mostrando perfil de solo pouco profundo e muito pequena diferenciação entre horizontes. Cambissolo Húmico. Aparatos da Serra. S. José. RS.*

c) *Horizonte Superficial, Espessura e Teor de Matéria Orgânica* — Áreas altimontanas, acima de 700 metros, mesmo em regiões tropicais apresentam horizonte superficial A orgânico-mineral mais espesso e com teores elevados de matéria orgânica devido à lenta mineralização do material orgânico, favorecido pelo clima mais ameno e condicionado pela altitude. Em áreas de várzeas os teores de matéria orgânica e espessura do horizonte superficial A aumentam, à medida que o lençol freático se aproxima da superfície. Neste caso, a diminuição de oxigenação, devido ao excesso de água, diminui a decomposição dos materiais orgânicos.

d) *Cor e Temperatura do Solo* — O relevo local, a orientação das encostas e a posição do solo na paisagem têm um enorme efeito nas condições hídricas e térmicas dos solos, favorecendo o aparecimento de microclimas e por conseguinte alterações na cor, temperatura (Smith, *et al.* 1964) e cobertura vegetal natural.

A duração do período em que o solo se apresenta úmido, molhado ou encharcado promove uma coloração diferenciada dos horizontes em relação à profundidade (Figura 2.2) Os solos de várzea, que permanecem encharcados grande parte do ano, apresentam horizonte superficial bastante espesso e de cor preta devido ao acúmulo de material orgânico de natureza turfosa e os horizontes subsuperficiais de matizes neutros: cinzento, azulado ou esverdeado. A medida em que o lençol freático torna-se mais profundo, ocorre uma diminuição da espessura do horizonte superficial e devido ao decréscimo dos teores de material orgânico tornam-se mais claros podendo apresentar tonalidades bruno-escuras. Os horizontes sub-superficiais vão perdendo as cores neutras e começam a apresentar cores com matizes mais vivas amareladas ou amarelo-avermelhadas. Isto ocorre em várzeas e/ou vales com diminutas variações topográficas. A temperatura e a umidade do solo varia com a orientação das encostas. No hemisfério sul as vertentes viradas para sul e leste são mais frias e úmidas do que as orientadas para norte e oeste.

e) *Saturação de Bases e Lixiviação* — A orientação das encostas, bem como a posição topográfica dos solos têm influência na reação do solo e no grau de intemperização. No relevo acidentado dos maciços da Tijuca e Pedra Branca — Rio de Janeiro, (Palmieri e dos Santos, 1980), os solos que ocorrem no topo e no terço médio superior das encostas apresentam saturação de bases muito baixa, altamente intemperizados e profundos. Os solos que estão localizados no terço médio e nas encostas voltadas para norte e oeste apresentam-se mais secos, saturação de bases acima de 50%, moderadamente ácidos e pouco profundos. Em contraste, os solos localizados nas encostas voltadas para sul e leste apresentam-se mais úmidos, saturação mais baixa, fortemente ácidos e perfis mais desenvolvidos, devido a maior umidade ocasionada pela menor exposição aos raios solares.

6.2. Clima e Características dos Solos

O clima, associado aos organismos, atua sobre as rochas produzindo os materiais que irão dar origem aos solos. O efeito do clima, através de variáveis como precipitação, temperatura e umidade, pode ser considerado o mais importante agente na manifestação das expressões das propriedades dos solos. Estas propriedades podem resultar como efeito da ação do conjunto de condições meteorológicas gerais, de condições climáticas ambientais regionais e/ou de microclimas locais. Em adição a estas condições climáticas, devemos salientar, também, a influência dos efeitos do pedoambiente, isto é, do clima e da ambiência dentro do solo que, embora seja condicionado pela localização topográfica, aspectos e orientação das encostas, têm influências marcantes no desenvolvimento de certas características.

As relações entre o clima e as propriedades do solo podem ser facilmente visualizadas, quer correlacionando-se as características diferenciais, quer as características acessórias das classes de solos representadas no mapa de solos do Brasil (EMBRAPA, 1981), com a distribuição climática apresentada no mapa de clima do Brasil (IBGE, 1990) e/ou com os domínios morfoclimáticos do Brasil (Ab'Saber, 1970; Maio, 1990).

A cor é uma das características que mais chama atenção, podendo fornecer indícios sobre composição, propriedades e origem dos solos e tendo estreitas relações com as condições atmosféricas e/ou pedoambientais que prevalecem e/ou que atuaram na formação do solo. A cor é avaliada através da comparação visual de torrões de solo com padrões da escala de cor Munsell para solos (Munsell, 1975).

A distribuição e o arranjo de cores, ao longo de um perfil de solo, é um dos critérios empregados para identificação e separação de horizontes, bem como para conceituação de classes de solos nos diversos levantamentos executados no Brasil. Apesar das cores dos solos terem uma grande amplitude de variação, elas têm sido relacionadas, principalmente, com os teores de matéria orgânica, umidade e predominância de determinados tipos de óxidos de ferro.

Os solos da Amazônia, quer dos platôs, quer dos planaltos residuais, ambos sob vegetação de floresta equatorial perenifólia e subperenifólia (Palmieri, 1993), clima quente, superúmido e úmido, com estação seca de até 3 meses (IBGE, 1990), apresentam horizontes superficiais menos espessos, mais claros e teores de matéria orgânica inferiores àqueles do planalto arenítico-basáltico da região sul do Brasil sob vegetação de floresta subtropical perenifólia e subperenifólia (EMBRAPA, 1992/93), clima subtropical superúmido e úmido e com estação seca muito pequena e/ou subseca. Solos desenvolvidos a partir de materiais provenientes de rochas básicas, Latossolos Roxos e Terras Roxas Estruturadas ao longo da rodovia Transamazônica (DNPEA, 1973b) e do município de Monte Alegre (Falesi, 1970), ambos no Pará, apresentam horizonte B de coloração menos vermelha (matiz vermelho-amarelada), variando de 2,5YR a 5YR inclusive. As mesmas classes de solos na região do Triângulo Mineiro, sob vegetação de floresta tropical caducifólia e clima quente e semi-úmido com 4 a 5 meses de seca (EMBRAPA, 1982), apresentam cores mais vermelhas (matiz vermelha 10R) e no Estado do Rio Grande do Sul, sob vegetação de floresta subtropical mista de pinheiros, clima subtropical/tropical, e com veranicos e/ou diminuta estação seca, apresentam cores com matizes 1,5YR, isto é, um pouco mais amareladas que os solos do Triângulo Mineiro (EMBRAPA, 1982), porém bem mais vermelha que os solos da Amazônia (Falesi, 1970; DNPEA, 1973b).

Estudos realizados com solos na Europa (Torrent *et al.*, 1983) e do Rio Grande do Sul (Kampf e Schwertmann, 1983) evidenciaram que as cores amarelas dos solos estão relacionadas com maiores quantidades de goetita e que as cores vermelhas com maiores teores de hematita.

Investigações conduzidas em um mesmo domínio morfoclimático, nos Estados do Rio Grande do Sul e Santa Catarina, ao longo de uma topoclimoseqüência de 450km (Palmieri, 1986), cuja altitude, no sentido leste-oeste, decresce de 1250m para 270m, a precipitação anual diminui de 2460mm para 1850mm e a temperatura, aumenta de 14,1°C para 19,3°C evidenciaram que a medida que os pedoambientes se tornam mais quentes e mais secos, além de ocorrerem novas classes de solos, a cor dos solos varia de bruno-forte 7,5YR 4/6 com 90% de goetita, com a diminuição gradativa de goetita e aumento gradativo de hematita, para vermelho-escuro 1,5YR 3/5 com 92% de hematita; a quantidade de caolinita aumenta e a de haloisita diminui; a estrutura do solo muda de blocos fortemente desenvolvidos para ultra pequena granular e a superfície específica e o coeficiente linear de extensão diminuem gradativamente.

Nos domínios das depressões interplanálticas subáridas do Nordeste, os solos desenvolvidos a partir de saprolito de rochas metamórficas, clima semi-árido com período seco de até 11 meses, sob vegetação de caatinga hiperxerófila (DNPEA, 1972, 1973a), devido à pequena precipitação e elevadas temperaturas, associadas à intensa evapotranspiração, ocorrem solos pouco intemperizados, com presença de minerais primários pouco resistentes ao intemperismo e fração argila de alta atividade. Não é raro a presença de cascalhos e matacões na massa do solo, bem como na sua superfície, e em muitas áreas há ocorrência de afloramentos de matacões, característicos de pedoambientes semi-áridos. Nas depressões inter-planálticas, próximas da região semi-árida, os solos desenvolvidos a partir de saprolitos similares, clima quente, sob vegetação de floresta subcaducifólia e/ou caducifólia, com seca de até 6 meses apresentam-se mais desenvolvidos, mais profundos, pouco lixiviados, atividade de argila média e em geral não apresentam camada pedregosa superficial.

6.3. Organismos e Características dos Solos

Estas características estão intimamente relacionadas com as condições macroclimáticas atmosféricas, com os pedoclimas e/ou induzidas pelo homem. A comunidade de organismos, tanto da superfície como da massa do solo, além de ser a fonte de material orgânico para os solos é de capital importância na decomposição e/ou na transformação deste material em substâncias húmicas. Plantas e animais, assim como seus resíduos, têm, também, importância como agente mecânico e na decomposição química das rochas e/ou do material de origem dos solos, sendo seus efeitos expressos nos processos de formação e na fertilidade dos solos. O sistema radicular das plantas pode intensificar a decomposição do material mineral, manter os fragmentos e/ou subprodutos das rochas e minerais, na superfície, protegendo-os contra a erosão. A atuação mecânica dos animais invertebrados e vertebrados se reflete, principalmente, na translocação e/ou remoção de detritos de material mineral e na mescla de materiais orgânicos e inorgânicos.

A produtividade dos solos está intimamente relacionada com os teores e a natureza das substâncias húmicas. Muitos solos, exceto os tropicais de condições semi-áridas e/ou com excesso de água permamente, mostram boa correlação entre os teores de húmus e a produtividade. Um solo com horizontes superficiais rico em substâncias húmicas e de certos elementos, como cálcio e magnésio, favorece o desenvolvimento de uma estrutura granular forte e de tamanho de médio a grande, a qual possibilita a sorção e retenção de umidade atmosférica, sem promover o encharcamento do mesmo, dentro do processo natural de decomposição e/ou de transformação das substâncias húmicas. Além de haver liberação de elementos essenciais para a nutrição das plantas, ocorre, também, a liberação de dióxido de carbono, o qual facilita a dissolução de componentes minerais, que passam a ficar disponíveis para alimentação das plantas. Portanto, um solo rico em substâncias húmicas apresenta características favoráveis de umidade, aeração e nutricional indispensáveis, entre outros fatores, para uma boa produtividade.

A quantidade, a natureza e a distribuição de substâncias húmicas, ao longo de um perfil de solo, é um critério para identificação e separação de solos orgânicos, bem como muito importante para distinção e identificação de Horizonte B espódico e de vários tipos de Horizonte A (EMBRAPA, 1988), além de servir para distinção de classes de solos, como, por exemplo, Latossolo Húmico e Podzol. Muito importante, também, é a intervenção dos seres humanos, em qualquer parte do globo terrestre, modificando as propriedades dos solos e/ou dos pedoambientes. O crescimento das populações exerce grande influência na ocupação das terras para produzir alimentos, fibras, material energético, no uso de áreas para estradas, saneamento, aeroportos, usinas, represas, recreação, residências e na obtenção de matérias-primas em geral, para indústrias.

A ação do homem pode influenciar, quer na reconstrução do solo e de sua fertilidade quer, principalmente, na degradação ambiental devido à utilização de práticas agrícolas, florestais e/ou pastoris não adequadas às condições edafo-ambientais. A atuação relevante do homem, como elemento de reconstrução das propriedades e da fertilidade do solo, pode ser citada no nordeste da Europa, uma área de aproximadamente 500 mil hectares, compreendendo parte dos territórios da Holanda, Bélgica e Alemanha (Miedama, 1989). Nesta área, a influência está restrita aos horizontes superficiais, os quais atualmente apresentam níveis elevados de fertilidade e de matéria orgânica, devido às modificações que se processaram e do continuado período de adição de esterco e de material terroso. A formação destes horizontes antropogênicos datam da Idade Média quando fertilizantes minerais não existiam e onde a fertilidade natural do solo era insuficiente para a produção sustentada de alimentos. No Brasil, podemos citar os solos do centro-oeste sob o clímax de vegetação de cerrado, os quais nas condições naturais são incapazes de manter qualquer tipo de exploração agrícola sustentável, porém, com adição de fertilizantes minerais e orgânicos associados à utilização de práticas de manejo e conservação de água e solo, tornaram-se altamente produtivos com condições de manter sistemas agrícola' sustentáveis por longo período de tempo (Figura 2.4)

Como agente deteriorador do ambiente, o homem causa vários danos ao solo e à cobertura vegetal natural e, como conseqüência, tem acelerado a degradação dos recursos naturais e da qualidade de vida.

Figura 2.4 — *Terraços com cultura de arroz no sul do Estado de Góias. Canais principal e secundários vegetados. Plantio de vegetação arbustiva ao longo da estrada e manutenção das matas ciliares para evitar erosão.*

Estas alterações têm sido efetuadas a nível mundial, porém são mais proeminentes nas regiões onde ocorrem ocupações desordenadas das terras e/ou onde a necessidade de sobrevivência predomina sobre os fatores econômicos, sociais e ambientais. A degradação decorrente das modificações ambientais, induzidas pelo homem, no processo de utilização dos recursos naturais, são inúmeras e estão relacionadas, principalmente, com ocupação de áreas inadequadas para urbanização, desmatamento indiscriminado, mineração, extração de saibro, abertura de estradas, aplicação de agroquímicos e utilização de terras sem aptidão para atividades agrícolas e/ou o uso de práticas de preparo e manejo de solos e água inadequados às condições edafo-ambientais, provocando erosão e/ou contaminação dos aquíferos e assoreamento dos rios, canais, lagos, e voçorocamento de cortes de estradas entre outros (Figura 2.5).

Figura 2.5 — *Voçoroca encravada em área de plantio de soja. Provocada por construção de terraço em desnível e sem canais principal e secundários. A água escoa diretamente pelos cortes da estrada causando o aparecimento de voçorocas ao longo dos barrancos da estrada (São Gabriel do Oeste, MS).*

PEDOLOGIA E GEOMORFOLOGIA

7. Solos e Paisagens

Este tópico tem por finalidade salientar as inter-relações fundamentais entre características das principais classes de solos (EMBRAPA, 1981) com as unidades de relevo (IBGE, 1993) e com os aspectos fitofisionômicos da vegetação natural (EMBRAPA, 1992/93).

1) *Latossolos* — Esta classe é constituída por solos minerais não hidromórficos de seqüência de Horizontes A, Bw e C, e apresentam como característica diferencial a ocorrência de Horizonte B latossólico, o qual é constituído essencialmente por minerais altamente intemperizados e por conseguinte a fração argila é de baixa atividade, apresentando capacidade de troca de cátions de até 13meq/100g de argila após correção para carbono e constituída, principalmente, de argilo-minerais do tipo 1:1 e de óxidos de ferro e de alumínio, podendo ocorrer ou não a predominância de um desses constituintes. São solos profundos e não raro o horizonte B latossólico ocorre com mais de 2 metros de espessura. Apresentam, na maioria das vezes, contraste apenas entre os horizontes A e B, sendo muito difusa a transição entre os subhorizontes B. A diferença das propriedades químicas, físicas e mineralógicas é muito pouco perceptível ao longo do perfil. A classe textural varia de média a muito argilosa e a drenagem de acentuadamente a moderadamente drenada. São solos de muito baixa fertilidade natural, fortemente ácidos e elevados teores de alumínio trocável. Alguns solos de cores vermelho-escuras e roxas podem apresentar boas reservas de nutrientes.

PEDOLOGIA E GEOMORFOLOGIA

LATOSSOLO AMARELO — Compreende solos de cores amareladas de matizes 10YR e/ou próximas, teores de sesquióxido de ferro (Fe_2O_3) até 7%, fração argila é constituída, essencialmente, de caolinita muito bem cristalizada e entre os óxidos de ferro é expressiva a predominância de goetita. Na maioria das vezes, expressam coesão e/ou adensamento nos horizontes A/B, B/A e por vezes no Bw1, os quais apresentam consistência dura a muito dura quando secos e acumulação maior de argila natural, isto é, argila dispersa em água. Esta característica favorece o aumento da densidade aparente que se reflete numa porosidade total mais baixa e maior coesão dos elementos estruturais do que em outros latossolos. O horizonte A superficial é pouco espesso e de baixos teores de matéria orgânica e o horizonte B, principalmente os argilosos e muito argilosos, apresentam estrutura prismática fracamente desenvolvida que se desfaz em blocos subangulares.

As paisagens distribuem-se com grande expressão nas unidades de relevo relacionadas com sedimentos inconsolidados atribuídos a coberturas plio-pleistocênicas da bacia sedimentar amazônica e litorâneas atribuídas aos Grupos Barreiras e congêneres. Nas depressões Amazônicas, Solimões, na margem direita do Rio Madeira, Rio Negro/Rio Branco e nos planaltos Marginais Amazônicos ocorre sob vegetação natural de floresta equatorial perenifólia e subperenifólia, nos planaltos dos Parecis e nos patamares Jequitinhonha/ Pardos, sob vegetação de floresta tropical subperenifólia e subcaducifólia, nas depressões quaternárias interioranas Guaporé e Xingu, sob vegetação de floresta tropical subcaducifólia e subperenifólia e na depressão quaternária Boa Vista sob cerrado subperenifólio.

A extensão das coberturas é variável e as superfícies são planas e suave onduladas de altitudes inferiores a 200 metros. A partir do terço médio das encostas alguns indivíduos apresentam horizonte plíntico na parte inferior do perfil, caracterizando-os como intermediários para Plintossolos. Os solos, em geral, apresentam características físicas, químicas e mineralógicas similares, quer nas condições amazônicas quer nas condições costeiras.

LATOSSOLO VERMELHO-AMARELO — Compreende indivíduos de cores vermelho-amareladas, com matizes da ordem de 2,5YR a 7,5YR e teores de sesquióxido de ferro (Fe_2O_3) entre 7 e 11%. Estes solos, em geral, apresentam no horizonte Bw a estrutura granular de aspecto maciça in situ associada à estrutura moderadamente desenvolvida em blocos subangulares. Embora, ainda haja predomínio de goetita, entre os óxidos de ferro, os teores de hematita aumentam à medida em que os solos se tornam mais avermelhados.

Esta classe de solos ocorre nos mais variados domínios morfoestruturais e unidades de relevo. Áreas expressivas são encontradas nas depressões Amazônicas, relacionadas ao embasamento de estilo complexo e na depressão do Alto Tocantins/Araguaia, associadas às coberturas metassedimentares de dobramentos do Brasil Central; nas chapadas de coberturas sedimentares inconsolidadas do São Francisco, Meio Norte, Araripe, Parecis e também, em superfícies mais movimentadas e com vertentes convexas do planalto Centro-Sul de Minas e nas serras do Mar e da Mantiqueira. Nos Latossolos Vermelho-Amarelos do planalto do sul de Minas é comum a ocorrência de horizonte superficial bem desenvolvido do tipo proeminente ou húmico. A fitofisionomia da vegetação natural pode compreender tanto as fácies mais secas como as mais úmidas das formações florestais, caatingas, cerrados e campos.

LATOSSOLO VERMELHO-ESCURO — Esta classe compreende solos de coloração 2,5YR ou mais vermelhos e teores de sesquióxido de ferro (Fe_2O_3) entre 11 e 18%. A fração argila é constituída de caolinita, gibsita e dentre os óxidos de ferro é expressiva a predominância de hematita. Em muitos indivíduos a gibsita e a hematita predominam sobre os argilo-minerais caoliníticos. É comum nestes solos a ocorrência da estrutura ultra pequena granular fortemente desenvolvida com aspecto de maciça porosa *in situ*, típica de latossolo. Embora sejam solos de fertilidade natural muito baixa, ocorrência de indivíduos com boas reservas de nutrientes é mais acentuado do que nos Latossolos Vermelho-Amarelos.

Esta classe ocupa grandes extensões de superfícies planas e suave onduladas e estão relacionadas, principalmente, às coberturas metassedimentares associadas e às coberturas sedimentares inconsolidadas Plio-Pleistocênicas.

Nas coberturas metassedimentares associadas às faixas de dobramentos, estes solos se distribuem extensivamente na superfície dos planaltos Central, Canastra/Alto Rio Grande, sob vegetação de cerrado e campo cerrado; moderadamente nos patamares da serra Alto Paraguai/Guaporé sob vegetação de floresta subcaducifólia e na depressão do Médio São Francisco, sob vegetação de caatinga hipo e hiperxerófila.

Nos sedimentos Plio-Pleistocênicos ocupam vastas áreas nas chapadas dos Parecis, dos planaltos de Caiapônia, dos Parecis e da Bodoquena. Com exceção da cobertura vegetal do planalto da Bodoquena que é constituída de floresta tropical caducifólia, as outras áreas apresentam vegetação de cerrado e campo cerrado.

LATOSSOLO ROXO — Esta classe abrange solos de cores vermelho-escuros de tonalidades arroxeadas e matizes, preferencialmente 10R e/ou mais vermelhos, e teores de sesquióxido de ferro (Fe_2O_3) entre 18 e 40%. São derivados de rochas básicas e sua massa apresenta grande suscetibilidade magnética. Na fração argila há expressiva dominância de hematita e pequenas quantidades de maghemita (Palmieri, 1986) e nas frações mais grosseiras há dominância de ilmenita e magnetita. Nos indivíduos de matiz 10R, ou mais vermelhos, há virtual ausência de goetita (Figura 2.6). Apresentam textura argilosa ou muito argilosa e a estrutura é típica de latossolo, constituída por elementos granulares ultra pequenos e fortemente desenvolvidos, apresentando aspecto de maciça porosa *in situ*. É usual ocorrer a mudança de coloração da superfície do solo descoberto e nos barrancos de estradas, em função do ângulo de observação e/ou incidência dos raios solares. Também, é comum se encontrar, na massa do solo, concreções muito pequenas de manganês, tipo chumbinho de caça, que efervescem quando é adicionado água oxigenada. Nesta classe de solos é mais comum a ocorrência de indivíduos com boa fertilidade natural, o que os qualifica como eutróficos.

Estas paisagens ocorrem em superfícies planas e suave onduladas relacionadas com derrames basálticos

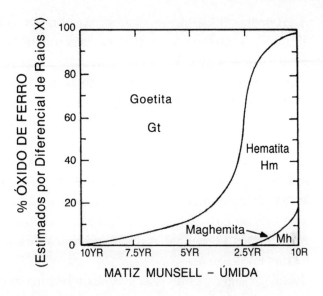

Figura 2.6 — *Tipo e proporções relativas de óxidos de ferro em relação à cor úmida do horizonte B (Palmieri, 1986).*

e diques de diabásio. Extensivas áreas são encontradas nos planaltos Central e de Araucárias da Bacia do Paraná. As áreas sob influência do rio Paranaíba no Triângulo Mineiro e sul de Goiás ocorrem sob vegetação de floresta tropical subcaducifólia enquanto que as áreas sob influência do Rio Grande ocorrem sob vegetação de floresta subperenifólia. No Estado do Mato Grosso do Sul ocorrem, principalmente, sob vegetação de cerrado e campo cerrado. No planalto das Araucárias a vegetação natural é constituída de florestras subtropical perenifólia de Araucária e de subtropical/tropical subperenifólia. No planalto e chapada dos Parecis, nas depressões Amazônica Meridional e do Médio Tocantins/Araguaia estão relacionados a diques de diabásio.

PEDOLOGIA E GEOMORFOLOGIA

LATOSSOLO FERRÍFERO — Esta classe abrange solos de coloração vermelho-escuro com matizes preferencialmente inferiores a 10R, teores de sesquióxido de ferro (Fe_2O_3) superiores a 40%. São solos derivados de rochas metamórficas tipo itabirito e congêneres e a massa do solo é altamente atraída por imã. Neste solo é bastante freqüente a ocorrência de concreções ferruginosas de diâmetros variáveis, tanto na superfície como na massa do solo, o que os qualifica como cascalhentos, apresentando, não variavelmente, textura argilosa e/ou muito argilosa cascalhenta.Também são comuns as nuances das tonalidades vermelhas e roxas em função da incidência dos raios solares.

Estas paisagens estão relacionadas a relevos ondulados e forte ondulados, com encostas de conformações convexas sob vegetação de campos cerrados e cerrados pouco densos e arbustivos. Ocorrem nas serras do Espinhaço/Quadrilátero Ferrífero e dos Carajás, relacionados aos produtos de decomposição de rochas metamórficas muito ricas em ferro.

LATOSSOLO BRUNO — Esta classe abrange solos de cores brunadas com matiz, preferencialmente, da ordem de 5YR. Estes solos são derivados de derrame basáltico ou de rochas alcalinas, sob condições de clima úmido e frio. No caso dos solos derivados de rochas basálticas, podemos dizer que são as contrapartes dos Latossolos Roxos desenvolvidos sob condições de clima subtropical. A cor bruna e/ou vermelho-amarelada do horizonte Bw, reflete a predominância de goetita sobre a hematita. Na fração argila há predominância de haloisita entre os argilo-minerais; a caolinita se apresenta desordenada

96

(mal cristalizada) e também há ocorrência regular de vermiculita com hidróxido de alumínio inter-lamelar (Palmieri, 1986). A estrutura do horizonte Bw é em blocos subangulares fraca e moderadamente desenvolvida e apresenta muito pouca atração pelo imã. O horizonte A tem altos teores de matéria orgânica, porém, não apresenta cor escura devido às condições de clima frio.

Estas paisagens estão associadas à superfícies planas e suave onduladas acima de 800 metros de altitude, sob vegetação de campos subtropicais nos planaltos de Araucária e de Poços de Caldas.

2) *Terra Roxa Estruturada* — Esta classe abrange solos de coloração vermelho-escuro com nuances arroxeadas de matiz, preferencialmente da ordem de 2,5YR. Caracterizam-se, também, pela ocorrência de horizonte B textural, porém com baixo gradiente textural entre os horizontes A e Bt (B textural), estrutura em blocos bem desenvolvida apresentando películas de argilas recobrindo parte dos elementos estruturais, argila de atividade baixa e teores de sesquióxido de ferro (Fe_2O_3) superiores a 15%. O horizonte A é moderadamente desenvolvido e o horizonte Bt apresenta pouca diferenciação entre seus subhorizontes. São solos derivados de rochas básicas e/ou ultrabásicas, de textura argilosa e muito argilosa e, em geral, apresentam boa fertilidade natural.

Estas paisagens ocorrem associadas às dos Latossolos Roxos, porém, ocupam as superfícies onduladas e forte onduladas relacionadas com os derrames basálticos e diques de diabásio. Áreas mais representativas são encontradas nos planaltos Central e de Araucárias da Bacia do Paraná nos estados sulinos. Existem pequenas ocorrências relacionadas a áreas de influências de diques de diabásios nas depressões Amazônicas Meridional e Setentrional sob floresta equatorial subperenifólia e na Depressão Médio Tocantins/Araguaia sob vegetação de floresta tropical subperenifólia.

3) *Terra Bruna Estruturada* — Compreende solos de cores brunadas e matiz, preferencialmente, da ordem de 5YR e 7,5YR. Podem se desenvolver a partir de rochas básicas, intermediárias e alcalinas, porém, sempre sob condições de clima frio e úmido. Os provenientes de rochas básicas, correspondem às contrapartes das Terras Roxas Estruturadas, desenvolvidas sob condições de clima subtropical. A cor bruna e/ou vermelha-amarelada do horizonte Bt reflete a predominância de goetita sobre a hematita. Na fração argila há predominância de haloisita entre os argilo-minerais, a caolinita é mal cristalizada e há ocorrência regular de vermiculita com hidróxido de alumínio interlamelar (Palmieri, 1986). A estrutura do horizonte B é freqüentemente prismática e se desfaz em blocos moderado a fortemente desenvolvidos. O gradiente textural é baixo entre os horizontes A e B e as superfícies dos elementos estruturais podem apresentar, ou não, filmes de argila iluvial (argilan), porém sempre apresentam superfícies de compressão, devido ao alto índice de contratação destes solos. O horizonte A tem uma apreciável quantidade de matéria orgânica, mas esta não é muito escura devido às condições de clima frio e úmido. Não apresentam

atração magnética e possuem elevados teores de alumínio trocável.

Estas paisagens estão relacionadas aos campos subtropicais de superfícies onduladas e forte onduladas que ocorrem acima de 800 metros de altitude nos planaltos de Araucária e de Poços de Caldas (Rodrigues, 1984).

4) *Podzólico Vermelho-Amarelo* — Esta classe compreende solos que apresentam horizonte diagnóstico B textural com seqüência de horizonte A, Bt e C ou A, E, Bt e C. Os horizontes são bem diferenciados e apresentam nítido gradiente textural, cujo incremento de argila do horizonte A para o Bt é facilmente perceptível. A textura, atividade da argila e fertilidade natural são muito variáveis.

Esta classe é bastante expressiva e ocorre nos mais variados domínios morfoestruturais, de unidades e classes de relevo. Em geral, predominam nas encostas côncavas e plano-inclinadas das superfícies onduladas e forte onduladas. A fitofisionomia da vegetação natural é bastante diversificada e pode ser composta de formações florestais, caatingas, cerrados e campos cerrados. As classes que ocorrem em ambientes mais secos e menos úmidos apresentam, em geral, solos com boas reservas de nutrientes e argila de atividade alta.

5) *Podzólico Bruno-Acinzentado* — Esta classe compreende solos minerais moderadamente drenados, com B textural bem nítido e com a parte superior escurecida. A atividade de argila é alta, isto é, acima de 24

meq/100g de argila após correção para carbono; a estrutura do Bt é formada por blocos bem desenvolvidos e apresentam abundantes argilans na superfície dos elementos estruturais.

Estes solos ocorrem em paisagens de superfícies suave onduladas e onduladas, sob vegetação de floresta perenifólia subtropical e campestre e estão restritos aos planaltos Sul-Riograndense e da Campanha Gaúcha e aos patamares da Bacia do Paraná, nos Estados de Santa Catarina e Paraná.

6) *Podzólico Amarelo* — São solos profundos que se caracterizam por apresentar coloração amarelada de matizes 7,5YR a 10YR, nítida diferença textural entre o horizonte A superficial e o horizonte B textural (Bt) subsuperficial, baixa atividade de argila e teores de sesquióxido de ferro (Fe_2O_3) inferiores a 7%. Apresentam seqüência de horizontes A, Bt, C ou A, E, Bt, C com diferenciação de horizonte variável, dependendo do tipo de horizonte A e do incremento da argila no Bt, sendo mais nítida quando o horizonte E está presente. Neste caso a transição é abrupta para o Bt.

Estes solos ocorrem, com bastante freqüência, nas paisagens de topografia suave ondulada e ondulada sob vegetação de floresta tropical subperenifólia e relacionam-se, principalmente, com as coberturas Plio-Pleistocênicas dos Tabuleiros Costeiros. Muito poucas constatações têm sido noticiadas nas coberturas inconsolidadas similares da bacia sedimentar amazônica.

7) *Brunizem* — Esta classe compreende indivíduos pouco profundos, horizonte A preto e espesso, do tipo chernozêmico, e horizonte B textural ou câmbico de cores escuras (cromas e valores baixos e argila de atividade alta). Estes solos apresentam elevados teores de matéria orgânica, argilosos e fertilidade natural muito alta.

Estas paisagens estão limitadas, praticamente, às superfícies de topografia suave ondulada e ondulada que formam um conjunto de pequenas elevações com vertentes de dezenas de metros de altitude, em geral, abaixo de 200 metros e com cobertura vegetal preferencialmente de campos com algumas áreas de vegetação arbustiva tipo parque. Ocorrem nos planaltos da Campanha Gaúcha e Sul-Riograndense.

8) *Brunizem Avermelhado* — Esta classe abrange solos pouco profundos com horizonte A chernozêmico e horizonte B textural de argila de atividade alta e saturação de bases alta. Apresentam horizontes bem diferenciados de seqüência A, Bt (B textural) e C. O horizonte Bt apresenta cores avermelhadas vivas, estrutura prismática que se desfaz em blocos fortemente desenvolvidos e com abundantes argilans (filmes de argila iluvial). São solos ricos em matéria orgânica, fertilidade natural muito alta e elevada reserva de nutrientes.

Essas paisagens estão relacionadas a áreas descontínuas e muito declivosas, compreendendo superfícies forte onduladas e montanhosas com vale em V e verten-

PEDOLOGIA E GEOMORFOLOGIA

tes de fortes declives. Em menor escala podem ocorrer em topografias onduladas com vertentes de dezenas de metros. Áreas bastante representativas são encontradas no planalto de Araucária, nos Estados de Santa Catarina e Paraná, sob vegetação de floresta tropical perenifólia e subperenifólia; no planalto Sertanejo, no Ceará, sob vegetação de floresta/caatinga; no planalto da Bodoquena, sob floresta tropical subacaducifólia e na depressão Jequitinhonha, na Bahia, e em menor escala nas serras do Alto Paraguai/Guaporé e da Mantiqueira, no norte do Estado do Rio de Janeiro e sul do Estado do Espírito Santo.

9) *Bruno Não Cálcico* — Esta classe compreende indivíduos pouco profundos e/ou rasos, com horizonte B textural (Bt) de coloração avermelhada viva, atividade de argila e saturação de bases muito alta. O horizonte A é, em geral, fracamente desenvolvido e de estrutura maciça. São solos de seqüência de horizontes, preferencialmente, do tipo A, Bt e C e a transição do horizonte A para o Bt é, em geral, abrupta.

Estas paisagens estão relacionadas quase que exclusivamente com a zona fisiográfica do Sertão Nordestino sob vegetação de caatinga hiperxerófila arbórea — arbustiva e em menor escala na região do agreste sob vegetação de caatinga hipoxerófila. Ocorrem em topografias de superfície suave e forte ondulados com vales em V abertos e vertentes de dezenas de metros. Na superfície é comum a ocorrência de cascalhos e calhaus de quartzo formando um tipo de pavimento desértico. Estes solos distribuem-se tanto nos planaltos Residuais

Sertanejos como nos de cobertura metassedimentares e na depressão Sertaneja.

10) *Planossolos* — Abrange solos de drenagem deficiente com seqüência de horizontes, preferencialmente, do tipo A, E, Bt ou Btg (horizonte B textural gleico) e C ou Cg e transição abrupta entre os horizontes E e B. Os horizontes A e E são, em geral, de textura arenosa e apresentam contraste nítido com o horizonte B de textura mais argilosa. Apresentam feições associadas com drenagem imperfeita (cores cinzentas associadas a manchas avermelhadas e amareladas).

Estas paisagens encontram-se distribuídas por todo país, principalmente nos pedimentos de várias unidades de relevo e estão relacionadas à superfícies topográficas praticamente planas e suave onduladas, formando vales bem abertos com vertentes bastante suaves de centenas de metros.

Áreas representativas com caráter solódico são encontradas na zona fisiográfica do agreste nordestino sob vegetação de caatinga hipoxerófila e, em menor escala, sob caatinga hiperxerófila, nos pedimentos dos planaltos Residuais Sertanejos, nas depressões Sertanejas, do Médio São Francisco e do Meio-Norte. Áreas representativas, também, são encontradas nas depressões quaternárias do Pantanal sob vegetação do Complexo do Pantanal e de Boa Vista sob vegetação de campinarana. No Rio Grande do Sul ocorrem nos Planaltos da Campanha Gaúcha e Sul-Riograndense com horizonte A bastante espesso do tipo chernozêmico e vegetação campestre.

PEDOLOGIA E GEOMORFOLOGIA

11) *Solonetz — Solodizado* — Compreende solos rasos ou pouco profundos com alta saturação com sódio, drenagem impedida e horizonte B nátrico. Apresentam seqüência de horizontes, preferencialmente, do tipo A, E, Btn (horizonte B textural com acumulação de sódio trocável) e Cn (horizonte C com acumulação de sódio trocável). Os horizontes A e E são bastantes arenosos e a transição para o horizonte Btn é abrupta.

Estas paisagens estão limitadas às superfícies quaternárias praticamente planas e/ou depressões de várzeas sob influência de rios intermitentes na região subárida nordestina, na depressão do Pantanal e ao longo da costa em pedoambientes mais secos. A cobertura vegetal é, em geral, constituída por indivíduos arbustivos e graminóides tolerantes ao excesso de sais.

12) *Solonchack* — Esta classe é formada por indivíduos pouco desenvolvidos e com horizonte sálico. Estão sujeitos a encharcamento sazonal e/ou permanente e os subhorizontes apresentam cores cinzentas, azuladas e/ou esverdeadas. O horizonte superficial é pouco espesso e nas estações secas pode apresentar crostas salinas superficiais devido a ascenção capilar e precipitação de sais.

Estas paisagens não são muito extensas e ocorrem em áreas quaternárias sob influência fluviolacustremarinhas ou em vasas marinhas, ao longo e/ou adjacentes à costa. A vegetação natural é constituída de comunidades arbustivas e/ou campos graminiformes tolerantes ao excesso de sais e de água.

13) *Cambissolos* — Compreende indivíduos pouco desenvolvidos e com horizonte B incipiente, onde o material subjacente ao horizonte A sofreu alterações em grau não muito avançado, contudo, o suficiente para o desenvolvimento de cor e/ou estrutura, podendo apresentar, no máximo, menos da metade do volume do horizonte B incipiente, constituído por fragmentos de material originário ou não.

As paisagens são as mais diversificadas e ocorrem de forma descontínua sob várias coberturas vegetais, em quase todas as unidades de relevo, sendo, porém, mais representativas nas superfícies topográficas forte onduladas e montanhosas. Algumas podem ocorrer em superfícies planas de sedimentos quaternários aluviais. Áreas muito representativas aparecem no planalto de Araucárias e nos patamares da Bacia do Paraná e nas formas agudas e linhas de cristas da serra do Mar e da Mantiqueira, podendo apresentar horizonte superficial do tipo húmico bastante espesso.

14) *Litossolos* — Abrange indivíduos rasos ou muito rasos, pouco desenvolvidos com seqüência de horizonte A, C e R ou A e R. Em geral, apresentam horizonte A diretamente sobre substrato rochoso, contudo, podem exibir horizonte B incipiente muito pouco espesso, acima do material rochoso pouco intemperizado, sobreposto ao substrato rochoso. Em geral, são solos muito pobres e ácidos.

As paisagens desta classe são as mais variadas e em geral, ocorrem associadas às dos cambissolos. Nor-

PEDOLOGIA E GEOMORFOLOGIA

malmente estão confinados a paisagens mais íngremes, cornijas e frente de cuestas, alinhamento de cristas e de cumieiras associadas a afloramentos naturais de rochas das encostas das serras, alcantilados, penhascos, penedos etc.

15) *Plintossolos* — Esta classe é formada, em geral, por solos hidromórficos e com horizonte plíntico, isto é, com abundante presença de manchas avermelhadas e amareladas entremeadas por materiais esbranquiçados. As manchas avermelhadas têm a habilidade de endurecer irreversivelmente após sucessivos ciclos de umidecimento e secagem dando origem a concreções ferruginosas chamadas lateritas e/ou conglomerados lateríticos.

Essas paisagens estão relacionadas a pedoambientes de superfícies com topografias planas e suave onduladas, com concomitante movimentação lenta de água através da massa do solo, promovendo umedecimento intermitente dos terços inferiores das encostas e/ou áreas de planícies com drenagem interna intermitente. Áreas muito expressivas são encontradas na depressão Solimões da bacia sedimentar amazônica, compreendendo principalmente o médio-baixo curso dos rios Purus, Juruá, Jutaí e grande parte da ilha de Marajó; nas depressões interioranas quaternárias da ilha do Bananal e porção norte do Pantanal e na planície Maranhense. Nos domínios geomórficos dos Tabuleiros Costeiros estes solos ocorrem com freqüência nos pedimentos e terços inferiores das paisagens.

PLINTOSSOLOS CONCRECIONÁRIOS — Estes solos correspondem a uma variedade dos Plintossolos e diferem devido à abundante ocorrência de concreções ferruginosas, com diâmetro de 2mm até 6cm, na massa do solo. Algumas áreas apresentam concreções na superfície quase que formando um tipo de pavimento. As concreções podem ser consequência do endurecimento irreversível da plintita local e/ou terem sofrido transporte.

Essas paisagens apresentam, geralmente, cobertura vegetal de cerrado subcaducifólio e/ou campo cerrado. Ocorrem em superfícies mais dissecadas, exceto quando estão relacionadas a substrato de folhelho e/ou congêneres, que a superfície topográfica é praticamente plana. Áreas representativas são encontradas nas depressões do Meio Norte, Médio Tocantins/Araguaia e Alto Paraguai; no planalto e Chapada dos Parecis.

16) *Podzol* — Esta classe é constituída de solos arenoquartzosos com nítida diferenciação e seqüência de horizontes do tipo A, E, B podzol (Bhs) e C. O horizonte A, de cor escura, contrasta com o horizonte E, álbico de coloração clara, o qual, por sua vez, contrasta com o horizonte subseqüente Bhs, isto é, B podzol de coloração café, que normalmente está a uma profundidade maior do que 50cm.

Essas paisagens estão associadas a planícies e cordões litorâneos e dunas estabilizadas, sob vegetação de restinga arbórea e/ou arbustiva, com substrato graminiforme. Algumas ocorrências têm sido observadas em Tabuleiros Costeiros e Amazônicos; neste caso estão relacionadas a pequenas depressões e/ou bolsões areno-quartzosos. Esporádicas ocorrências têm sido constatadas em materiais provenientes de metaquartizitos na serra da Mantiqueira. Nos ambientes fora da orla marítima a vegetação é constituída de espécimes florestais de baixo porte e pouco densas.

PODZOL HIDROMÓRFICO — Estes indivíduos integram variedades hidromórficas de podzol, as quais apresentam lençol freático próximo à superfície sazonalmente. Não apresentam cores neutras cinzentas devido ao material originário ser de natureza areno-quartzosa e desprovido, totalmente, de qualquer material argiloso.

As classes da orla marítima apresentam paisagens similares às do podzol não hidromórfico. Grandes áreas desta classe ocorrem em sedimentos areno-quartzosos inconsolidados nas depressões Rio Branco/Negro e da Amazônia Setentrional, na região sob influência do Rio Uapés. Em ambas as áreas a vegetação é constituída de comunidades pioneiras denominadas de Campinarana.

17) *Gleissolos* — Esta classe compreende solos hidromórficos com seqüência de horizontes, preferencialmente, A ou H e horizonte glei (Cg) ou A, B incipiente glei (Big) e Cg. Apresentam horizonte A superficial de cor preta, teores de matéria orgânica elevados e espessura variando de 10 a 30cm. A partir da base do horizonte A ou H, os horizontes e/ou camadas apresentam cores acinzentadas ou cinzentas, com mosqueados amarelados e avermelhados causados pelos processos de oxi-redução devido às oscilações do lençol freático.

PEDOLOGIA E GEOMORFOLOGIA

Estas paisagens compreendem extensos domínios das planícies fluviais e fluviolacustres e distribuem-se por todo o Brasil, sob diversas condições de clima. A vegetação natural pode ser constituída por florestas e/ou campos de várzeas com espécies tolerantes a excesso de água (hidrófilas e higrófilas) e com fitofisionomia de aspecto perenifólio.

18) *Solos Tiomórficos* — Esta classe abrange solos influenciados pela ação das marés. Compreende indivíduos pouco desenvolvidos podendo ser compostos quer de material orgânico quer de camadas minerais estratificadas, porém, ambas não calcáreas, com alta percentagem de compostos de enxofre e/ou apresentando mosqueados de jarosita (sulfato de ferro), quando artificialmente drenados. São extremamente ácidos e apresentam alta condutividade elétrica em todas as camadas.

Esses solos estão relacionados aos domínios das planícies marinhas, fluviomarinhas e fluviolacustremarinhas, distribuindo-se em áreas adjacentes à orla marítima, influenciadas pelo fluxo e refluxo das marés. A vegetação natural é constituída por campos halófilos de várzea.

19) *Vertissolos* — Esta classe é integrada por indivíduos de drenagem imperfeita e que apresentam características vérticas, em geral muito argilosos, com pronunciadas variações no seu volume, conforme o teor de umidade, apresentando fendilhamento profundo no período seco. A variação de volume da massa do solo é expressa sob forma de estrias denominadas

superfícies de fricção, às quais ocorrem nas faces de agregados cuneiformes ou paralelepipédicos, também o microrrelevo do tipo *gilgai* (microrrelevo formado pela expansão da argila) e a autogranulação podem ser tomados como indicadores coadjuvantes.

Essas paisagens não são muito extensas e estão confinadas a áreas e/ou depressões semifechadas, que apresentam pedoambientes com drenagem impedida ou intermitente, devido ao clima subárido. Áreas representativas ocorrem nos planaltos da Borborema e Sertanejo e na depressão Médio São Francisco, sob vegetação de caatinga hiper e hipoxerófila; no planalto da Bodoquena e na depressão Alto Paraguai, no Pantanal, sob vegetação de floresta tropical subcaducifólia; no Recôncavo Baiano, sob vegetação de floresta tropical subperenifólia/perenifólia e nos planaltos Sul-Riograndense e da Campanha Gaúcha, com vegetação campestre.

20) *Rendzinas* — Esta classe é integrada por indivíduos rasos ou muito rasos, com seqüência de horizontes, preferencialmente, A, C e R ou A e R desenvolvidos a partir de rochas calcáreas. O horizonte A é do tipo chernozêmico com elevados teores de carbonato de cálcio ($CaCO_3$) equivalente. São solos de muito alta fertilidade, boa reserva de nutrientes e altos teores de matéria orgânica.

Essa classe de solo não é muito extensa no Brasil e ocorre em regiões com deficiências hídricas. Áreas representativas são observadas em relevo praticamente plano, sob vegetação de caatinga hiperxerófila arbustiva-arbórea, pouco densa nas partes baixas do planalto da Borborema no Rio Grande do Norte e em relevo um pouco mais movimentado, sob vegetação de floresta tropical caducifólia, no planalto da Bodoquena, no Pantanal. Em muito menor escala, tem sido observada a ocorrência em outros estados onde há ocorrências de material calcário próximo à superfície.

21) *Regossolos* — Está classe compreende solos poucos profundos, com seqüência de horizontes A, C e R. Em geral, são de textura arenosa e cascalhenta com abundante ocorrência de minerais facilmente intemperizáveis. O horizonte A é fracamente desenvolvido com baixos teores de matéria orgânica.

Embora sejam de ocorrência restrita, as paisagens são bem diversificadas e ocorrem em superfícies de topografia plana a suave ondulada na região semi-árida até relevo forte ondulado e montanhoso das serras do Mar e da Mantiqueira. Em geral, ocorrem associadas às paisagens dos cambissolos e litossolos. Áreas representativas são encontradas em superfícies planas sob vegetação de caatinga hiper e hipoxerófila no planalto da Borborema e na depressão Sertaneja; na depressão Alto Paraguai, no Pantanal, sob vegetação do Complexo do Pantanal; nas serras do Mar e da Mantiqueira sob floresta perenifólia e subperenifólia e no planalto Sul-Riograndense, com vegetação campestre.

22) *Areias Quartzosas* — Esta classe é formada por solos profundos de constituição areno-quartzosa compreendendo, apenas, as classes texturais areia e areia

franca, coloração amarelada e avermelhada, extremamente pobre em nutrientes e com horizonte A fracamente desenvolvido.

Essas paisagens são bastante expressivas em quase todas regiões brasileiras e estão relacionadas a coberturas sedimentares areno-quartzosas e comumente ocorrem em superfícies de topografia plana e suave ondulada. A vegetação natural predominante é a de cerrado subcaducifólio e/ou campo cerrado nos planaltos dos Guimarães, Caiapônia, nas chapadas dos Parecis e Meio Norte e nas depressões do Bananal, Pantanal e Médio Tocantins/Araguaia. A cobertura de vegetação de caatinga hiper ou hipoxerófila ocorre nos planaltos de Ibiapaba e na depressão do Médio São Francisco. Nas depressões interioranas quaternárias do Rio Branco/Negro e Boa Vista ocorrem com cobertura vegetal pioneira — Campinarana e na depressão quaternária do Xingu há predominância de floresta tropical subcaducifólia.

AREIAS QUARTZOSAS HIDROMÓRFICAS — Compreende indivíduos formados por camadas estratificadas ou não de natureza arenosa e com lençol freático próximo à superfície. Apresentam, em geral, horizonte superficial pouco desenvolvido e embora ocorram em ambientes de drenagem extremamente deficiente, não possuem cores neutras cinzentas, devido ao material sedimentar ser de natureza areno-quartzosa e desprovido, quase que completamente, de material argiloso.

Essas paisagens estão relacionadas com os domínios de depressões quaternárias e apresentam relevo praticamente plano e, em geral, ocorrem associadas a outros solos hidromórficos. Áreas representativas são encontradas nos sedimentos inconsolidados das depressões quaternárias de Boa Vista e Rio Branco/Negro sob vegetação de comunidades pioneiras-Campinarana e nas depressões Guaporé, Bananal e Pantanal sob vegetação de campo cerrado.

AREIAS QUARTZOSAS MARINHAS — Esta classe é integrada por indivíduos arenosos constituídos por camadas estratificadas, com ou sem ocorrência de fragmentos conchíferos. São indivíduos com desenvolvimento de horizonte A muito fraco e algumas dunas estão incluídas nesta classe.

Essas paisagens compreendem domínios das planícies marinhas, fluviomarinhas e fluviolacustre marinhas, distribuindo-se pela faixa litorânea ou próximo do litoral. Ocorrem sob vegetação de floresta arbóreo-arbustiva e/ou campo hidrófilo de restinga. Áreas com grande expressão são encontradas nos estados do Maranhão, Ceará, Bahia, Rio Grande do Sul.

23) *Solos Aluviais* — Esta classe compreende indivíduos com horizontes pouco desenvolvidos e/ou camadas estratificadas de natureza argilosa, siltosa e/ou arenosa dependendo da natureza do sedimento. Apresentam drenagem interna variando de bem a imperfeitamente drenado e horizonte superficial de cor escura com teores médios de matéria orgânica. Os horizontes e/ou camadas apresentam cores vivas amareladas e/ou avermelhadas. As camadas mais profundas, em geral, expressam cores neutras acinzentadas associada à presença do lençol freático.

PEDOLOGIA E GEOMORFOLOGIA

Compreendem extensos domínios das planícies fluviais ocorrendo em todo o Brasil em áreas adjacentes aos rios em superfícies praticamente planas e sob cobertura vegetal natural, em geral, florestal com fitofisionomia de aspecto perenifólio.

24) *Solos Orgânicos* — Esta classe é integrada por indivíduos hidromórficos constituídos de materiais orgânicos produzidos pela vegetação natural hidrófila, a qual tem sua decomposição bioquímica retardada, devido às condições de encharcamento permanente e à conseqüente deficiência de oxigênio. Apresentam um horizonte superficial turfoso bastante espesso, de cor preta, com espessura superior a 40cm e as camadas subseqüentes podem ser constituídas de restos de vegetais em vários graus de decomposição, ou de camadas arenosas e/ou argilosas gleisadas.

Sua ocorrência compreende áreas não muito extensas e estão circunscritos a depressões holocênicas fluvio-lacustres com vegetação natural, em geral, formada por campina de várzeas.

25) *Outras Formações* — Compreende o domínio de materiais não considerados como solos devido não expressarem características dos processos e mecanismos de formação de solos. Esta classe é integrada por dunas, manguezais e afloramentos de rochas.

DUNAS — As que ainda estão sem cobertura vegetal e por conseguinte não estáveis e sujeitas a novo transporte pelo vento são consideradas como tipo de terreno. As dunas estáveis, nas quais já se estabeleceu a vegetação e onde há um desenvolvimento de horizonte A superficial são consideradas dentro dos solos areno-quartzosos marinhos.

MANGUEZAIS — Compreendem materiais gleizados e sem diferenciação de horizontes, com alto conteúdo em sais e compostos de enxofre, provenientes da água do mar. Distribuem-se em áreas sedimentares pantanosas e alagadas, sujeitas à influência permanente das marés. Estes terrenos são constituídos por vasas de depósitos recentes.

AFLORAMENTOS ROCHOSOS — Qualquer exposição natural de rochas na superfície, tal como: penhascos, penedos, alcantilados etc.

8. Aplicação dos Estudos Edafo-Ambientais

No Brasil, embora haja uma extensão territorial bastante expressiva, os estudos edafo-ambientais serão solicitados com maior freqüência em futuro próximo. A expansão dos centros urbanos, e principalmente os rural-urbanos e da população como um todo, torna o uso da terra cada mais competitivo e todo e qualquer tipo de solo sofrerá pressão continuada para atender a crescente necessidade de se expandir as infra-estruturas públicas e privadas e a produção de alimentos. Isto reflete a evidência vital, cada vez maior, da importância da terra como um espaço para manutenção e melhoria da qualidade de vida dos seres humanos. Muitas das decisões serão irreversíveis, por isso é de capital importância que o planejamento de uso da terra seja feito em função de suas qualidades e características para atender determinadas prioridades e/ou ocupação de qualquer espaço terrestre.

Devido à sua extensão continental e à disponibilidade de terras, no Brasil, as áreas para atividades agrícolas, florestas comerciais, recreação, preservação e outras atividades devem ser selecionadas em função de sua vocação e adequabilidade para os respectivos usos.

Os estudos edafo-ambientais ou levantamentos de solos são ferramentas vitais para o planejamento, ordenamento e/ou reordenamento e ocupação de áreas. Além de nos mostrar a distribuição espacial das diversas classes de solos nos fornecem informações essenciais sobre as características químicas, físicas, mineralógicas e das condições ambientais dos solos, segundo critérios referentes às condições das terras que interferem direta ou indiretamente no comportamento e qualidade do meio ambiente, para condições alternativas de uso e manejo. Para atender estas necessidades as unidades de mapeamento dos levantamentos de solos são subdivididas, entre outras, em função da vegetação natural, declividade e classe de relevo, pedregosidade, rochosidade, substrato rochoso e drenagem interna do solo.

O conhecimento e a organização das qualidades e das características dos solos na sua ambiência, identificados nos levantamentos de solos ou edafo-ambientais são essenciais, entre outros no provimento de bases para os seguintes estudos e/ou grupo de atividades:

— servir de referencial para o estabelecimento de políticas e estratégias para desenvolvimento sustentável associado à conservação ambiental em nível Federal, Estadual e Municipal;

— estabelecer políticas e estratégias de educação ambiental, ordenamento e reordenamento de utilização de áreas que sejam economicamente viáveis, socialmente justas e ecologicamente adequadas;

— modelar o desenvolvimento agrícola sustentável e melhorar a qualidade de vida para as gerações atuais e futuras;

— planejar e implementar o desenvolvimento de sistemas integrados de produção e selecionar áreas para exploração agrícola, pastoril e florestal intensivas à nível de propriedade rural;

— identificar e avaliar os impactos ambientais induzidos pela ação do homem e fornecer apreciação da qualidade e da realidade dos recursos naturais;

— estudar áreas para localização e orientação de rodovias, estradas vicinais, ferrovias e para desenvolvimento urbano, rural-urbano e industriais;

— selecionar áreas para turismo ecológico, recreação, parques, camping, aterro sanitário, cemitérios, preservação da flora e da fauna;

— selecionar áreas para programas e projetos conservacionistas, agrovilas, estações e campos experimentais, irrigação e drenagem;

— selecionar áreas para loteamentos urbanos e rural-urbanos com e sem infra-estrutura de saneamento básico;

— zoneamento rural, equalização de taxação de imposto territorial, seguro agrícola e desapropriação;

— planejar, elaborar programas e identificar problemas

na implantação de práticas de manejo e conservação do solo e da água;

— estabelecer e implementar pólos irradiadores para difusão e transferência de tecnologias agroambientais sustentáveis;

— zoneamentos agroambientais, avaliação da aptidão agrícola das terras, diversificação agrícola, recuperação de áreas degradadas; e

— estudos de avaliação da fertilidade natural, impedimentos a mecanização, tráfego de máquinas pesadas, suscetibilidade à erosão, profundidade do solo e lençol freático.

9. Conclusões

Este capítulo dá uma visão global e de forma sintética dos conceitos básicos de pedologia e das relações das principais classes de solos com domínios geomórficos. Os estudos pedológicos são de natureza interdisciplinar e as inter-relações entre pedologia e o ambiente têm suas origens na fase inicial, durante a evolução dos horizontes e depois da maturação das características dos horizontes que individualizam cada classe de solo. Os solos são parte vital e integral do ambiente e são definidos como indivíduos naturais distintos, produzidos pela interação do clima e organismos sobre o material de origem, na superfície terrestre, e expressam características dos processos e mecanismos que predominaram na sua formação. As unidades de mapeamento e suas fases representam a distribuição cartográfica das diferentes classes, ou associação de classes de solos, na sua ambiência. Os solos podem variar em pequenas distâncias, por isso é necessário e muito importante estabelecer, antecipadamente, o grau de homogeneidade requerido das unidades de mapeamento para se estabelecer o tipo de levantamento de solos ou edafo-ambiental que deve ser feito para atender ao planejamento e/ou à solução do problema ambiental, rural ou urbano. O clima atmosférico associado ao pedoclima, ao aspecto e à posição das encostas, a flora e a fauna e as ações do homem são os fatores externos que mais afetam o ambiente no qual o solo está inserido. As informações contidas nos levantamentos de solos ou edafo-ambientais, têm sido muito utilizadas, entre outros, por planejadores, geógrafos, ecologistas, economistas, engenheiros, botânicos, conservacionistas, professores e agrologistas.

10. Bibliografia

AB'SABER, A. N. (1970) Províncias geológicas e domínios morfoclimáticos no Brasil. *Geomorfologia*, São Paulo. (20): 26p.

DOKUCHAEV, V.V. (1883). Citado In: Basic soil science for agriculture, Capítulo I. V.R. VIL'YAMS Weathering of rocks and differentation of the properties of soil-forming rocks. Translated from Russian by N. Kaner em 1968. Israel Prog. for scientific translations. Jerusalém. Avaiable from U.S. Dept. of Agriculture and National Science Foundation. Washington, D. C. p. 25-42.

DNPEA (1972) Departamento Nacional de Pesquisa Agropecuária. Ministério da Agricultura. Equipe de Pedologia e Fertilidade do Solo, atual Centro Nacional de Pesquisa de Solos, CNPS-EMBRAPA. Levantamento Exploratório-reconhecimento dos solos do Estado da Paraíba. Rio de Janeiro, RJ. 683p. (Bol. Téc. 15).

DNPEA (1973a) Departamento Nacional de Pesquisa Agropecuária. Ministério da Agricultura. Divisão de Pesquisa Pedológica, atual Centro Nacional de Pesquisa de Solo, CNPS-EMBRAPA. Levantamento exploratório-reconhecimento dos solos do Estado de Pernambuco. Rio de Janeiro, RJ. 312p. (Bol. Téc. 26).

DNPEA (1973b) Departamento Nacional de Pesquisa e Experimentação Agropecuária. Ministério da Agricultura. Divisão de Pesquisa Pedológica, atual Centro Nacional de Pesquisa de Solos, CNPS-EMBRAPA.Rio de Janeiro, RJ. Levantamento Exploratório dos solos que ocorrem ao longo da Rodovia Transamazônica (Trecho Itaituba-Estreito). 65p. (Bol. Téc. 33).

EMBRAPA (1979a) Empresa Brasileira de Pesquisa Agropecuária. Serviço Nacional de Levantamento e Conservação de Solos, SNLCS. Rio de Janeiro, RJ. *Manual de Métodos de análise de solos (3.ª Aproximação)*. 1v.

EMBRAPA (1979b) Empresa Brasileira de Pesquisa Agropecuária. Serviço Nacional de Levantamento e Conservação de Solos, SNLCS. Rio de Janeiro, RJ. Súmula X Reunião Técnica de Levantamento de Solos. 83p. (Miscelânea, 1).

EMBRAPA (1981) Empresa Brasileira de Pesquisa Agropecuária. Serviço Nacional de Levantamento e Conservação de Solos, SNLCS. Rio de Janeiro, RJ. Mapa de Solos do Brasil. Esc. 1:5.000.000.

EMBRAPA (1982) Empresa Brasileira de Pesquisa Agropecuária. Serviço Nacional de Levantamento e Conservação de Solos, SNLCS. Levantamento de reconhecimento de média intensidade dos solos e avaliação da aptidão agrícola das terras do Triângulo Mineiro, MG. Rio de Janeiro, RJ. 525p. (Bol. Téc.1).

EMBRAPA (1988) Empresa Brasileira de Pesquisa Agropecuária. Serviço Nacional de Levantamento e Conservação de Solos, SNLCS. Rio de Janeiro, RJ. *Sistema Brasileiro de Classificação de Solos (3.ª Aproximação)*. 122p. (mimeografado).

EMBRAPA (1992/93) Empresa Brasileira de Pesquisa Agropecuária. Serviço Nacional de Levantamento e Conservação de Solos, SNLCS. Rio de Janeiro, RJ. *Delineamento macroagroecológico do Brasil*. 158p. (2.ª Aproximação. Mapa publicado. Relatório mimeografado).

FAO (1991) Food and Agriculture Organization of the United Nations. An exploratory note on the FAO world soil resources Map at 1:25.000.000 scale. *World Soil Resources Reports 66*. Rome. 59p.

FALESI, I.C. (1970) *Solos de Monte Alegre*. Instituto de Pesquisas e

Experimentação Agropecuária do Norte. IPEAN. Ministério da Agricultura. Belém, PA. 127p. vol. 2 (Série. Solos da Amazônia).

IBGE (1990) Fundação Instituto Brasileiro de Geografia. Mapa climático do Brasil. (Esc. 1:5.000.000).

IBGE (1993) Fundação Instituto Brasileiro de Geografia. Mapa de unidades de relevo do Brasil. Esc. 1:5.000.000.

JENNY, H. (1941) *Factors of Soil Formation*. Mc. Graw-Hill, New York. USA. 281p.

KAMPF, N. & SCHWERTMANN, U. (1983) Goethite and hematite in a climosequence in Southern of Brazil and their application in classification of Kaolinitic soils. *Geoderma*, 29: 27-39.

MAIO, C.R. (1990) Divisão morfoclimática do Brasil. In: *Diagnóstico Brasil. A ocupação do território e o meio ambiente*. Rivaldo P. Gusmão. *et al*. Rio de Janeiro, RJ. IBGE. Diretoria de Geociência. p. 129-161.

MIADEMA, R. (1989) Mineral soil conditioned by human influences: Anthrosols. In: *Lecture notes on geography, formation, properties and use of the major soils of the world*. P.M. Driessen & R. Dudal (Eds). Agriculture University. Wageningen. The Netherlands. Catholic University Leuen, Belgium. p. 35-40.

MUNSELL COLOR COMPANY (1975) *Munsell soil color chart. Munsell color*. Macbeth Division of Kollmorgen Corporation. 2441 North Calvert Street, Baltimore, Maryland. USA.

OLMOS, J.I.L. (1983) Bases para leitura de mapas de solos. Empresa Brasileira de Pesquisa Agropecuária, EMBRAPA. Serviço Nacional de Levantamento e Conservação de Solos. SNLCS. Rio de Janeiro, RJ. 91p. (SNLCS — Série Miscelânea,4).

PALMIERI, F, & dos SANTOS, H.G. (1980) Levantamento Semidetalhado e aptidão agrícola dos solos do município do Rio de Janeiro, RJ. EMBRAPA/SNLCS, 389p. (Bol. Téc. 66).

PALMIERI, F. (1986) A Study of a climosequence of Soils derived from vulcanic rock parent material in Santa Catarina and Rio Grande do Sul States. Brazil. West Lafayette, Indiana. Purdue University, 259p. (Thesis Ph.D.).

PALMIERI, F. (1993) Unidades gerais edafo-ambientais da Amazônia Legal e seu potencial de utilização. Escola Superior de Guerra. Departamento de Estudos. Rio de Janeiro, RJ. 66P.

RODRIGUES, T.E. (1984) Caracterização e gênese de solos brunos do maciço alcalino de Poços de Caldas, MG. Piracicaba, São Paulo. ESALQ. 255p (Tese D.S.).

SIMONSON, R.W. (1967) Outline of a generalized theory of soil In: *Selected papers in soil formation and classification.* J.V. DREW (Ed.) SSA Special Publication Séries N.1. Soil Science Society of America, Inc. Publisher. Madison. Wisconsin. USA. p. 301-310.

SMITH, G.D.; NEWHALL, F.; ROBINSON, L. H. & SWANSON, D. (1964) Soil Temperature regimes: Their characteristics and predictability. Soil Conservation Service. SCS-USDA. Washington, D.C. 13p. (SCS-TP-144).

SOIL SURVEY STAFF (1975) United States Department of Agriculture. Soil Conservation Service. SCS. Soil taxonomy. A basic system of soil classification for making and interpreting soil surveys. Washington, D.C., USA. 754p. (*Agriculture Handbook* N. 436).

SOIL SURVEY STAFF (1994) United State Department of Agriculture. Soil Conservation Service. SCS. Keys to soil taxonomy. Sixth edition. Washington, D.C., USA. 306p.

TORRENT, J; SCHWERTMANN, U; FECHTER, H. & ALFAREZ,.F. (1983) Quantitative relationship between soil color and hematite content. *Sol Science.* 136: 354-358.

CAPÍTULO 3

MOVIMENTOS DE MASSA: UMA ABORDAGEM GEOLÓGICO-GEOMORFOLÓGICA

Nelson Ferreira Fernandes
Cláudio Palmeiro do Amaral

1. Introdução

Dentre as várias formas e processos de movimentos de massa, destacam-se os deslizamentos nas encostas em função da sua interferência grande e persistente com as atividades do homem, da extrema variância de sua escala, da complexidade de causas e mecanismos, além da variabilidade de materiais envolvidos. Neste capítulo, dedicado principalmente aos deslizamentos, desenvolve-se uma abordagem que enfatiza as técnicas de investigação e previsão, bem como o papel desempenhado pelos condicionantes geológicos e geomorfológicos na sua deflagração, com base em exemplos vivenciados na região sudeste brasileira.

MOVIMENTOS DE MASSA

Os deslizamentos são, assim como os processos de intemperismo e erosão, fenômenos naturais contínuos de dinâmica externa, que modelam a paisagem da superfície terrestre. No entanto, destacam-se pelos grandes danos ao homem, causando prejuízos a propriedades da ordem de dezenas de bilhões de dólares por ano. Em 1993, segundo a Defesa Civil da ONU, os deslizamentos causaram 2517 mortes, situando-se abaixo apenas dos prejuízos causados por terremotos e inundações no elenco dos desastres naturais que afetam a humanidade. Por este motivo, estes constituem objeto de estudo de grande interesse para pesquisadores e planejadores.

Atualmente, existem diversos projetos de pesquisa em todo o mundo abordando as causas e mecanismos dos movimentos de massa nas encostas, a maioria deles integrando diferentes profissionais tais como geólogos, geógrafos, engenheiros civis, biólogos, entre outros. Grande parte destes estudos procura encaixar-se na estrutura do "Decênio para Redução dos Desastres Naturais", um programa das Nações Unidas, iniciado em 1990, que procura desqualificar o fatalismo em relação aos desastres naturais e promover em todos os países a determinação política para se utilizar o conhecimento existente na mitigação dos desastres.

No campo dos movimentos de massa, existem dois projetos específicos patrocinados pela UNESCO dentro do Programa da ONU: o primeiro é o Projeto do Inventário Mundial de Deslizamentos, que procura entender a distribuição dos deslizamentos em escala mundial (WP/WLI, 1990). Dentro do seu contexto inclui-se, também, a proposta do Grupo Internacional de Pesquisas sobre Deslizamentos (Brabb, 1993) de

MOVIMENTOS DE MASSA

desenvolvimento de um projeto mundial de documentação e mapeamento destes movimentos durante esta década, sob um custo de 300 milhões de dólares. O segundo projeto, de caráter internacional, procura transferir tecnologia de previsão de deslizamentos em áreas montanhosas, com base em sistemas informatizados (van Westen *et al.*, 1994), aproveitando recursos do sensoriamento remoto e dos sistemas de informações geográficas.

O Brasil, por suas condições climáticas e grandes extensões de maciços montanhosos, está sujeito aos desastres associados aos movimentos de massa nas encostas. Além da freqüência elevada daqueles de origem natural, ocorre no país, também, um grande número de acidentes induzidos pela ação antrópica. As metrópoles brasileiras convivem com acentuada incidência de deslizamentos induzidos por cortes para implantação de moradias e de estradas, desmatamentos, atividades de pedreiras, disposição final do lixo e das águas servidas, com grandes danos associados. A Figura 3.1 mostra uma estatística parcial dos danos provocados por deslizamentos na Cidade do Rio de Janeiro nos últimos 30 anos, com base nos resultados apresentados por Amaral *et al.* (1996).

Apesar de contar com um Comitê para o Decênio da ONU e vários grupos de pesquisa atuando em deslizamentos em centros de excelência acadêmica e órgãos públicos, é interessante notar o pequeno número de programas locais para redução dos acidentes associados aos deslizamentos no Brasil, principalmente se considerarmos que as cidades poderiam se beneficiar muito do intercâmbio de experiências de solução dos problemas e

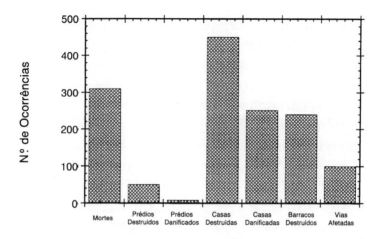

Figura 3.1 — *Danos associados a movimentos de massa no Rio de Janeiro (modificado de Amaral et al., 1996).*

da discussão sobre as dificuldades encontradas para sua implantação. Para que esta ação seja efetivamente encaminhada, é preciso, primeiro, ampliar o conhecimento sobre as causas e os métodos de prevenção de acidentes.

Neste sentido, o entendimento da fenomenologia destes acidentes é condição mister, uma vez que sem conhecimento da forma e extensão, bem como das causas dos deslizamentos, nunca se chegará a uma medida preventiva ou mesmo corretiva que implique na maior segurança. Nas seções subseqüentes são apresentadas algumas etapas envolvidas no estudo dos deslizamentos e na definição das medidas mitigadoras.

2. Classificação e Condicionantes

Existem na natureza vários tipos de movimentos de massa os quais envolvem uma grande variedade de materiais, processos e fatores condicionantes. Dentre os critérios geralmente utilizados para a diferenciação destes movimentos destacam-se o tipo de material, a velocidade e o mecanismo do movimento, o modo de deformação, a geometria da massa movimentada e o conteúdo de água (Selby, 1993). Com tantos critérios disponíveis, não é surpresa que existam na literatura várias classificações em uso e muitos conflitos com relação à terminologia, situação esta há muito evidenciada por Terzaghi (1950).

2.1. Classificação

Sharpe (1938) desenvolveu a primeira classificação de amplo aceite e esta serviu de base para muitos trabalhos posteriores. Dentre as propostas mais recentes destacam-se os trabalhos de Varnes (1958 e 1978), Hutchinson (1988) e Sassa (1989). O esquema proposto por Varnes (1978), ainda um dos mais utilizados em todo o mundo, é bem simples e baseia-se no tipo de movimento e no tipo de material transportado. Já a classificação proposta por Hutchinson (1988), certamente uma das mais complexas, baseia-se na morfologia da massa em movimento e em critérios associados ao tipo de material, ao mecanismo de ruptura, à velocidade do movimento, às condições de poro-pressão e às características do *fabric* do solo. Devido a sua complexidade este esquema de classificação requer um grande volume de informações dificultando sua utilização no campo.

No glossário multilíngüe (WP/WLI, 1994), proposto pelo Grupo Internacional do Inventário Mundial de Deslizamentos para garantir a homogeneização de con-

MOVIMENTOS DE MASSA

ceitos utilizados por pesquisadores de todo mundo, são considerados os seguintes tipos de movimentos: quedas, escorregamentos, corridas, tombamentos e espraiamentos.

Ao nível de Brasil, destacam-se os trabalhos de Freire (1965), Guidicini e Nieble (1984) e IPT (1991). A Tabela 3.1 mostra, de forma resumida, as principais classes de movimentos de massa propostas por estes autores.

TABELA 3.1 — COMPARAÇÃO ENTRE ALGUMAS PROPOSTAS BRASILEIRAS DE CLASSIFICAÇÃO DOS MOVIMENTOS DE MASSA

Freire (1965)	Guidicini e Nieble (1984)	IPT (1991)
		Rastejos
Escoamentos: Rastejos e Corridas	**Escoamentos:** Rastejos e Corridas	**Corridas de Massa**
Escorregamentos: Rotacionais e Translacionais	**Escorregamentos:** Rotacionais, Transacionais, Quedas de Blocos e Queda de Detritos	**Escorregamentos**
Subsidências e Desabamentos	**Subsidências:** Subsidências, Recalques e Desabamentos	**Quedas/ Tombamentos**
	Formas de Transição Movimentos Complexos	

MOVIMENTOS DE MASSA

Além das classificações com caráter mais genérico, apresentadas na Tabela 3.1, existem propostas de abrangência mais local. No Rio de Janeiro, por exemplo, Jones (1973) descreveu os deslizamentos com base na experiência acumulada neste mesmo tipo de trabalho de classificação desenvolvido na Califórnia. Os deslizamentos foram, então, divididos em quatro grupos: deslizamentos seguidos de corridas de terra, deslizamentos de detritos, corridas de detritos e quedas ou deslizamentos de rocha. Mais tarde, Costa Nunes *et al.* (1979) dividiram os deslizamentos nas encostas cariocas em: movimentos de lascas e blocos rochosos imersos em solo residual; movimentos envolvendo predominantemente solo residual com plano de ruptura junto à superfície da rocha; movimentos envolvendo rocha alterada e complexos coluviais devido a chuvas excepcionais.

Não é nosso objetivo descrever ou mesmo comparar os diversos sistemas de classificação existentes, mas sim fornecer uma descrição simples e direta de deslizamentos nas encostas. Neste sentido, torna-se preciso limitar os processos que aqui são tratados e distingui-los de outras formas de movimentos de massa. Os processos de erosão laminar, em sulco ou mesmo por voçorocamento (Guerra, 1995), que integram os processos naturais de transporte de massa da dinâmica superficial das encostas (IPT, 1991), não são aqui tratados como deslizamentos porque o impacto da água e a desagregação das partículas não são, em geral, seguidos de movimentos coletivos de massa com arraste de grande volume de partículas liberadas.

As classes de movimentos de massa consideradas, efetivamente, como deslizamentos, neste capítulo, englobam, de modo geral, aquelas descritas no esquema simplificado proposto pelo IPT (1991). Sabemos, porém, que qualquer esquema como este possui grandes limitações práticas, uma vez que na natureza os deslizamentos tendem a assumir formas bem mais complexas caracterizadas pela transição de limites rígidos entre as classes ou mesmo pela ocorrência de várias classes em um mesmo movimento.

A seguir, faremos uma rápida revisão das principais classes de movimentos de massa seguindo, de maneira geral, a terminologia proposta pelo IPT (1991) e por Guidicini e Nieble (1984). Trataremos de forma mais detalhada dos movimentos de massa conhecidos como escorregamentos por representarem a classe mais importante dentre todas as formas de movimentos de massa. Os movimentos gravitacionais, genericamente chamados de rastejos, embora caracterizem uma transição tênue para os escorregamentos, não são aqui abordados. Tal opção deve-se ao fato destes movimentos serem lentos, contínuos (não limitáveis no tempo) e de menor importância econômica. Além disso, a complexidade dos diversos processos de transporte englobados dentro dos rastejos (movimentos individuais de partículas na superfície do terreno, movimentos descendentes das camadas mais superficiais do solo e da rocha, entre outros) requer um tratamento mais específico, fora dos objetivos deste capítulo.

a) Corridas (Flows)

As corridas (ou fluxos) são movimentos rápidos nos quais os materiais se comportam como fluidos altamente viscosos. A distinção entre corridas e escorregamentos nem sempre é fácil de ser feita no campo. Muitas vezes, a origem de uma corrida é representada por um típico escorregamento indicando que, em muitos casos, as corridas são movimentos complexos (WP/WLI, 1994). Um exemplo dessa interação pode ser observado na visão aérea do vale do Soberbo no Alto da Boa Vista (Figura 3.2). O movimento, iniciado sob a forma de um escorregamento na estrada do Soberbo (topo à esquerda), assumiu a forma de uma corrida quando se encaixou na linha de drenagem (parte central da foto), cortando a estrada de Furnas (centro da foto) e indo terminar no rio Cachoeira, o qual drena em direção à Baixada de Jacarepaguá (esquerda da foto). Amaral *et al.* (1992) descrevem de forma detalhada as condicionantes geológicas deste deslizamento.

As corridas simples estão geralmente associadas à concentração excessiva dos fluxos d'água superficiais em algum ponto da encosta e deflagração de um processo de fluxo contínuo de material terroso. A Figura 3.3 mostra uma corrida ao longo de um pequeno vale na Serra de Teresópolis (RJ), a montante do posto de gasolina Garrafão. Este movimento, originado no verão de 1982 pela concentração do fluxo superficial, teve força para carregar tudo que estava ao longo da linha de fluxo (vegetação, solo, blocos) e destruir a estrada Rio-Teresópolis situada na base da encosta (parte do asfalto ainda pode ser visto na foto).

Vários movimentos de massa sob a forma de corridas foram observados na região de Jacarepaguá em decorrência das grandes chuvas (alcançando, em alguns pontos, cerca de 300mm em 24 horas) que atingiram a cidade do Rio de Janeiro em fevereiro de 1996. A Figura

Figura 3.2 — *Fotografia aérea vertical (1:5000) do movimento de massa ocorrido na estrada do Soberbo, Alto da Boa Vista, Rio de Janeiro, em 1967 (Prospec, Inst. de Geotécnica).*

Figura 3.3 — *Movimento de massa na forma de corrida (verão de 1982) ao longo de um pequeno vale na serra de Teresópolis (RJ), a montante do posto de gasolina Garrafão.*

3.4 mostra os depósitos associados à porção inferior de uma das muitas corridas que se desenvolveram nas encostas a montante do Largo do Anil. A combinação dos efeitos decorrentes de uma série de atuações antrópicas, tais como: construção de residências nas margens dos canais, desvio e bloqueio parcial dos canais naturais para arruamentos, existência de grandes quantidades de material inconsolidado na superfície, decorrentes da atividade de saibreiras (hoje abandonadas), contribuíram para que o poder de destruição dessa corrida atingisse enormes proporções.

b) Escorregamentos

Existe na literatura uma enorme confusão decorrente das diversas definições de escorregamentos (*slides*). Termos gerais como queda de barreira, desbarrancamento, deslizamento, ou mesmo seu equivalente na língua inglesa *landslide*, fazem parte do nosso vocabulário diário. Muitos problemas surgem quando se usam termos gerais, como os descritos acima, de forma mais técnica, uma vez que estes referem-se, apenas, ao rápido movimento descendente do material constituinte da encosta, podendo incluir até mesmo movimentos sob a forma de corridas.

O termo escorregamento é aqui utilizado de forma semelhante àquela proposta por Guidicini e Nieble (1984) e refere-se, de modo geral, aos movimentos chamados de *slides* nas classificações de Sharpe (1938), Varnes (1958 e 1978) e WP/WLI (1994), entre outros. Estes se caracterizam como movimentos rápidos, de curta duração, com plano de ruptura bem definido, permitindo a distinção entre o material deslizado e aquele

Figura 3.4 — *Porção inferior de um movimento de massa na forma de corrida, ocorrido em fevereiro de 1996, nas proximidades do Largo do Anil, Jacarepaguá (RJ). Vários dias chuvosos, com índices pluviométricos alcançando cerca de 300mm em 24 hs, foram suficientes para deflagrar uma série de escorregamentos nas cabeceiras dessa drenagem (veja Figura 3.9), os quais alimentaram o poder de destruição do fluxo.*

não movimentado. São feições geralmente longas, podendo apresentar uma relação comprimento-largura de cerca de 10:1 (Summerfield, 1991).

Os escorregamentos são geralmente divididos com base na forma do plano de ruptura e no tipo de material em movimento. Quanto à forma do plano de ruptura os escorregamentos subdividem-se em translacionais e rotacionais. O material movimentado pode ser constituído por solo, rocha, por uma complexa mistura de solo e rocha ou até mesmo por lixo doméstico. O depósito de lixo, especialmente nos grandes centros urbanos, pode ser hoje considerado como unidade geológica do Quaternário (Oliveira, 1995), possuindo comportamento geomecânico bem definido e estando normalmente associado ao alto risco de acidentes. Um exemplo da importância geotécnica dos depósitos de lixo acumulados nas encostas pode ser observado na Figura 3.5, que mostra uma visão aérea do catastrófico movimento de massa ocorrido em janeiro de 1984 na área do Pavão-Pavãozinho (Copacabana, RJ). Este movimento foi originado pela concentração da drenagem superficial em um depósito de lixo situado no topo da encosta. Neste ponto, como pode ser observado na figura, a rocha encontrava-se bem próxima à superfície, coberta apenas por um manto coluvial pouco espesso. Sob condições críticas de umidade, o depósito de lixo deslizou sob a forma de uma corrida, arrastando consigo a cobertura coluvial existente e destruindo várias casas situadas a jusante.

Um aspecto importante na classificação de escorregamentos diz respeito à caracterização e terminologia dos materiais envolvidos, buscando atender a distribui-

MOVIMENTOS DE MASSA

Figura 3.5 — *Fotografia oblíqua da corrida de colúvio e lixo, ocorrida em dezembro de 1984, na parte alta da favela Pavão-Pavãozinho, Morro do Cantagalo, Copacabana (RJ). Os destroços das casas destruídas aparecem na base da cicatriz do movimento. (Foto Ary Maciel).*

MOVIMENTOS DE MASSA

ção e as propriedades dos solos tropicais, sem desconsiderar a dificuldade em distingui-los, tais como o solo saprolítico do maduro, o depósito de tálus do material coluvial etc. Com freqüência, materiais extremamente heterogêneos tais como: solos residuais com estruturas reliquiares, blocos rochosos *in situ* integrantes de formações residuais e coluviais, depósitos de encostas cuja diferenciação dos solos residuais é complexa quando em perfis de intemperismo em estágio avançado de alteração, depósitos de lixo, apresentam-se misturados a aterros e materiais naturais.

b.1) Escorregamentos Rotacionais (slumps)

Estes movimentos possuem uma superfície de ruptura curva, côncava para cima, ao longo da qual se dá um movimento rotacional da massa de solo. Dentre as condições que mais favorecem à geração desses movimentos destaca-se a existência de solos espessos e homogêneos, sendo comuns em encostas compostas por material de alteração originado de rochas argilosas como argilitos e folhelhos. O início do movimento está muitas vezes associado a cortes na base desses materiais, sejam eles artificiais, como na implantação de uma estrada, ou mesmo naturais, originados, por exemplo, pela erosão fluvial no sopé da encosta.

Escorregamentos rotacionais são comuns em diversas áreas do sudeste brasileiro graças, principalmente, à presença de espessos mantos de alteração. No entanto, devido às características geológicas e geomorfológicas, eles raramente apresentam todas as feições típicas de escorregamentos rotacionais, tais como as escarpas de topo, língua de material acumulado no sopé da encosta,

MOVIMENTOS DE MASSA

fendas transversais no material mobilizado, entre outras (Summerfield, 1991). Tal fato pode ser observado no escorregamento rotacional ocorrido na encosta do Parque Licurgo, situado no Morro da Serrinha (Madureira, RJ) e mostrado na Figura 3.6.

b.2) Escorregamentos Translacionais

Estes representam a forma mais freqüente entre todos os tipos de movimentos de massa. Possuem superfície de ruptura com forma planar a qual acompanha, de modo geral, descontinuidades mecânicas e/ou hidrológicas existentes no interior do material. Tais planos de fraqueza podem ser resultantes da atividade de processos geológicos (acamamentos, fraturas, entre outros), geomorfológicos (depósitos de encostas) ou pedológicos (contatos entre horizontes, contato solumsaprolito). Os escorregamentos translacionais são, em geral, compridos e rasos, onde o plano de ruptura encontra-se, na grande maioria das vezes, em profundidades que variam entre 0,5m e 5,0m. A Figura 3.7 mostra uma porção da Serra de Teresópolis (RJ), na altura do Dedo de Deus, antes (Figura 3.7a) e depois (Figura 3.7b) da ocorrência de vários escorregamentos translacionais. Estes movimentos foram rasos, com planos de ruptura situados entre 0,5 e 2,0m de profundidade, e mobilizaram a cobertura de solo residual e coluvial ao longo da rocha (Fernandes e Meis, 1982). Conforme pode ser evidenciado na Figura 3.7, os escorregamentos translacionais terminaram no encontro com a Estrada Rio-Teresópolis.

A estabilidade de encostas sujeitas à ocorrência de escorregamentos rasos translacionais pode ser aproxi-

Figura 3.6 — *Fotografia oblíqua do escorregamento rotacional na encosta do Parque Licurgo, Morro da Serrinha, bairro de Madureira (RJ), em 20/02/88. A escarpa principal do movimento e os destroços das 20 casas destruídas ocupam o centro da foto. (GEORIO).*

mada pelo método do talude infinito (Skempton e De Lory, 1957). Neste método, o fator de segurança (F_s), definido pela relação entre as forças de resistência ao cisalhamento e as de tensão cisalhante, ambas caracterizadas ao longo do plano de ruptura, é definido por

$$F_s = \frac{c' + (\gamma z \cos^2 \beta - u)\, tg\phi'}{\gamma z\, sen\, \beta \cos \beta} \qquad \text{Eq. 3.1}$$

onde: c' é a coesão efetiva, γ é o peso específico do solo, z é a espessura do solo, β é o ângulo da encosta, u é a poro-pressão e ϕ' é o ângulo de atrito interno do material. O desenvolvimento da equação 3.1 pode também ser acompanhado em Carson e Kirkby (1972) e Selby (1993), entre outros. Sabe-se, no entanto, que a análise de estabilidade acima se presta, principalmente, ao questionamento teórico dos fatores condicionantes do movimento. A aplicação desta análise a encostas específicas se torna limitada uma vez que tanto a coesão quanto as condições de poro-pressão são altamente variáveis no espaço e no tempo.

Os escorregamentos translacionais, na grande maioria das vezes, ocorrem durante períodos de intensa precipitação. Muitos deles, tal como pode ser observado na Figura 3.8, se originam ao longo da interface solo-rocha sã, a qual representa uma importante descontinuidade mecânica e hidrológica. A dinâmica hidrológica nestes movimentos possui um caráter mais superficial e as rupturas tendem a ocorrer rapidamente, devido ao aumento da poro-pressão positiva durante eventos pluviométricos de alta intensidade ou duração. A Figura 3.9 mostra uma série de escorregamentos translacionais

MOVIMENTOS DE MASSA

Figura 3.7a — *Vista de parte da serra dos Órgãos, na altura de Teresópolis (RJ), antes da ocorrência de vários escorregamentos na encosta do Dedo de Deus, no verão de 1982.*

MOVIMENTOS DE MASSA

Figura 3.7b — *Vista de parte da serra dos Órgãos, na altura de Teresópolis (RJ), depois da ocorrência de vários escorregamentos na encosta do Dedo de Deus, no verão de 1982. A estrada Rio— Teresópolis pode ser vista parcialmente.*

MOVIMENTOS DE MASSA

Figura 3.8 — *Escorregamento translacional com superfície de ruptura na interface solo-rocha. Esta encosta situa-se na estrada Rio—Teresópolis na altura do posto de gasolina Garrafão. O escorregamento, ocorrido no verão de 1982, teve seu início em uma porção superior da estrada (topo da foto), voltando a atingi-la em uma outra porção mais abaixo, após a curva (base da foto).*

que varreram as encostas de Jacarepaguá (RJ), em fevereiro de 1996. Estes escorregamentos ocorreram nas cabeceiras das bacias que drenam em direção ao Largo do Anil, e os materiais movimentados por eles alimentaram as corridas observadas neste local são mostrados na Figura 3.4.

Tal comportamento difere daquele associado aos escorregamentos rotacionais, por exemplo, os quais podem resultar de uma percolação mais profunda e lenta. Conseqüentemente, tanto as características morfológicas da encosta quanto as propriedades hidráulicas dos materiais envolvidos assumem papel de destaque como fatores condicionantes da geração dos escorregamentos translacionais. Durante eventos pluviométricos de baixa intensidade, especialmente em encostas retilíneas ou convexas em planta, as taxas de infiltração podem ser balanceadas pela quantidade de água retirada do interior da encosta pelo fluxo subsuperficial, não permitindo o aumento excessivo da poro-pressão positiva. As condições necessárias para a geração desses fluxos subsuperficiais em solos são discutidas em Knapp (1978), Whipkey e Kirkby (1978), Dunne (1990), Fernandes (1990), Coelho Netto (1995), entre outros.

Com base no tipo de material transportado, os escorregamentos translacionais podem ser subdivididos em escorregamentos translacionais de rocha, de solo residual, de tálus/colúvio e de detritos (incluindo o lixo). No entanto, deve-se ter em mente que na natureza tais limites são muito menos rígidos ocorrendo, em muitos casos, uma mistura de materias em movimento.

Figura 3.9 — *Vista parcial de uma seqüência de escorregamentos nas proximidades do Largo do Anil, Jacarepaguá (RJ), ocorridos em fevereiro de 1996. O material movimentado por estes escorregamentos se concentrou ao longo da bacia de drenagem, se transformando em uma corrida de proporções catastróficas (veja Figura 3.4).*

c) *Quedas de Blocos*

São movimentos rápidos de blocos e/ou lascas de rocha caindo pela ação da gravidade sem a presença de uma superfície de deslizamento, na forma de queda livre (Guidicini e Nieble, 1984). Ocorrem nas encostas íngremes de paredões rochosos e contribuem decisivamente para a formação dos depósitos de tálus. A ocorrência de quedas de blocos é favorecida pela presença de descontinuidades na rocha, tais como fraturas e bandamentos composicionais, assim como pelo avanço dos processos de intemperismo físico e químico.

Na cidade do Rio de Janeiro lascas de rochas são formadas, com grande freqüência, pela interseção de fraturas de alívio de tensão com fraturas tectônicas ou com o bandamento composicional dos diversos gnaisses. A Figura 3.10 mostra um exemplo do processo de queda de blocos no Morro São João (RJ). A previsão de movimentos na forma de queda de blocos não é trivial pois requer um mapeamento geológico detalhado da área, com ênfase em suas feições estruturais.

2.2. *Condicionantes Geológicos e Geomorfológicos*

Várias feições podem atuar como fatores condicionantes de escorregamentos, determinando a localização espacial e temporal dos movimentos de massa nas condições de campo. Muitas destas feições possuem sua origem associada a processos geológicos e geomorfológicos que atuaram no passado e que, em muitos casos, ainda atuam naqueles locais. Neste item destacaremos o papel desempenhado por alguns desses fatores condicionantes exemplificando, sempre que possível, casos reais através de fotografias.

MOVIMENTOS DE MASSA

Figura 3.10 — *Fotografia da Queda de Blocos ocorrida no Morro São João (RJ).*

a) Fraturas

As fraturas e falhas representam importantes descontinuidades, tanto em termos mecânicos quanto hidráulicos. Algumas têm sua origem relacionada à atuação de processos geológicos internos (fraturas tectônicas), podendo ter sido originadas durante o resfriamento de um magma ou mesmo durante fases de deformação de caráter rúptil. A direção e o mergulho das fraturas tectônicas são, na escala de afloramento, constantes no espaço e os planos tendem a ser paralelos entre si formando um sistema (*set*) de fraturas. Quando estas fraturas se apresentam sub-verticais e pouco espaçadas entre si, tendem a gerar movimentos de blocos sob a forma de tombamentos (*toppling*).

Outras fraturas não têm sua origem associada a eventos tectônicos sendo, portanto, chamadas de fraturas atectônicas. Dentre elas, merece destaque a fratura de alívio de tensão originada, principalmente, pela expansão da rocha em direção à superfície, graças à redução da pressão confinante após o soerguimento e/ou erosão das camadas sobrejacentes (Gilbert, 1904; Ollier, 1984; entre outros). Estas fraturas tendem a acompanhar a topografia do terreno e a mostrar uma diminuição do espaçamento entre os planos quando se aproxima da superfície (Figura 3.11). A geometria e a continuidade das fraturas de alívio de tensão nos afloramentos são condicionadas, em muito, pelas características litológicas da rocha. Em geral, quanto mais homogênea for a rocha mais paralelas à superfície e mais contínuas serão as fraturas de alívio geradas. Sendo assim, rochas com textura granítica tendem a mostrar fraturas de alívio bem paralelas à superfície e de grande conti-

MOVIMENTOS DE MASSA

Figura 3.11 — *Escorregamento translacional, ocorrido em 1984, com superfície de ruptura situada ao longo de fraturas de alívio de tensão. Rodovia BR-040 (Rio—Juiz de Fora), na altura de Pedro do Rio, Rio de Janeiro.*

nuidade. Já nos gnaisses bandados, por exemplo, estas tendem a se apresentar de forma bem mais anômala, condicionada pelos planos de fraqueza existentes na rocha no momento do alívio. Tal relação pode ser facilmente observada ao longo da BR-040, ao norte da cidade de Petrópolis (Ponce, 1984; Fernandes, 1984). Na altura de Itaipava, por exemplo, onde aflora a Unidade Batólito Serra dos Órgãos (Penha *et al.*, 1980), as fraturas de alívio se encontram bem desenvolvidas enquanto ao norte de Pedro do Rio, onde afloram os gnaisses bandados migmatíticos, das Unidades Santo Aleixo e São Fidélis (Penha *et al.*, 1980), as fraturas de alívio são irregulares, descontínuas e de difícil caracterização.

O avanço da frente de intemperismo nos maciços rochosos é influenciado diretamente pela presença de fraturas de alívio de tensão. Com freqüência, a água infiltrada nas porções mais elevadas do maciço percola lateralmente ao longo dos planos gerados pelas fraturas de alívio de tensão condicionando, principalmente em maciços graníticos, o aparecimento de zonas de isointemperismo as quais representarão, em última análise, descontinuidades mecânicas. Logo acima da fratura de alívio o material se encontra em estágio mais avançado de alteração, enquanto abaixo dela, a rocha se apresenta praticamente sã (não alterada). A Figura 3.12 mostra uma encosta no km 56,5 da BR-040, na altura de Itaipava (RJ), descrita em detalhe por Ponce (1984), Fernandes (1984) e Barroso *et al.* (1985), onde aflora a Unidade Batólito Serra dos Órgãos (Penha *et al.*, 1980). Esta foto (Figura 3.12), tirada em 1983, mostra um antigo escorregamento translacional com plano de ruptura ao longo de fratura de alívio de tensão. Na escarpa do

Figura 3.12 — *Escorregamento translacional de rocha, ocorrido em 1983, com superfície de ruptura situada ao longo de fratura de alívio de tensão. A encosta situa-se na Rodovia BR-040 (Rio—Juiz de Fora), na altura de Itaipava (RJ). A escarpa superior foi formada por uma fenda de tração desenvolvida ao longo do fluxo magmático do Batólito Serra dos Órgãos.*

topo do escorregamento, formada ao longo de uma antiga fenda de tração, pode-se observar que o material mais próximo à fratura de alívio se encontra em estágio bem mais avançado de alteração.

b) Falhas

O papel desempenhado pelas falhas no condicionamento de movimentos de massa tem recebido grande atenção por parte dos pesquisadores (Deere e Patton, 1970; Guidicini e Nieble, 1984; entre outros), não sendo necessário um maior aprofundamento. De modo geral, as falhas atuam como caminhos preferenciais de alteração, permitindo que a frente de intemperismo avance para o interior do maciço de modo muito mais efetivo. A interseção destes planos de falha com outras descontinuidades (fraturas de alívio, fraturas tectônicas, bandamentos composicionais) resulta na individualização de blocos não alterados no interior de uma massa bem mais intemperizada, gerando um aumento na heterogeneidade do maciço rochoso como um todo.

Com freqüência, as falhas afetam diretamente a dinâmica hidrológica dos fluxos subterrâneos nas encostas (Deere e Patton, 1970). Em certos casos, associados geralmente a falhas não preenchidas, os planos de falha atuam como caminhos preferenciais para o fluxo subterrâneo. No entanto, quando a falha encontra-se preenchida por material originado de soluções percolantes dá-se, em geral, uma impermeabilização do plano de falha, gerando uma barreira ao fluxo d'água. A presença de diques básicos em maciços rochosos graníticognáissicos pode influenciar a dinâmica hidrológica de modo semelhante às falhas, podendo mesmo condicionar a ocorrência de escorregamentos, como mostrado por Amaral e Porto Jr. (1989).

c) Foliação e Bandamento Composicional

A orientação da foliação e/ou bandamento composicional influenciam diretamente a estabilidade das encostas em áreas onde afloram rochas metamórficas. De modo geral, a literatura ilustra tal fato chamando atenção para a situação desfavorável onde a foliação e/ou bandamento mergulham para fora da encosta em cortes de estrada (IPT, 1991). Um exemplo dessa situação negativa foi observado por Ponce (1984) na Rodovia BR-040, na região do Córrego do Cedro, ao norte de Pedro do Rio (RJ), onde aflora a Unidade Santo Aleixo (Penha *et al.*, 1980), constituída por migmatitos heterogêneos bem diferenciados com estrutura estromática. Naquele local os cortes da estrada são, em geral, paralelos ao *strike* das bandas composicionais, as quais mergulham entre 30° e 50°, para fora do talude. Devido à heterogeneidade desse material as fraturas de alívio de tensão são descontínuas e de difícil reconhecimento. Os escorregamentos ali descritos por Ponce (1984) foram condicionados diretamente pelo mergulho desfavorável do bandamento composicional, aliado ao intemperismo diferencial ao longo das diferentes bandas as quais, invariavelmente, representavam as superfícies de ruptura. Tal situação desfavorável poderia ter sido evitada, pelo menos parcialmente, com um mapeamento geológico detalhado, anterior à definição dos locais onde os cortes seriam realizados.

A situação contrária à descrita acima, onde a foliação ou o bandamento composicional mergulham para o interior da encosta, é considerada como a mais favorável à estabilidade. No entanto, em certos locais, algumas características litológicas e estruturais do maciço rochoso podem fazer com que tal arranjo se torne negativo. Um exemplo disso foi mostrado por Ponce (1984) e Fernandes (1984) na rodovia BR-040, na altura de Itaipava (RJ), na área de afloramento do Batólito Serra dos Órgãos, descrito anteriormente. O batólito, constituído de um granito sintectônico, apresenta ora um fluxo magmático ora uma foliação tectônica (especialmente nas suas bordas), resultante do fato deste ter tido seu encaixamento durante uma fase de tectonismo e deformação (Penha *et al.*, 1980). Este fluxo magmático comporta-se como uma foliação metamórfica e mergulha neste local, 70°-80°, para o interior dos cortes. O interessante aqui é que o desenvolvimento das fendas de tração é favorecido pela presença deste fluxo magmático. A fenda de tração observada no alto da encosta, mostrada na Figura 3.12, por exemplo, se desenvolveu ao longo do fluxo magmático. Muitos dos escorregamentos translacionais ocorridos na rodovia BR-040, na altura de Itaipava (RJ), foram condicionados pela interseção das fendas de tração com as fraturas de alívio de tensão. Como destacado por Ponce (1984), após o escorregamento da cunha de rocha individualizada pela interseção acima, a solicitação de tração se transfere para montante no corte, tornando o processo contínuo e remontante.

d) Descontinuidades no Solo

Várias descontinuidades podem estar presentes dentro do saprolito e do solo residual. Estas incluem,

MOVIMENTOS DE MASSA

principalmente, feições estruturais relíqueas do embasamento rochoso (fraturas, falhas, bandamentos etc.) e horizontes de solo formados pela atuação de processos pedogenéticos. Essas descontinuidades podem atuar de modo decisivo no condicionamento da distribuição das poro-pressões no interior da encosta e, conseqüentemente, na sua estabilidade (Rulon e Freeze, 1985; Harp *et al.*, 1990; Vargas *et al.*, 1990; Lacerda, 1991; Gerscovich *et al.*, 1992b). A presença de fraturas relíqueas, por exemplo, pode gerar planos preferenciais ao longo dos quais o intemperismo avança mais rapidamente do que na massa saprolítica não fraturada. De acordo com Selby (1993), estas fraturas relíqueas podem condicionar escorregamentos, principalmente, em encostas que apresentam: um ou mais desses sistemas mergulhando para fora da encosta; juntas relíqueas preenchidas por material argiloso formando barreiras ao fluxo e níveis d'água suspensos; juntas relíqueas que tiveram uma redução no ângulo de atrito devido às mudanças mineralógicas decorrentes do avanço do intemperismo ao longo da fratura.

O tipo de movimento de massa a ser gerado em encostas constituídas por solos saprolíticos pode estar diretamente relacionado às características das fraturas relíqueas. Escorregamentos rotacionais podem predominar em encostas onde as fraturas no embasamento rochoso se encontram pouco espaçadas, fazendo com que o saprolito se comporte como um material granular. Escorregamentos translacionais podem predominar em encostas com juntas relíqueas originadas a partir da alteração de fraturas de alívio de tensão ou mesmo a partir da alteração de bandas composicionais.

Muitas vezes, movimentos de massa podem ter o plano de ruptura condicionado por descontinuidades hidráulicas existentes no interior do solo saprolítico, do solo residual, ou mesmo no contato entre os dois. Tal fato pode também ocorrer em encostas onde o solo saprolítico encontra-se recoberto por um manto coluvial pouco espesso. Em geral, como evidenciado por Wolle e Hachich (1989) em encostas do sudeste brasileiro, há um aumento da condutividade hidráulica com a profundidade. Ou seja, a condutividade hidráulica no saprolito tende a ser maior do que aquela no manto coluvial sobrejacente. Conseqüentemente, podem se desenvolver verdadeiras descontinuidades hidráulicas na passagem, manto coluvial-saprolito, ou mesmo dentro do saprolito, o qual atua como um dreno para os horizontes mais superficiais.

e) Morfologia da Encosta

A morfologia de uma encosta, em perfil e em planta, pode condicionar tanto de forma direta quanto indireta, a geração de movimentos de massa. A atuação direta, dada pela tendência de correlação entre a declividade da encosta e a freqüência de movimentos, já há longo tempo foi reconhecida e pode ser compreendida através da equação de Coulomb (Guidicini e Nieble, 1984), quando esta descreve que o aumento do ângulo da encosta implica em uma diminuição do fator de segurança.

Mapeamentos de campo revelam, no entanto, que o maior número de movimentos de massa não ocorre, necessariamente, nas encostas mais íngremes. Salter *et al.* (1981), estudando a distribuição de deslizamentos na

MOVIMENTOS DE MASSA

Nova Zelândia após chuvas intensas observaram que 97% dos deslizamentos ocorreram em encostas com declividade acima de 20°. No entanto, a maior densidade de movimentos não se deu nas encostas mais íngremes (>35°) mas sim nas encostas com declividades entre 21°-25°. Tal comportamento foi atribuído a variações no tipo de cobertura vegetal e ao fato de que nas encostas mais íngreme os solos já teriam sido removidos por movimentos anteriores.

A atuação indireta está relacionada ao papel que a forma da encosta, principalmente em planta, exerce na geração de zonas de convergência e divergência dos fluxos d'água superficiais e subsuperficiais. Neste aspecto merece destaque o papel desempenhado pelas porções côncavas do relevo (*hollows*) na concentração dos fluxos d'água e de sedimentos (Dunne, 1970; Anderson e Burt, 1978; Pierson, 1980; Coelho Netto, 1985 e 1995; O'Loughlin, 1986; Wilson e Dietrich, 1987; Fernandes, 1990; Avelar e Coelho Netto, 1992; Gerscovich *et al.*, 1992a; Fernandes *et al.*, 1994; Onda, 1994). Vários estudos mostram que tais condições de convergência tornam os *hollows* segmentos preferenciais da paisagem para a ocorrência de deslizamentos (Dietrich e Dunne, 1978; Tsukamoto *et al.*, 1982; Reneau *et al.*, 1984; Lacerda e Sandroni, 1985; Dietrich *et al.*, 1986; Crozier *et al.*, 1990; Montgomery *et al.*, 1991; Montgomery e Dietrich, 1995). Reneau e Dietrich (1987), por exemplo, mapeando 61 deslizamentos na Califórnia, mostram que 62% das cicatrizes em número e 77% em volume se localizavam no interior dos *hollows*.

Estudos voltados para a caracterização do papel desempenhado pela forma da encosta no condiciona-

MOVIMENTOS DE MASSA

mento da localização espacial e temporal de zonas de saturação e de deslizamentos na paisagem ganharam um novo impulso recentemente devido ao crescente uso de modelos digitais de terreno e de sistemas geográficos de informação. Vários trabalhos modelam a geração de zonas de saturação em paisagens naturais a partir da combinação de alguns parâmetros morfológicos, extraídos de modelos digitais de terreno, com equações matemáticas do fluxo d'água nos solos (Beven e Kirkby, 1979; O'Loughlin, 1986; Moore *et al.*, 1988; Grayson e Moore, 1992; Dietrich *et al.*, 1993). Alguns autores acoplam análises de estabilidade das encostas aos modelos hidrológicos descritos acima visando a previsão dos locais na paisagem onde deslizamentos ocorrerão, em resposta a um evento pluviométrico de magnitude definida (Okimura e Ichikawa, 1985; Okimura e Kawatani, 1987; Okimura e Nakagawa, 1988; Dietrich *et al.*, 1993; Montgomery e Dietrich, 1994). Embora a linha de atuação descrita acima ainda se encontre em estágio embrionário, esta possui um grande potencial de uso no futuro próximo.

f) Depósitos de Encosta

Os depósitos de encosta, tanto na forma de tálus como de colúvio, estão diretamente associados às zonas de convergência na morfologia descrita acima. A combinação forma-material faz com que os depósitos de encosta assumam grande importância como condicionantes de movimentos de massa (Reneau *et al.*, 1984; Meis *et al.*, 1985; Lacerda e Sandroni, 1985; Dietrich *et al.*, 1986; Crozier *et al.*, 1990; Montgomery *et al.*, 1991; Fernandes *et al.*, 1994). Em geral, uma das principais características desses materiais é a grande heterogeneidade interna, a qual é resultante direta da descontinuidade espacial e temporal dos processos formadores desses depósitos. Os tálus são, geralmente, mal selecionados e se formam em ambientes de alta energia, tal como na base de paredões rochosos. Os colúvios são, em geral, melhor selecionados e recobrem muitas das encostas de ambientes de menor energia. Em ambos os casos, há a tendência de um aumento da espessura do depósito em direção à base da encosta e ao eixo do vale.

Muitos depósitos de encosta repousam diretamente sobre a rocha sã, gerando uma descontinuidade mecânica e hidrológica ao longo desse contato. A drástica diminuição da condutividade hidráulica nesse contato favorece a geração de fluxos d'água subsuperficiais, com forte componente lateral. Ao longo desse contato, condições críticas de poro-pressão positiva podem ser alcançadas durante eventos pluviométricos de alta intensidade, favorecendo a geração de escorregamentos translacionais. Muito da recarga de água para o lençol freático em depósitos de tálus se dá ao longo do contato entre o depósito e o paredão rochoso, situado à montante. Canaletas de captação são, com freqüência, instaladas ao longo desse contato visando coletar o escoamento superficial gerado pelo paredão rochoso, resultando em uma diminuição dos gradientes de poro-pressão positiva no interior do depósito.

Descontinuidades são, também, freqüentes dentro de depósitos coluviais (Meis e Monteiro, 1979; Meis e Moura, 1984; Fernandes *et al.*, 1994). A espessura desses depósitos varia muito em função da posição na encosta, da morfologia do terreno e dos processos que controlaram a evolução geomorfológica da região, podendo alcançar mais de 10 metros em certos locais. Quando situados no eixo dos vales, sob condições de nível d'água próximo à superfície, os depósitos coluviais podem se movimentar rapidamente, como mostrado por Pedrosa *et al.* (1988). Nestes locais, sob condições de intensa precipitação pode haver uma migração de processos de rastejo para processos de corridas.

Alguns autores têm-se preocupado em caracterizar o papel desempenhado por essas descontinuidades no condicionamento da hidrologia subsuperficial no interior desses mantos coluviais (Fernandes, 1990; Avelar e Coelho Netto, 1992; Rocha *et al.*, 1992; Fernandes *et al.*, 1994; Montgomery e Dietrich, 1995). Estes trabalhos mostram que, sob certas condições, essas descontinuidades podem assumir papel relevante, tanto em termos mecânicos quanto hidrológicos, para geração de movimentos de massa. Este tema merece, certamente, mais atenção por parte dos pesquisadores do que aquela que tem sido dada até o momento.

3. Documentação e Investigação dos Deslizamentos

Documentação e investigação de deslizamentos são etapas fundamentais para a definição do modelo fenomenológico destes acidentes, única maneira de aplicar soluções adequadas para redução de suas conseqüências. A documentação procura garantir o registro dos processos ocorridos no passado e no presente para, assim, gerar dados de análise visando a previsão de deslizamentos no futuro, bem como servir de base para a modelagem física dos processos, facilitando o avanço

MOVIMENTOS DE MASSA

do conhecimento sobre os mecanismos dos movimentos. Apesar de caracterizada como uma atividade simples, a documentação de deslizamentos não é feita através de catálogos específicos em muitos países. Muitas vezes, os danos associados são mascarados ou confundidos com acidentes associados a outros desastres (Brabb, 1993).

Um Cadastro de Deslizamentos tem as seguintes funções:

— permitir o entendimento da distribuição dos deslizamentos;
— integrar estudos já realizados, permitindo a análise da presença de processos interativos sobre uma determinada área geográfica;
— permitir a análise da influência dos fatores deflagradores, em separado ou em conjunto;
— registrar os custos sócio-econômicos dos acidentes;
— avaliar o custo-benefício das medidas administrativas adotadas para a redução de sua ocorrência ou conseqüência.

O inventário local de deslizamentos significativos do Rio de Janeiro (Amaral, 1992) é um exemplo de cadastro técnico de deslizamentos. Desenvolvido a partir do modelo proposto pelo Grupo de Trabalho do Inventário Mundial de Deslizamentos (WP/WLI, 1990), ao qual já está incorporado, este cadastro permite o acesso automatizado a 591 deslizamentos históricos reportados no Rio de Janeiro, ou seja, todos aqueles acidentes que causaram danos consideráveis ou tiveram volumes de massa escorregadas acima de $10m^3$. O inventário está dividido em 2 módulos: Boletim de Deslizamentos (Figura 3.13) e Programa de Gerenciamento de Dados, denominado IDRARJ. Além da descrição dos acidentes, o inventário local exibe fotografias dos deslizamentos, bem como recortes de jornais e as referências de trabalhos técnicos nos quais se discutem suas causas e conseqüências.

Após a documentação precisa do deslizamento é necessário alcançar um conhecimento detalhado de seus condicionantes, ou seja, dos agentes que levaram à sua deflagração. Este conhecimento é obtido a partir da investigação dos deslizamentos que, em geral, envolvem os seguintes métodos e técnicas:

a) *Imagens de Satélites e Radares:* são apropriadas para coleta rápida de dados visando a preparação de mapas temáticos de geologia, geomorfologia etc., e análise das condições gerais do arcabouço tectônico da região onde está localizado o deslizamento, importantes em análises regionais. São ainda pouco utilizadas em estudos mais objetivos e detalhados porque a resolução máxima dos sensores multiespectrais, de 10m, impede a identificação de feições de deslizamentos menores que 100m em largura, e isto em condições de bom contraste entre a área escorregada e o seu entorno. Função, contudo, do aprimoramento na resolução dos sensores e da potência atual dos computadores, espera-se um rápido desenvolvimento na utilização destes instrumentos, particularmente no mapeamento e inventário de escorregamentos de uma região geográfica ampla.

MOVIMENTOS DE MASSA

Boletim de Deslizamentos

Boletim Número:	Data:
Logradouro:	Autor:
Número: Bairro:	R.A.:
Latitude:	
Longitude:	
Mapa(s):	

Data da Ocorrência: Hora:

Tipo de Ocorrência:

Início do Movimento:

(1) Rocha   (2) Terra   (3) Lixo/Entulho   (4) Detritos
(A) Queda Blocos/Lascas   (B) Escorregamento   (C) Corridas

Segundo Movimento:

(1) Rocha   (2) Terra   (3) Lixo/Entulho   (4) Detritos
(A) Queda Blocos/Lascas   (B) Escorregamento   (C) Corridas

Volumes de Material Deslizado:
Prejuízos: Vidas Humanas:
Valores Aproximados:

Causas Prováveis:

Providências: (1) Obras Públicas   (2) Obras Particulares   (3) Interdição de Moradias
(4) Remoção de Moradias   (5) Embargo de Atividades

Figura 3.13 — *Modelo de boletim de descrição de deslizamentos (Amaral, 1992).*

b) Fotografias Aéreas: caracterizam-se como instrumentos fundamentais para o mapeamento detalhado das feições e das condicionantes dos deslizamentos, bem como para análise da sua evolução ao longo do tempo e mapeamento de sua distribuição numa ampla área geográfica. Sua importância deve-se à possibilidade de identificar deslizamentos com pequenos volumes (acima de $10m^3$) e ao seu baixo custo de produção e reprodução. Dentre os fatores que limitam a sua utilização, incluem-se o crescimento da vegetação, o uso desordenado do solo, a proliferação de feições erosivas e, finalmente, o fator tempo, uma vez que o mapa de deslizamentos, numa região geográfica ampla, implica no manuseio de muitas fotografias e a necessidade de manutenção de critérios de interpretação. Segundo Brabb (1993), a preparação do mapa inventário de deslizamentos para uma área de $2000km^2$ na Califórnia, utilizou 8000 fotografias e 20 profissionais, durante um período de 2 anos.

c) Fotografias de Helicópteros: são muito importantes para mapeamento e análise das feições dos deslizamentos, pois fornecem uma visão clara e detalhada das áreas atingidas e do seu entorno, e, mesmo a cores são produzidas a baixo custo. Como a realização constante de sobrevôos de helicóptero é muito difícil, são raros os casos de utilização dessas fotografias para formação de um cadastro de deslizamentos numa região mais ampla. Por outro lado, grandes oportunidades vêm sendo abertas neste setor com a implementação do método de fotogrametria em modelos múltiplos (Dueholm *et al.*, 1993), uma técnica fotogramétrica nova e elegante que ultrapassa as dificuldades normalmente encontradas para ilustrar e quantificar observações de campo através de fotos tomadas de ângulos diversos em três dimensões.

d) *Mapeamento de Campo:* as investigações no campo são fundamentais tanto para a observação das feições e geometria dos deslizamentos, como para a definição dos seus condicionantes locais. Estas atividades são extremamente facilitadas pelo uso de computadores portáteis, que garantem a checagem e o preenchimento de todas as informações exigidas nos estudos e contidas numa ficha de campo que o profissional de geociências carrega consigo. Como estas investigações envolvem sempre uma grande dificuldade no que tange à extensão da área a ser mapeada e o tempo disponível para sua realização, elas ficam restritas a uma atividade de verificação e ratificação da fotointerpretação executada anteriormente. A partir deste ponto, seleciona-se um número razoável de deslizamentos, baseado na complexidade de características e conseqüências apontadas na área de estudo, para execução de investigações laboratoriais e de campo mais detalhadas.

e) *Métodos Indiretos:* a utilização destes métodos é cada vez mais freqüente nos estudos de deslizamentos, principalmente naqueles de grandes dimensões, no sentido de gerar dados sobre a geometria da massa escorregada, nível do lençol freático e presença de descontinuidades em subsuperfície. Dentre as vantagens dos métodos geofísicos estão o custo reduzido (10% do valor das sondagens mecânicas) e o fato de poderem ser aplicados em terrenos íngremes e rupturados, onde mantêm suas características de continuidade e não perturbação do terreno. Dentre as suas limitações estão os problemas enfrentados na interpretação dos resultados, particularmente em situações de elevado ruído ambiental (acústicos, sísmicos, elétricos, eletromagnéticos etc.), como é o caso das áreas ocupadas, e de situações em que estão presentes solos não saturados e grande variação das propriedades dos materiais que se encontram nos perfis de alteração.

f) Métodos Diretos: a investigação direta de subsuperfície em zonas de deslizamentos envolve basicamente as sondagens a percussão, rotativas e mistas. Na Europa e América do Norte faz-se uso de sondas e piezôcones, os quais, devido às propriedades dos solos residuais e coluviais, têm pouca utilidade no Brasil. Tão importantes quanto a realização das sondagens diretas que respeitem as normas e diretrizes técnicas para descrição correta dos materiais em subsuperfície, são a incorporação nestes serviços da capacidade de interpretação dos seus resultados em conexão com uma proposta de entendimento das condicionantes dos acidentes, e a estruturação de banco de dados, para reunião dos logs de sondagens realizadas no passado, de modo a permitir a execução de perfis geológicos. Estes procedimentos podem reduzir em muito os custos das investigações dos deslizamentos.

g) Instrumentação e Ensaios: a instrumentação de encostas escorregadas envolve basicamente o monitoramento dos deslocamentos através de marcos superficiais e

MOVIMENTOS DE MASSA

inclinômetros, e a medição do nível d'água e das poro-pressões, através de piezômetros e tensiômetros. Os ensaios *in situ* englobam o SPT (ensaio de penetração), e, mais raramente, ensaios de infiltração e de perda d'água nas sondagens rotativas. Os ensaios de laboratório quantificam os parâmetros de resistência, enquanto as técnicas de retroanálise fazem a avaliação da sua confiabilidade. Grandes esforços são feitos nas universidades e centros de pesquisa do Brasil para o desenvolvimento de instrumentos adaptados às condições dos solos tropicais, como os piezômetros de máxima, o sistema tensiométrico automático, o permeâmetro de Guelph, o ensaio de perfil instantâneo, e para o desenvolvimento de sistemas de aquisição remota de dados com observação contínua, em tempo real, do comportamento quanto a deslocamentos e poro-pressões durante chuvas intensas. Além de ampliar o conhecimento sobre as dimensões dos deslizamentos, os dados gerados com estes procedimentos permitem consolidar hipóteses sobre os agentes deflagradores dos acidentes.

h) Tecnologia de Processamento e Tratamento de Dados: grande parte dos estudos visando a execução de análises conclusivas sobre o potencial de instabilização de encostas, desenvolvidos no mundo, faz uso de técnicas objetivas e subjetivas de tratamento de dados, baseados em digitalização, informatização e tratamento de dados.

h.1) Sistemas Computacionais Cartográficos e de Projeto: a computação gráfica, referenciada nos sistemas CCS (*Computer Cartographic System*) e CAD (*Computer*

Assistant Design), oferece opções para realização de trabalhos simples de visualização de distribuição dos deslizamentos e seus fatores deflagradores, em escalas variadas. Embora limitados ao aspecto gráfico, uma vez que não oferecem possibilidades de cruzamento das informações de mapas diversos, estes sistemas têm ampla aceitação devido a sua simplicidade e baixo custo.

h.2) Sistemas de Informações Geográficas (SIG): funcionam como um conjunto de facilidades e instrumentos computacionais para arquivo, recuperação, transformação e apresentação de dados espaciais para atingir a análise de um determinado processo. A utilização de um SIG implica em vantagens e desvantagens:

— variedade de técnicas de análises disponíveis, que facilitam a combinação de mapas e tabelas;
— maior capacidade de aperfeiçoamento dos modelos, com avaliação dos resultados, correção dos dados básicos e alcance dos melhores resultados num processo de tentativa e erro;
— maior capacidade de atualização;
— maior consumo de tempo, devido ao demorado processo de digitalização dos dados de entrada;
— maior margem de erro, devido à incerteza quanto à qualidade dos dados, o que exige maior controle por parte dos profissionais envolvidos.

Alguns dos trabalhos sobre o uso de SIG's em estudos de deslizamentos (Dikau, 1993; Carrara *et al.*, 1991; van Westen, 1993; Brabb, 1993; Miller, 1995) revelam que a sua aplicação, iniciada no final da década de 70 e ampliada na década de 80 devido ao desenvolvimento dos sistemas comerciais (ARC/ INFO, INTERGRAPH, SPANS, IDRISI; entre outros) e à crescente disponibilidade de PC's, vive hoje um *boom* extraordinário e tende a se ampliar ainda mais. Atualmente, no Brasil, são utilizados vários SIG's, com destaque para o SPRING, o IDRISI, o ARC-INFO e o SAGA (Xavier da Silva, 1993), mas ainda são raras as aplicações no campo específico dos deslizamentos. Amaral (1996) mostra a utilização do SAGA para estabelecer correlações geologia-deslizamentos, em escala média, no Rio de Janeiro, que podem ser assim resumidas:

— com exceção da zona oeste do município, praticamente todas as encostas ocupadas no limite da cidade já sofreram algum tipo de escorregamento considerado significativo;
— os escorregamentos têm uma orientação preferencial na direção NE/SW, que é a direção marcante da estrutura geológica regional;
— uma característica marcante na distribuição dos deslizamentos é a sua recorrência, ou seja, grande parte dos deslizamentos ocorrem em áreas já anteriormente afetadas, em especial, no interior das favelas.

h.3) Sistemas Especialistas: um *Expert System* é um conjunto de regras subjetivas para avaliação de fatores deflagradores, e do seu respectivo peso, no desencadeamento de um determinado processo natural. Este conjunto de regras está baseado numa série de procedimentos subjetivos de calibração e correção de correlações a partir do conhecimento de especialistas reconhecidos no tema. No caso dos deslizamentos, em geral um processo complexo cuja análise está repleta de inconformidades e incertezas, um sistema especialista pode ser muito útil para incorporar todas as análises de campo ao conhecimento dos especialistas no assunto. Rogers e Sitar (1994), por exemplo, produzem um mapa de risco a deslizamentos a partir da combinação de um sistema especialista com dados de campo.

4. Previsão de Deslizamentos e Medidas para Redução dos Riscos Associados

A previsão de deslizamentos e a redução das suas conseqüências podem ser alcançadas quando se obtem conhecimento detalhado da freqüência, características e magnitude dos deslizamentos numa área geográfica. Em geral, este conhecimento depende da qualidade da descrição e da caracterização dos condicionantes dos deslizamentos passados, bem como da análise de risco de movimentos futuros, o que exige a participação de profissionais especialistas e a constituição de equipes multidisciplinares. Outro aspecto importante é o estabelecimento de planos de redução dos acidentes calcados em capacidade de intervenção e tomada de decisões administrativas destacando-se, neste caso, a melhoria da atuação dos profissionais para implantar medidas voltadas à redução das suas conseqüências.

4.1. Mapas de Susceptibilidade a Deslizamentos

A previsão de ocorrência de deslizamentos é uma tarefa complexa uma vez que muitos fatores exercem influência na sua deflagração. Um dos objetivos do zoneamento da susceptibilidade a deslizamentos objetiva subdividir uma área de estudo em zonas de igual susceptibilidade, não funcionando, portanto, como instrumento de determinação da estabilidade de taludes individuais. Um mapa de susceptibilidade a deslizamentos, por conseguinte, deve providenciar informações sobre probabilidade espacial, probabilidade temporal, tipos, magnitudes e velocidades de avanço dos deslizamentos numa determinada área geográfica.

Os mapas de susceptibilidade a deslizamentos constituem-se em instrumentos técnico-científicos indispensáveis no sentido de reduzir as conseqüências destes acidentes, justificando não só o acúmulo de uma larga quantidade de exemplos destes mapas em todo mundo, como também o esforço das sociedades geotécnicas internacionais como a Associação Internacional de Geologia de Engenharia (IAEG) e Sociedade Internacional de Mecânica dos Solos e Engenharia de Fundações (ISSMFE), na publicação de manuais de preparação de *Hazard Maps* (Varnes, 1984) e de um guia para mapeamento de risco (IAEG, 1993). No entanto, o início da preparação destes mapas de previsão não foi nada fácil.

Os primeiros trabalhos de previsão de deslizamentos começaram orientados para situações locais, utilizando métodos determinísticos de análise, tal como normalmente adotado por engenheiros geotécnicos. Logo percebeu-se que as diferenças regionais das variáveis geotécnicas (coesão, ângulo de atrito interno, espessura de camadas, profundidade do nível d'água, efeitos de sucção, entre outras) eram incompatíveis com a homogeneidade exigida pelos modelos determinísticos, e assim várias outras técnicas foram desenvolvidas.

O modelo mais simples de zoneamento de susceptibilidade é um mapa inventário de deslizamentos que mostre os deslizamentos já ocorridos e os ainda ativos. Esta técnica segue a filosofia de que o local que já sofreu um deslizamento estará sempre sujeito, com algumas exceções, a novos movimentos. A determinação da susceptibilidade em áreas sem ocorrência passada exige contudo métodos mais criteriosos. De qualquer forma, o mapa inventário continua representando o instrumento mais simples na previsão de deslizamentos futuros.

Entre os diferentes métodos para se elaborar tais zoneamentos, incluem-se aqueles que se utilizam das facilidades oferecidas por SIG's e aqueles baseados em tratamentos estatísticos e qualitativos (De Graff e Romesburg, 1984; Juang *et al.*, 1992). Gee (1992) mostrou que o resultado encontrado nos produtos finais obtidos com nove diferentes métodos de zoneamento é praticamente semelhante. Os mapas de susceptibilidade e risco mais conhecidos são aqueles preparados para a região da baía de São Francisco, Califórnia, pelo Serviço Geológico dos Estados Unidos, nas décadas de 70 e 80 (Brabb, 1987).

A maior parte dos métodos de zoneamento propostos na literatura envolve a combinação e a integração de uma série de mapas temáticos daqueles fatores deflagradores dos deslizamentos. O mapa de susceptibilidade a deslizamentos do Rio de Janeiro (Barros *et al.*, 1992) foi descrito pelo Grupo Internacional de Pesquisa em Deslizamentos (ILGR, 1992) como o primeiro mapa deste tipo produzido na América do Sul. A sua preparação, na escala 1:25000, envolveu a definição dos principais fatores que influenciam a distribuição dos deslizamentos nas encostas cariocas — uso do solo, geologia, distribuição dos depósitos superficiais e declividade — e a composição de 700 matrizes indicativas de risco que, lidas por um programa de cruzamento de dados, identificaram graus de susceptibilidade a deslizamentos para unidades de terreno com dimensões de 125m x 125m, variando de muito baixo (0) a alto (3).

O mapa final sofreu ainda cruzamento de dados gerados a partir de extensivo reconhecimento de campo, com utilização de fotografias aéreas de épocas diferentes e bases topográficas na escala 1:10000. As 4 classes de risco que caracterizam o mapa final são apresentadas a cores e com informações mais diretas:

— Áreas de Muito Baixa Susceptibilidade (branco): são áreas muito pouco sujeitas a deslizamentos, onde nenhum movimento significativo foi detectado nas últimas duas décadas. Em geral, envolvem as áreas com declividade menor que 10%;

— Áreas de Baixa Susceptibilidade (verde): são áreas pouco susceptíveis a deslizamentos; um número muito reduzido de movimentos anteriores ocorreu nestes locais. Em geral, envolvem as áreas de encosta com cobertura vegetal ainda preservada e caracterizadas pela presença de solo residual desenvolvido sobre granitos;

— Áreas de Moderada Susceptibilidade (amarelo): são áreas susceptíveis a deslizamentos; um número razoável de acidentes anteriores ocorreu nestes locais. Em geral, envolvem áreas de declividade acima de 20%, compostas de solo residual desenvolvido sobre gnaisses;

— Áreas de Alta Susceptibilidade (vermelho): são áreas

muito susceptíveis a deslizamentos. Correspondem às áreas críticas conhecidas, seja pela freqüência de acidentes, seja pelo elevado número de obras de contenção executadas nas encostas. Em geral, envolvem áreas com favelas, caracterizadas por depósitos de tálus, blocos rochosos e lascas instáveis.

4.2. Cartas de Risco de Acidentes Associados a Deslizamentos

Após a identificação das áreas onde a possibilidade de ocorrência de deslizamentos é maior, são necessários estudos detalhados, com a utilização de técnicas específicas apropriadas à cartografia de risco de acidentes, naturais ou induzidos, que podem estar associados a situações de perigo, perda ou dano ao homem e suas propriedades.

O risco geológico de deslizamentos pode ser atual, quando instalado em áreas já ocupadas, ou potencial, quando envolve a susceptibilidade de ocorrência em áreas ainda desocupadas (IPT, 1991). O risco pode ser descrito matematicamente como o resultado da combinação entre a probabilidade de ocorrência do deslizamento e as conseqüências sociais e econômicas potenciais, de acordo com a equação 3.2:

$$R = P \times C \qquad \text{Eq. 3.2}$$

onde: R é o risco de deslizamento, P a susceptibilidade e C as conseqüências do acidente.

MOVIMENTOS DE MASSA

Os instrumentos cartográficos técnico-científicos que demonstram a distribuição, os tipos, a freqüência, as características, o grau e a hierarquização do risco associado aos deslizamentos, são conhecidos como cartas de risco geológico. Estas cartas são produzidas em diversas escalas, mas o seu uso é mais apropriado para estudos de larga escala ou detalhados (> 1:5000), quando atendem, por exemplo, a planejadores de infra-estrutura para uma área habitada ou a concessionárias responsáveis pela instalação de redes de água, esgoto e luz.

No Brasil, as experiências de elaboração de cartas de risco associadas a deslizamentos ampliaram-se na última década como resultado da consolidação de seus critérios e conceitos através da publicação de diversos casos estudados e, também, como reflexo da sua aceitação por parte de órgãos de planejamento e comunidades envolvidas no assunto. Os serviços de cartografia de riscos a deslizamentos em encostas já se incluem como atividades permanentes de órgãos públicos municipais em cidades como Rio de Janeiro, Petrópolis, Niterói, São Gonçalo, Vitória, São Paulo. Na Figura 3.14 é mostrado o exemplo da carta de risco de parte da favela do Morro do Pau Bandeira, em Vila Isabel, zona norte da cidade do Rio de Janeiro.

A metodologia de preparação das cartas de risco a deslizamentos envolve a identificação e análise do risco; a identificação envolve a definição, a caracterização, a delimitação e a determinação dos condicionantes dos escorregamentos, bem como da sua área de influência. A análise do risco, voltada para a priorização das medidas para sua eliminação, trata da qualificação e quantificação do risco, estabelecendo diferentes graus de risco

MOVIMENTOS DE MASSA

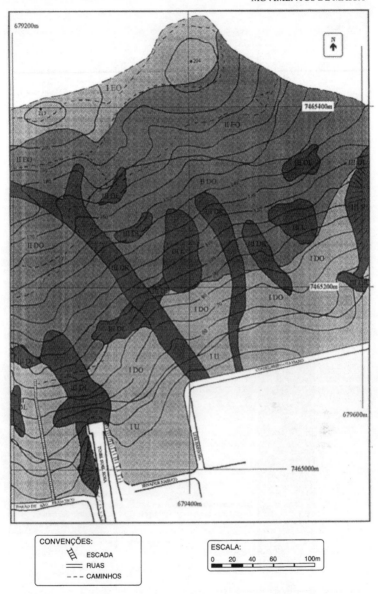

Figura 3.14 — *Carta de risco a deslizamentos de parte da favela do morro do Pau Bandeira, em Vila Isabel, zona norte da cidade do Rio de Janeiro (Fonte: mapa da favela do Morro dos Macacos e Pau da Bandeira/GEORIO).*

MOVIMENTOS DE MASSA

LEGENDA:

RISCO GEOTÉCNICO	SIMBOLOGIA	CARACTERÍSTICAS PREDOMINANTES	CONDIÇÕES PARA USO
BAIXO	I DO	Área densamente ocupada com pequenos lotes e potencial de acidentes associados a pequenos cortes e depósitos de lixo/entulho	Passível de ocupação, porém, requer melhorias de estrutura urbana, principalmente relativa à acesso e drenagem
BAIXO	I EO	Área esparsamente não ocupada, com boas características geotécnicas (declividade e solo) à ocupação	Favorável à ocupação, indicada como área para assentamento das casas nas áreas de alto risco. Requer completa implantação de infra-estrutura urbana (acesso, drenagem, abastecimento de água/ esgoto etc) antes de sua utilização.
BAIXO	I U	Área densamente ocupada com razoável infra-estrutura urbana e baixo potencial de acidentes	Passível à ocupação, não devendo ser adensada, somente melhorados os equipamentos urbanos já existentes
MÉDIO	II DO	Áreas ocupadas, constituídas por taludes naturais com declividade moderada e/ou pequeno número de cortes	Imprópria à ocupação nas atuais condições, caso à ocupação se adense, o grau de risco agravará. A mitigação do risco atual está condicionada, principalmente a melhorias de acesso, drenagem pluvial, rede de esgoto e coleta de lixo/entulho
MÉDIO	II EO	Áreas esparsamente ocupadas com características geotécnicas (declividade, hidrologia e solo) desfavoráveis à ocupação	Imprópria à ocupação. Devem ser utilizadas para reflorestamento
ALTO	III DR	Talvegues naturais sujeitos a grandes vazões durante chuvas intensas. Grande potencial de acidentes (corrida de detritos/blocos de rochas)	Impróprias à ocupação. Necessidade de limpeza dos eixos dos talvegues e da remoção das moradias nestas áreas
ALTO	III DL	Áreas constituídas por taludes naturais em solo com declividade acentuada	Impróprias à ocupação. Necessidade de remoção das moradias nestas áreas, seguida por reflorestamento
ALTO	III L	Áreas de grande potencial de acidentes associados, principalmente, a ocupação desordenada com execução de cortes e aterros instáveis e formação de depósitos de lixo/entulho	Exigem a adoção de medidas para a eliminação do risco. Até a execução das medidas recomendadas, as moradias devem ficar interditadas
ALTO	III P	Taludes rochosos naturais ou de pedreiras e suas áreas de influência, com grande potencial de acidentes (queda de lascas e/ou blocos)	As áreas de escarpa são impróprias à ocupação. A ocupação na base das escarpas está condicionada à execução de obras de conteção nos taludes

para pontos, trechos ou áreas geográficas maiores. Estas duas etapas são desenvolvidas em três fases:

1 — *Levantamento de Dados*: engloba a coleta de dados sobre as características físicas e de uso do solo, bem como sobre escorregamentos anteriores, a partir de bases cadastrais de diversas escalas, fotografias aéreas e de helicóptero, mapas geocientíficos, relatórios técnicos de concessionárias de obras civis, sondagens do subsolo, trabalhos técnico-científicos etc.;

2 — *Mapeamento de Campo*: a investigação de campo se inicia com um levantamento expedito, voltado para o reconhecimento dos materiais geológicos presentes, para a checagem das informações derivadas no levantamento de dados, e para contactar moradores das áreas envolvidas, visando a melhor operacionalização dos trabalhos de campo. Após a preparação do mapa expedito, que apresenta unidades geomorfológicas homogêneas quanto ao potencial de ocorrência de um deslizamento, define-se a escala de trabalho necessária à representação gráfica do risco. Em geral, são aproveitadas as bases cadastrais existentes, e mais raramente, mosaicos de fotos aéreas verticais ou oblíquas. Na carta são descritos:

— áreas afetadas por deslizamentos no passado, com descrição dos materiais, extensão dos prejuízos acumulados, e medidas técnicas de estabilização;

— feições de atividade de deslizamentos, tais como trincas no terreno, degraus de abatimento, postes/árvores, distribuição de aterros e lixões e muros inclinados;

— elementos cadastrais em risco com base em limites geográficos claros, tais como o número e identificação das pessoas e propriedades ameaçadas, bem como a proximidade de moradias;

— pontos e trechos sujeitos à ocorrência de deslizamentos no presente e no futuro, descrevendo-se os tipos de deslizamentos e o potencial de destruição imposto por eles;

— grau de risco de acidentes em cada ponto ou trecho de risco, baseado no conhecimento sobre a susceptibilidade e vulnerabilidade das habitações;

— medidas futuras de investigação e/ou solução para estabilização do deslizamento.

3 — *Representação Cartográfica*: a finalização da carta de risco corresponde à organização dos dados coletados nas etapas anteriores. A representação do risco pode ser feita sob a forma de cadastramento de risco (mapa de pontos de risco e sua descrição) ou sob a forma de zoneamento de risco, onde domínios homogêneos, em relação ao grau de risco, são mapeados. No Brasil, em geral, as cartas de risco a deslizamentos estão divididas em 4 zonas de risco: alto, moderado, baixo e muito baixo. É praxe apresentar as cartas com zonas de risco coloridas e numeradas, de modo a facilitar o entendimento e a utilização por parte de usuários potenciais na redução das conseqüências dos deslizamentos.

Tão importante quanto a preparação das cartas de risco é a apresentação das mesmas. Esta fase exige a produção de relatórios técnicos bem ilustrados, a informatização dos produtos finais em bancos de dados, e a apresentação dos resultados numa sessão pública de divulgação, de modo a permitir a informação dos moradores sobre o risco a escorregamentos que estão expostos.

4.3. Medidas de Redução dos Acidentes Associados a Deslizamentos

Cerri (1992 e 1993) mostra que para reduzir a possibilidade de registros de acidentes e as dimensões das conseqüências sociais e econômicas por eles geradas, podem ser realizadas, com base na previsão e cartografia dos riscos geológicos, três tipos de atividade: adoção de medidas de prevenção de acidentes; planejamento para situações de emergência; e informações públicas e programas de treinamento.

A melhor maneira de garantir que tais ações sejam efetivadas é integrá-las em Programas Governamentais de Redução de Desastres, tal como propõe a ONU no seu programa decenal (Elo, 1995). Em geral, estes planos apóiam-se no conhecimento científico sobre o potencial e vulnerabilidade aos desastres, na capacidade de adoção de soluções em curto e médio prazos, no estabelecimento de sistemas de alarme para situações críticas, na extrema participação da sociedade e dos dirigentes, e no fluxo apropriado e permanente de informações sobre acertos e erros na administração do plano, via redes de informações gerenciais.

MOVIMENTOS DE MASSA

a) Adoção de Medidas Preventivas de Acidentes

Além da possibilidade de remoção definitiva dos moradores das áreas sob risco de acidentes associados a deslizamentos, a prevenção de acidentes deve considerar os seguintes objetivos: evitar a instalação de novas áreas de risco; eliminar ou reduzir o risco atual e potencial, evitando a ocorrência ou reduzindo a magnitude dos deslizamentos; conviver com os riscos, reduzindo ou eliminando as conseqüências sociais e econômicas desses acidentes. A seleção de uma destas medidas depende não só da qualidade da cartografia de risco, e da disponibilidade de tempo, recursos financeiros e área para relocação da população sob risco, como também de uma decisão político-administrativa.

1. *Não Implantação de Novas Áreas de Risco*: envolve o controle da expansão e do adensamento da ocupação através do estabelecimento de diretrizes técnicas que permitam adequada utilização do meio físico. Estas diretrizes estão dispostas em cartas geotécnicas com informações gerais sobre os limites do meio físico de interesse ao planejamento do uso do solo;

2. *Eliminação ou Redução do Risco Instalado*: envolve a recuperação da área de risco através da implantação de obras de contenção e drenagem, que destinam-se a evitar a ocorrência de deslizamentos e/ou reduzir a sua magnitude; a definição da intervenção mais adequada depende, fundamentalmente, da qualidade das observações constantes nos mapas de previsão e nas cartas de risco;

3. *Convivência sem Intervenção no Risco*: envolve a remoção temporária da população instalada na área de

risco com vistas a reduzir a possibilidade de registro de perdas de vidas; passada a fase emergencial, define-se o retorno da população ao local original. Estas atividades são operadas através de Planos Preventivos de Defesa Civil. Esses envolvem a análise evolutiva do grau de risco bem como a determinação do momento adequado para efetivar a retirada da população para locais seguros. Cerri (1993) propõe que os planos sejam desenvolvidos em quatro fases: elaboração, implantação, operação e avaliação. No Brasil, esses planos estão a cargo das prefeituras municipais e sua coordenação de Defesa Civil.

Na sua elaboração, reúnem-se as cartas de risco, define-se o período de operação dos planos, os critérios para passagem de um nível de emergência para outro, o método de acompanhamento de parâmetros técnicos e definição de ações de emergência. Na fase de implantação, definem-se os procedimentos operacionais, atribuições, responsabilidades, além do sistema de informação, participação e treinamento da população. Na fase de operação, acompanha-se tecnicamente o Plano Preventivo de Defesa Civil e a efetivação das ações nele preconizadas. Na fase de avaliação, identificam-se as eventuais falhas na fundamentação técnica, na estrutura e no sistema operacional, visando correções e ajustes futuros.

b) Planejamento para Situações de Emergência

A freqüente ocorrência de deslizamentos em uma região ou cidade exige muitas vezes a realização de atendimentos de emergência com a participação de profissionais com formação em geociências, não só para avaliar as causas da ocorrência, como também para orientar medidas destinadas a reduzir o potencial de ampliação dos acidentes em situações críticas. Para que os resultados deste atendimento emergencial sejam satisfatórios é preciso planejar procedimentos que favoreçam a realização das atividades técnicas e ao mesmo tempo, reduzam a possibilidade de erros que ampliem as conseqüências até então registradas ou previstas para breve.

Em primeiro lugar é preciso implantar medidas balizadas no conhecimento técnico referenciado nas cartas de risco ou vistorias expeditas de campo, nos quais se considera com atenção relatos de moradores do local e geram-se indicações sobre a extensão da área ameaçada e estimativa dos números de moradias em risco eminente. Numa segunda etapa, é necessário informar correta e adequadamente à população envolvida, especialmente quanto às conseqüências de novos deslizamentos, e orientá-la sobre a necessidade de remoção temporária em situações de risco eminente, em conjunto com as associações de moradores da comunidade afetada. A terceira etapa envolve a estruturação das equipes envolvidas nos trabalhos de emergência, que devem priorizar a participação de equipes de Defesa Civil, que dada sua especialidade, atuam de forma mais eficiente nos momentos críticos. Por último, é importante orientar minuciosamente as operações de resgate das vítimas e restauração da área sinistrada, no sentido de não colocar em risco as próprias equipes envolvidas nos atendimentos de emergência, bem como a população residente no entorno da área atingida.

O trabalho em situações de emergência encerra-se com a identificação cuidadosa, rigorosa e isenta dos responsáveis pelos acidentes. Tal cuidado se justifica pelas responsabilidades civis e criminais que podem estar envolvidas no acidente e que levam a abertura de processos junto ao Poder Judiciário.

c) Informações Públicas e Treinamento

A efetiva redução dos acidentes naturais ou induzidos associados à ocorrência de deslizamentos somente pode ser atingida com a participação da sociedade e sensibilização dos dirigentes, através de informações públicas e campanhas de treinamento. A disseminação de informações técnicas sobre risco de deslizamentos para administradores públicos, equipes de Defesa Civil, Corpo de Bombeiros, técnicos de prefeituras municipais e da população em geral, é uma ciência por si mesmo. Em geral, ela é feita a partir de cursos de treinamento, elaboração e distribuição de manuais técnicos e de cartilhas de orientação.

De um modo ideal, as informações destinadas à população podem transformar-se em procedimentos a serem praticados e disseminados dentro das comunidades, úteis em situações de emergência e para evitar a instalação de novas moradias em áreas de risco de acidentes.

5. Conclusões

O conhecimento acumulado a respeito dos mecanismos e condicionantes dos movimentos de massa, embora suficiente para permitir uma melhoria dos recursos humanos e das técnicas de previsão desses desastres, ainda é muito restrito. A rápida expansão dos processos de urbanização nas grandes cidades torna urgente um aumento na quantidade e na qualidade dos estudos realizados.

Além disso, torna-se imperativo uma contínua reavaliação dos resultados já obtidos em estudos anteriores uma vez que algumas feições que eram no passado consideradas menos importantes são hoje tidas como muito importantes.

O conteúdo sumarizado neste capítulo vem, mais uma vez, destacar a complexidade dos processos envolvidos na geração dos deslizamentos sob as condições de campo. A compreensão dos fatores condicionantes e dos mecanismos deflagradores desses movimentos requer, necessariamente, uma análise detalhada que combine as contribuições oriundas de profissionais com diferentes formações. Qualquer abordagem segmentada, ou seja, que enfoque o problema sob apenas um ângulo, dificilmente será capaz de compreender, de forma integrada, tais movimentos. A análise dos movimentos sob a forma de corridas, por exemplo, requer estudos não apenas das rupturas nas partes mais elevadas das encostas mas também da dinâmica hidrológica (encosta e canal) ao longo de toda a bacia. Ressalta-se aqui, mais uma vez, um dos pilares de sustentação da gemorfologia enquanto ciência: a valorização do conceito de bacia de drenagem como unidade funcional.

6 . Bibliografia

AMARAL, C.P. (1992) Inventário de Escoregamentos no Rio de Janeiro. 1ª Conferência Brasileira Sobre Estabilidade de Encostas, Rio de Janeiro, Anais, volume 1, ABMS/ABGE, 546-561pp.

MOVIMENTOS DE MASSA

AMARAL, C.P.(1996) Escorregamentos em Encostas no Rio de Janeiro: Inventário, Condicionantes Geológicos e Programa Para Redução dos Acidentes Associados. Tese de Doutoramento, Departamento de Engenharia Civil, PUC-RJ, 230p.

AMARAL, C.P. e PORTO Jr., R. (1989) Condicionantes Geológicas na Instabilidade de Taludes: O Exemplo da Estrada do Soberbo, Alto da Tijuca, Rio de Janeiro. Simpósio de Geologia do Sudeste, 1, Rio de Janeiro, RJ, Boletim de Resumos, SBG-RJ, 194-195pp.

AMARAL, C.P., BARROS, W.T. e PORTO JR., R. (1992) The Structural Control Within a Landslide in Rio de Janeiro. In: BELL (ed.), Landslides. Balkema, Roterdam, 1339-1343pp.

AMARAL, C.P., VARGAS, E. e KRAUTER, E. (1996) Analysis of Rio de Janeiro Landslide Inventory Data. 7th International Symposium on Landslides, Trondhein, Norway, June.

ANDERSON, M.G. e BURT, T.P. (1978) The Role of Topography in Controlling Throughflow Generation. Earth Surface Processes, Vol. 3, 331-344pp.

AVELAR, A.S. e COELHO NETTO, A.L. (1992) Fluxos D'Água Subsuperficiais Associados a Origem das Formas Côncavas do Relevo. 1ª COBRAE — Conferência Brasileira Sobre Estabilidade de Encostas, Rio de Janeiro, Anais, Volume 2, ABGE/ABMS, 709-720pp.

BARROS, W.T., AMARAL, C.P. and D'ORSI, R.N. (1992) Landslide Susceptibility Map of Rio de Janeiro. In: BELL (ed.), Landslides. Balkema, Roterdam, 869-871pp.

BARROSO, J.A., ANTUNES, F., PONCE, C.A.L. (1985) Deslizamentos ao longo da Estrada Rio-Juiz de Fora, entre Petrópolis e Três Rios. IV Congresso Brasileiro de Geologia de Engenharia.

BEVEN, K. e KIRKBY, M.J. (1979) A Physically Based Variable Contributing Area Model of Basin Hydrology. Hydrological Scientists Bulletin, Vol. 24, 43-69pp.

BRABB, E.E. (1987) Analysing and Portraying Geologic and Cartographic Information for Land-Use Planning, Emergence Response, and Decision Making in San Mateo County, California. 2nd Annual Int. Conf., Exhibits and Workshops on GIS. American Society for Photogrammetry and Remote Sensing, 363-374pp.

BRABB, E.E. (1993) Proposal for Worldwide Landslide Hazard Maps. 7th Int. Conf. and Field Workshop on Landslides. Balkema, Rotterdam, 15-27pp.

CARRARA, A., CARDINALI, M., DETTI, R. GUZZETI, F., PASQUI, V. e REICHENBACH, P. (1991) GIS Techniques and Statistical Models in Evaluating Landslide Hazard. Earth Surface Processes and Landforms, Vol. 16, 427-445pp.

CARSON, M.A. e KIRKBY, M.J. (1972) Hillslope Form and Process. Cambridge University Press, 475p.

CERRI, L. (1992) Riscos Geológicos Associados a Escorregamentos na Região Metropolitana de São Paulo. In: Problemas Geológicos e Geotécnicos na RMSP, Anais, ABGE-ABMS, SBG/SP, 209-225pp.

CERRI, L. (1993) Riscos Geológicos Associados a Escorregamentos: Uma Proposta para a Prevenção de Acidentes. Tese de Doutorado, USP, São Carlos.

COELHO NETTO, A.L. (1985) Surface Hydrology and Soil Erosion in a Tropical Mountainous Rainforest Drainage Basin, Rio de Janeiro. Tese de Doutorado. Katholieke University Leuven, 198pp.

COELHO NETTO, A.L. (1995) Hidrologia de Encosta na Interface com a Geomorofologia. In: GUERRA, A.J.T. e CUNHA, S.B. (orgs.), Geomorfologia: Uma Atualização de Bases e Conceitos. Editora Bertrand Brasil, Rio de Janeiro, 2ª ed., 93-148pp.

COSTA NUNES, A.J., COUTO FONSECA, A.M. e HUNT, R.E. (1979) Landslides in Brazil.

CROZIER, M.J., VAUGHAN, E.E. e TIPPET, J.M. (1990) Relative Instability of Colluvium Filled Bedrock Depressions. Earth Surface Processes and Landforms, 15, 329-339pp.

DEERE, D.U. e PATTON, F.D. (1970) Slope Stability in Residual Soils. In: 4th Panam. Conf. on Soil Mech. and Found. Eng., San Juan, Vol 1, 87-170pp.

DE GRAFF, J.V. e ROMESBURG, H.C. (1984) Regional Landslide-Susceptibility Assessment for Wildland Management: A Matrix Approach. In: Thornes (ed.), Thresholds in Geomorphology. McGraw Hill, New York, 401-414pp.

DIETRICH, W.E. e DUNNE, T. (1978) Sediment Budget for a Small Catchment in Mountainous Terrain. Zeitschrift fur Geomorphologie Supplement, Vol. 29, 191-206pp.

DIETRICH, W.E., WILSON, C.J. e RENEAU, S. (1986) Hollows, Colluvium and Landslides in Soil-Mantled Landscapes. In: ABRAHAMS, A.D. (ed.), Hillslope Processes. Allen and Unwin, London, 361-388pp.

DIETRICH, W.E., WILSON, C.J., MONTGOMERY, D.R. e McKEAN, J. (1993) Analysis of Erosion Thresholds, Channel Networks, and Landscape Morphology Using a Digital Terrain Model. Journal of Geology, Vol. 101, 259-278pp.

DIKAU, R. (1993) Geographical Information Systems as Tools in Geomorphology. Zeitschrift für Geomorphologie N. F., Suppl. Bd., 92, 231-239pp.

DUEHOLM, K.S., GARDE, A.A. e PEDERSEN, A.K. (1993) Preparation of Accurate Geological and Structural Maps, Cross Sections or Block Diagrams from Colour Slides, Using Multi-Model Photogrammetry. Journal of Structural Geology, 15, N? 7, 933-937pp.

DUNNE, T. (1970) Runoff Production in a Humid Area. United States Department of Agriculture Report ARS 41, 160pp.

DUNNE, T. (1990) Hydrology, Mechanics, and Geomorphic Implications of Erosion by Subsurface Flow. Groundwater Geomorphology: The Role of Subsurface Water in Earth-Surface Processes and Landforms. Boulder, CO, Geological Society of America Special Paper. 1-28pp.

ELO, O. (1995) The International Decade for Natural Disaster Reduction, Stop Disaster, ONU.

FERNANDES, N.F. (1984) Algumas Condicionantes Geológicas-Geotécnicas dos Deslizamentos na BR-040 (Rio-Juiz de Fora) na Altura da Folha Itaipava. Relatório Técnico, Estágio de Campo IV, Setor de Geologia de Engenharia, IGEO-UFRJ, 54p.

FERNANDES, N.F. (1990) Hidrologia Subsuperficial e Propriedades Físico-Mecâncias dos Complexos de Rampa — Bananal (SP). Tese de Mestrado. IGEO, Universidade Federal do Rio de Janeiro, 151p.

FERNANDES, N.F. e MEIS, M.R.M. (1982) Movimentos de Massa na Serra do Mar, Teresópolis (RJ). Anais do XXXII Congresso Brasileiro de Geologia, Salvador, Boletim n? 2, 99pp.

FERNANDES, N.F., COELHO NETTO, A.L. e LACERDA, W.A. (1994) Subsurface Hydrology of Layered Colluvium Mantles in Unchannelled Valleys — Southeastern Brazil. Earth Surface Processes and Landforms, 19, 609-626pp.

FREIRE, E.S.M. (1965) Movimentos Coletivos de Solos e Rochas e Sua Moderna Sistemática. Construção, Rio de Janeiro, 8, 10-18pp.

GEE, M.D. (1992) Classification of Landslides Hazard Zonation

Methods and a Test of Predictive Capability. In: Bell (ed), Landslides. Balkema, Rotterdam, 947-952pp.

GERSCOVICH, D.M.S., CAMPOS, T.M.P. e VARGAS Jr., E.A. (1992a) Influência de Aspectos 3D no Regime de Fluxo em Encostas. 1ª COBRAE — Conferência Brasileira Sobre Estabilidade de Encostas, Rio de Janeiro, Anais, Volume 2, ABGE/ABMS, 559-575pp.

GERSCOVICH, D.M.S., VARGAS Jr., E.A. e CAMPOS, T.M.P. (1992b) Avaliação dos Fatores que Influenciam a Modelagem Numérica dos Regime de Fluxo em uma Encosta no Rio de Janeiro. 1ª COBRAE — Conferência Brasileira Sobre Estabilidade de Encostas, Rio de Janeiro, Anais, Volume 2, ABGE/ABMS, 657-673pp.

GILBERT G.K. (1904) Domes and Dome Structure of The High Sierra. Geological Society of America Bulletin, 15, 29-36pp.

GRAYSON, R. B. e I. D. MOORE (1992). Effect of Land-Surface Configuration on Catchment Hydrology. In: PARSONS, A.J. e ABRAHAMS, A.D. (eds.) Overland Flow: Hydraulics and Erosion Mechanics. Chapman & Hall, New York, 147-175pp.

GUERRA, A.J.T. (1995) Processos Erosivos nas Encostas. In: GUERRA, A.J.T. e CUNHA, S.B. (orgs.), Geomorfologia: Uma Atualização de Bases e Conceitos. Editora Bertrand Brasil, Rio de Janeiro, 2ª ed., 149-209pp.

GUIDICINI, G. e NIEBLE, C.M. (1984) Estabilidade de Taludes Naturais e de Escavação. Edgard Bl.cher, 2™ ed., 194p.

HARP, E.L., WELLS II, W.G. e SARMIENTO, J.G. (1990) Pore Pressure Response During Failure in Soils. Geological Society of America Bulletin, Vol 102, 428-438pp.

HUTCHINSON, J.N. (1988) General Report: Morphological and Geotechnical Parameters of Landslides in Relation to Geology and Hydrogeology. 5th Int. Symp. on Landslides, Lausanne, Vol 1, 3-35pp.

IAEG Commission on Engineering Geological Maps (1993) Working Paper on Production of Guides on Hazard Maps.

INTERNATIONAL LANDSLIDE RESEARCH GROUP (1992) ILRG — News.

IPT (1991) Ocupação de Encostas. Publicação IPT Nº 1831, 216p.

JONES, F. (1973) Landslides of Rio de Janeiro and the Serra das Araras Escarpment, Brazil. U. S. Geological Survey Prof. Paper, 697, 42p.

JUANG, C.H., LEE, D.H. e SHEU, C. (1992) Mapping Slope Failure Potential Using Fuzzy Sets. Jour. Geotech. Eng., Vol. 118, N°. 3, 475-485pp.

KNAPP, B.J. (1978) Infiltration and Storage of Soil Water. Hillslope Hydrology. John Wiley & Sons, New York, 43-72pp.

LACERDA, W.A. (1991) Mass Movement Phenomena in Tropical Soils. IX Panamerican Conference on Soil Mechanics and Foundation Engineering, General Report, Chile, 1907-1917pp.

LACERDA, W.A. e SANDRONI, S. (1985) Movimentos de Massa Coluviais. Mesa Redonda Sobre Aspectos Geotécnicos de Encostas. Clube de Engenharia, Rio de Janeiro, Vol. 3, 1-19pp.

MEIS, M.R.M. e MONTEIRO, A.M.F. (1979) Upper Quaternary "Rampas", Doce River Valley, SE Brazilian Plateau. Zeitschrift für Geomorphologie, Vol. 23, 132-151pp.

MEIS, M.R.M. e MOURA, J.R.S. (1984) Upper Quaternary Sedimentatiort and Hillslope Evolution: Southeastern Brazilian Plateau. American Journal of Science, Vol. 284, 241-254pp.

MEIS, M.R.M., COELHO NETTO, A.L. e MOURA, J.R.S. (1985) As descontinuidades nas formações coluviais como condicionantes dos processos hidrológicos e de erosão acelerada. Simpósio Nacional de Controle à Erosão, Maringá-PR, ABGE.

MILLER, D. J. (1995) Coupling GIS with Physical Models to Assess Deep-Seated Landslide Hazards. Environmental & Engineering Geoscience, Vol. 1, N°. 3, 263-276pp.

MONTGOMERY, D.R. e DIETRICH, W.E. (1994) A Physically Based Model for the Topographic Control on Shallow Landsliding. Water Resources Research, Vol. 30, 1153-1171pp.

MONTGOMERY, D.R. e DIETRICH, W.E. (1995) Hydrologic Processes in a Low-Gradient Source Area. Water Resources Research, Vol. 31, 1-10pp.

MONTGOMERY, D.R., WRIGHT, R.H. e BOOTH, T. (1991) Debris Flow Hazard Mitigation for Colluvium-Filled Swales. Bulletin of the Association of Engineering Geologists, Vol 28, 303-323pp.

MOORE, I.D., O'LOUGHLIN, E.M. e BURCH, G.J. (1988) A Contour-Based Topographic Model for Hydrological and Eco-logical Applications. Earth Surface Processes and Landforms, 13, 305-320pp.

OLIVEIRA, A.M. (1995) A Abordagem Geotectogênica: A Geologia de Engenharia no Quinário. In: Bittat O.Y.(coord.), Curso de Geo-logia Aplicada ao Meio Ambiente. ABGE, São Paulo, 231-241pp.

OLLIER, C. (1984) Weathering. Longman, London, 270p.

O'LOUGHLIN, E.M. (1986) Prediction of Surface Saturation Zones in Natural Catchments by Topographic Analysis. Water Resources Research, Vol. 22, 794-804pp.

OKIMURA, T. e ICHIKAWA, R. (1985) A Prediction Method for Surface Failures by Movements of Infiltrated Water in a Surface Soil Layer. Journal of Natural Disaster Science, Vol. 7, 41-51pp.

OKIMURA, T. e KAWATANI, T. (1987) Mapping of the Potential Surface-Failure Sites on Granite Mountain Slopes. In: Gardiner, V. (ed.), International Geomorphology 1986, John Wiley & Sons, 121-138pp.

OKIMURA, T. e NAKAGAWA, M. (1988) A Method for Predicting Surface Mountain Slope Failure with a Digital Landform Model. Shin Sabo, 41, 48-56pp.

ONDA, Y. (1994) Seepage Erosion and its Implication to the Formation of Amphitheatre Valley Heads: A Case Study at Obara, Japan. Earth Surface Processes and Lanforms., 19, 627-640pp.

PEDROSA, M.G.A., SOARES, M.M. e LACERDA, W.A. (1988) Mechanism of Movements in Colluvial Slopes in Rio de Janeiro. 5th Int. Symp. on Landslides, Lausanne, Vol. II, 1211-1216pp.

PENHA, H. M. et al. (1980) Folha Itaipava, Relatório Final e Mapeamento Geológico. Projeto Carta Geológica do Rio de Janeiro. Convênio DNPM-DRM/RJ e Instituto de Geociências da UFRJ.

PIERSON, T.C. (1980) Piezometric Response to Rainstorms in Forested Hillslope Drainage Depressions. Journal of Hydrology (New Zealand), Vol. 19, 1-10pp.

PONCE, C.A.L. (1984) Condicionantes Geológico-Estruturais na Estabilidade de Taludes de Corte em Rocha, na Rodovia BR-040 (Trecho Km 40 — Km 80). Tese de Mestrado. Depto. de Eng. Civil, PUC-RJ, 212p.

RENEAU, S.L. e DIETRICH, W.E. (1987) Size and Location of Colluvial Landslides in a Steep Forested Landscape. International Association of Hidrological Scientists (IAHS), Vol. 165, 39-48pp.

RENEAU, S.L., DIETRICH, W.E., WILSON, C.J. e ROGERS, J.D. (1984) Colluvial Deposits and Associated Landslides in the Northern San Francisco Bay Area, California, USA. Proceedings of IV International Symposium on Landslides, Toronto, 425-430pp.

ROCHA, J.C.S., ANTUNES, F.S. e ANDRADE, M.H.N. (1992) Caracterização Geológica-Geotécnica Preliminar dos Materiais Envolvidos nos Escorregamentos da Vista Chinesa. 1ª COBRAE — Conferência Brasileira Sobre Estabilidade de Encostas, Rio de Janeiro, Anais, Volume 2, ABGE/ABMS, 491-502pp.

ROGERS, C.T. e SITAR, N. (1994) Integrating Expert Opinion and Empirical Data to Evaluate Landslide Hazard. 264-279pp.

RULON, J.J. e FREEZE, R.A. (1985) Multiple Seepage Faces on Layered Slopes and their Implications for Slope-Stability Analsis. Canadian Geotechincal Journal, Vol. 22, 347-356pp.

SALTER, R.T., CRIPPEN, T.F. e NOBLE, K.E. (1981) Storm Damage Assessment of Thames-Te Aroha Area following the Storm of April 1981: Final Report. Water and Soil Science Centre, New Zealand Ministry of Works and Development, Report Nº 44.

SASSA, K. (1989) Geotechnical Classification of Landslides. Landslide News, 3, 21-24pp.

SELBY, M.J. (1993) Hillslope Materials and Processes. Oxford University Press, New York, 451p.

SHARPE, C.F.S. (1938) Landslide and Related Phenomena. Pageant, New Jersey, 137p.

SKEMPTON, A.W. e De LORY, F.A. (1957) Stability of natural slopes in London clay. 4th Int. Conf. on Soil Mechanics and Foundation Engineering, London, Vol. 2, 378-381pp.

SUMMERFIELD, M.A. (1991) Global Geomorphology: An Introduction to the Study of Landforms. Longman Scientific & Technical, 537p.

TERZAGHI, K. (1950) Mechanism of Landslides. Geological Society of America, Engineering Geology (Berkey) Volume, 83-123pp.

TSUKAMOTO, Y., OHTA, T. e NOGUCHI, H. (1982) Hydrological and Geomorphological Studies of Debris Slides on Forested Hillslopes in Japan. International Association of Hidrological Scientists (IAHS), Vol. 137, 89-98pp.

van WESTEN, C.J. 1993. GISSIZ — Training Package for Geographic Information Systems in Slope Instability Zonation, Part I: Theory. ITC Publ. Nº 15, 245pp.

van WESTEN, C.J., RENGERS, N., SOETERS, R. e TERIEN, M.T.J. (1994) An Engineering Geologic GIS Data Base for Mountainous Terrain. 7th Int Conf./IAEG, Vol. 6, 4467-4475pp.

VARGAS Jr., E. A., VELLOSO, R.C., CAMPOS, T.M.P. e COSTA FILHO, L.M. (1990) Saturated-Unsaturated Analysis of Water

Flow in Slopes of Rio de Janeiro, Brazil. Computer and Geotechnics, Vol. 10, 247-261pp.

VARNES, D.J. (1958) Landslides Types and Processes. Highway Research Board, Special Report, Vol. 29, 20-47pp.

VARNES, D.J. (1978) Slope Movement and Types and Processes. In: Schuster, R.L. e Krizek, R.J.(eds), Landslides: Analysis and Control. Transportation Research Board Special Report 176. National Academy of Sciences, Washington DC, 11-33pp.

VARNES, D.J. (1984) Landslide Hazard Zonation: Review of Principles and Practice. Natural Hazards 3, Paris; UNESCO, 61p.

WHIPKEY, R.Z. e KIRKBY, M.J. (1978) Flow Within The Soil. In: Kirkby, M.J. (ed), Hillslope Hydrology, John Wiley, Chichester, 121-144pp.

WILSON, C.J. e DIETRICH, W.E. (1987) The Contribution of Bedrock Groundwater Flow to Storm Runoff and High Pore Pressure Development in Hollows. International Association of Hydrological Scientists Publication, Vol. 165, 49-59pp.

WOLLE, C.M. e HACHICH, W. (1989) Rain-induced Landslides in Southeastern Brazil. 12th International Conference on Soil Mechanics and Foundation Engineering, Rio de Janeiro, Vol. 3, 1639-1642pp.

WP/WLI — UNESCO Working Party on World Landslide Inventory (1990) A Suggested Method for Reporting a Landslide. Bulletin of the IAEG, N°. 41, 5-12pp.

WP/WLI — UNESCO Working Party on World Landslide Inventory (1994) The Multilingual Landslide Glossary. Bitech Publishers, Richmond, British Columbia, Canadá.

XAVIER DA SILVA, J. (1993) Sistemas Geográficos de Informação: Uma Proposta Metodológica. In: 4ª. Conferência Latino-Americana Sobre SGI's e 2º. Simpósio de Geoprocessamento, USP-SP, 609-628pp.

CAPÍTULO 4

BIOGEOGRAFIA E GEOMORFOLOGIA

João Batista da Silva Pereira
Josimar Ribeiro de Almeida

1. Introdução

A dispersão irregular dos oceanos, continentes e ilhas, as diversas formas de relevo, a variedade climática e as diferentes composições de rochas e solos, são alguns fatores que determinam a distribuição dos seres vivos sobre a superfície do planeta, que se dá de maneira muito peculiar.

A ciência que estuda a distribuição geográfica das plantas e animais, dá-se o nome de Biogeografia. Para Dansereau (*in* Robinson, 1972), a Biogeografia "estuda a origem, distribuição, adaptação e associação de plantas e animais". Afirma ainda que "estende-se através dos campos da Ecologia Vegetal, Ecologia Animal e Geografia, com muita superposição à Genética, Geografia Humana, Antropologia e Ciências Sociais".

BIOGEOGRAFIA E GEOMORFOLOGIA

Há aqueles que preferem o emprego mais amplo, considerando-a como responsável pelo estudo da distribuição geográfica de todos os seres vivos; e até mesmo os mais antropocêntricos como Anderson (1951, *in* Robinson, 1972), em seu livro *Geography of Living Things*, que entende a Biogeografia como o estudo das relações biológicas entre o homem, considerado tão-somente como um animal, e todo seu ambiente animado e inanimado. Enfatiza a importância da conexão homem-ambiente físico visto que influências biológicas, sempre afetam ao homem e influenciam onde e como ele vive.

Para Robinson (1972), a Biogeografia, além de estudar a distribuição geográfica das plantas e dos animais, também o faz com os solos e aspectos particulares do homem, este considerado como animal, capaz de desenvolver importante papel na biosfera por meio de suas atividades que alteram o equilíbrio natural.

2. Princípios Gerais da Biogeografia

Na realidade, não há como se compreender a diversidade, presença ou ausência, dos seres vivos na superfície do Planeta sem que se pesquise e avalie as mudanças e condições ambientais presentes e pretéritas, bem como os fatores que atuaram, inclusive o antrópico, e que influenciaram na atual distribuição destes seres.

A correlação da Biogeografia com Edafologia, Climatologia, Paleontologia, Geologia, Ecologia, Zoologia, Botânica e Geografia, dentre outras, é condição essencial para que ela atinja os seus objetivos. Este ramo das ciências, quando voltado para o estudo dos vegetais, recebe o nome de Fitogeografia e para os animais Zoogeografia, podendo ser empregado, ainda, no estudo de categorias taxonômicas como famílias, gêneros, espécies, subespécies e raças, bem como populações e comunidades.

A atuação da Biogeografia se dá na região do planeta denominada biosfera. Segundo Ramade (1977) "biosfera é a região do planeta que compreende o conjunto de todos os seres vivos e na qual se faz possível sua existência". Esta definição procura ressaltar que partes do planeta como as calotas polares e altas montanhas, não são favoráveis ao desenvolvimento e sobrevivência de organismos, apesar de esporadicamente lá ocorrerem, mas não se estabelecem de forma permanente ou por longos períodos. Estas regiões são denominadas parabiosfera. Portanto, a biosfera pode ser entendida como uma película que envolve o planeta e é constituída por litosfera, hidrosfera e atmosfera. A espessura desta película é impossível de ser definida, visto que prospecções petrolíferas encontraram microorganismos em rochas perfuradas à profundidade de 365m; algumas formas de vida têm sido encontradas em oceanos à profundidade de 10km; esporos de fungos foram coletados a cerca de 11km de altitude e a NASA detectou presença de bactérias a 22km de altitude (Robinson, 1972).

2.1. Fatores Determinantes da Biogeografia

Quando um novo organismo se origina, seja a nível de espécie, subespécie ou variedade, tende a ocupar áreas que lhes são ecologicamente favoráveis, estando o ritmo desta ocupação e sua extensão total na dependência de diversos fatores.

Fatores geográficos

Desempenham importante papel na distribuição dos organismos biológicos por toda a biosfera. Um acidente geográfico pode funcionar como veículo de dispersão para determinadas espécies e como barreira intransponível para outras. O istmo do Panamá impediu o movimento de espécies marinhas entre os oceanos Pacífico e Atlântico, ao mesmo tempo que permitiu a movimentação da flora e da fauna entre as Américas do Norte e do Sul. Acredita-se que muitos gêneros e espécies de plantas e animais tenham-se utilizado da Cordilheira dos Andes como rota entre as Américas Central e do Sul e entre o norte e o sul da América do Sul, enquanto que esta mesma cordilheira constituiu-se em barreira para as espécies da costa do Pacífico, que não alcançaram a porção oriental do continente sul-americano ou mesmo dos Andes. Também os corpos d'água, notadamente mares e rios, funcionam como rota de migração (distribuição) para organismos aquáticos e obstáculos para os terrestres; as correntes marítimas são responsáveis ainda pelo povoamento de áreas remotas como ilhas e continentes.

Fatores edáficos

A grande variedade de solos, nos diversos locais da superfície do planeta, resulta de suas propriedades e natureza, e permite-nos identificá-los também como co-responsáveis pela distribuição de muitos seres vivos na biosfera. A porosidade, os teores de areia, silte, argila, sais e minerais, a capacidade de retenção de água e de troca de cátions são algumas características que os solos apresentam e que facilitam ou impedem vegetais e animais (estes notadamente de vida subterrânea) de colonizarem determinadas áreas.

Muitas plantas têm grande amplitude ecológica (valência ecológica) vicejando em vários tipos de solos; outras são mais exigentes, ou limitadas, e somente vicejam naquelas superfícies onde o substrato lhes é totalmente favorável. Há ainda espécies em que foram selecionadas adaptações e povoam solos arenosos, salinos, hidromórficos ou pobres em nutrientes, características estas limitantes (fator ecológico limitante) à maior parte dos vegetais, evitando, assim, a competição, isto é a concorrência pelo mesmo habitat.

São exemplos as espécies: *Rhizophora mangle* e *Avicennia schaueriana*, que habitam os solos de vasa, inconsistentes e salobros; *Alternanthera maritima, Ipomoea pes-caprae* e *Philoxerus portulacoides* nos ambientes arenosos-salinos das praias e dunas, *Typha domingensis* e *Cyperus ligularis* nos solos inundáveis e brejosos das restingas, e *Ceiba petandra* e *Virola surinamensis* nos solos de várzea da Amazônia.

Alguns animais, de vida subterrânea ou não, têm sua distribuição atrelada às características pedológicas como oligoquetos (minhocas e outros) nos solos úmidos, e *Liolaemus lutzae* (lagartixa da areia) e *Ocypode quadrata* (maria farinha) nos solos arenosos-salinos do ecotono praia-restinga.

Fatores climáticos

De todas as variáveis que influem na distribuição dos seres vivos a climática é uma das mais importantes, principalmente no que diz respeito à vegetação. Os limites superior e inferior de tolerância das plantas com relação à temperatura, luz, vento, umidade e pluviosidade, são bem definidos para cada espécie. Excesso ou ausência de qualquer um destes fatores resulta na incapacitação para o desenvolvimento do ciclo vital: não há por exemplo germinação, crescimento, floração ou frutificação satisfatórios.

A grande biodiversidade nos trópicos deve-se essencialmente aos fatores climáticos, onde há alta incidência de luz, umidade elevada e temperaturas médias mensais variando entre 18°C e 32°C, raramente excedendo estes limites (Unesco-PNUMA, 1980), enquanto que nas regiões temperadas as baixas temperaturas (invernos rigorosos) servem de fator limitante a um grande número de espécies, caracterizando-se assim por uma diversidade biológica bem menor que a das regiões tropicais.

Também, a fauna tem sua distribuição definida pelas variáveis climáticas, principalmente no que se refere às temperaturas. Nas regiões temperadas e frias há uma fauna especializada em armazenar reserva alimentar para suprir o período de escassez, que pode chegar a seis meses, e uma tendência à hibernação ou migração neste mesmo período. O número de famílias, gêneros e espécies naquelas regiões são, conseqüentemente, bem inferiores às existentes nas tropicais.

As espécies animais sob influência do clima tropical, apresentam adaptações mais significativas às variações diárias como temperatura e luminosidade. Citamse, como exemplo, animais dos desertos e regiões áridas que se ocultam sob rochas, plantas ou no interior de cavernas durante o dia, fugindo das altas temperaturas e intensa luminosidade, aparecendo à noite, quando mudam as condições climáticas que lhes são adversas.

Há de ressaltar-se que, na região tropical, muitas áreas apresentam temperaturas baixas em certos meses do ano, em função da altitude (montanhas, cordilheiras e planaltos), onde existem fauna e flora bem adaptadas; e muitas espécies animais também migram.

Fatores bióticos

Os seres vivos também são importantes na distribuição dos organismos sobre a superfície do planeta. A procura por alimento e abrigo faz com que a fauna se estabeleça de forma definitiva ou temporária numa área em função, direta ou indiretamente, da cobertura vegetal. Sendo assim, a flora tem influência vital na distribuição geográfica da fauna.

A competição entre espécies vegetais por nutrientes, espaço e luz, bem como a capacidade de algumas plantas secretarem substâncias que inibem (substâncias alelopáticas) o estabelecimento ou crescimento de outras, configuram a ausência de certas espécies em inúmeras áreas que normalmente lhes seriam favoráveis ao estabelecimento.

Animais herbívoros ou nectívoros têm a capacidade de levar sementes e pólens a dezenas de quilômetros de distância, seja nos pelos, bicos, cabeça ou intestino, caracterizando-se, assim, como vetor de dispersão e polinização, contribuindo para a distribuição de plantas por extensas áreas ou superfícies remotas como, por exemplo, as ilhas.

Alguns animais utilizam-se de outros para locomoverem-se, fenômeno este denominado foresia, e desta maneira povoam novas áreas.

BIOGEOGRAFIA E GEOMORFOLOGIA

Fatores humanos

Apesar de ser um fator biótico, o homem será considerado aqui de maneira isolada. O ser humano é encontrado praticamente em toda a biosfera e vem há centenas de anos extinguindo inúmeras espécies animais e vegetais, além de introduzir outras em várias partes do mundo. Assim sendo, o homem com seus cultivos, criações e extermínios tem modificado significativamente as áreas geográficas de muitas espécies.

Morfologia de unidade orgânica de propagação (diásporo)

As formas, pesos e resistência às intempéries são algumas características de frutos e sementes que têm grande importância na distribuição dos vegetais. Frutos carnosos e saborosos que podem ser comidos por animais; sementes leves, aladas ou revestidas por pelos, espinhos ou substâncias pegajosas, susceptíveis de serem levadas por ventos, correntes de água e animais, garantem uma chance de dispersão muito maior às plantas que as produzem do que àquelas que apresentam diásporos pesados, não alados, vulneráveis ao calor ou à umidade.

Poder germinativo

A capacidade de deixar grande número de descendentes faz com que certos grupos de organismos tenham chances de existir por muito mais tempo e de se distribuirem por amplas áreas. Determinados animais reproduzem-se várias vezes por ano, com grande número de descendentes por geração. Muitas plantas produzem grande quantidade de sementes que germinam com rapidez e facilidade em áreas novas, ou mantêm-se em estado latente até que as condições ambientais lhes sejam favoráveis e então germinam. Estas características reprodutivas favorecem para que tais grupos de organismos tornem-se cosmopolitas, ou seja, distribuem-se praticamente por todo o mundo.

Multiplicação vegetativa

Este meio de dispersão tem significado maior para as espécies criptógamas (vegetais sem órgãos sexuais aparentes) como os líquens, cujas porções de micélio ao separarem-se da colônia mãe podem originar outras, em áreas distantes, ao serem carreadas por vetores de dispersão (Cabrera, 1973). A multiplicação vegetativa nas plantas superiores promove uma ampliação da área de distribuição de forma muito lenta e contribui, principalmente, para a dominância de certas espécies no local de origem, que muitas vezes chegam a cobrir extensas áreas.

Antiguidade dos grupos de organismos

Teoricamente as possibilidades de espécies antigas estarem mais distribuídas por extensas áreas são bem maiores do que a das espécies mais novas, visto que o tempo considerado, nestes casos, refere-se a milhares e muitas vezes milhões de anos, o que teoricamente dá grande vantagem às espécies mais antigas. No entanto, para que estas comparações fossem feitas com absoluta imparcialidade, seria necessário que todos os fatores fossem mantidos com os mesmos graus de influência, ou seja, morfologia, adaptabilidade, clima e outros, teriam que agir de forma idêntica sobre os organismos em comparação, durante todo o tempo, o que sabemos ser impossível.

Também, o nível taxonômico deve ser considerado, pois uma espécie ao distribuir-se por extensas áreas sofrerá alterações proporcionando o surgimento de subespécies, variedades ou mesmo espécies novas, deixando de ser uma espécie de grande distribuição geográfica. Assim sendo, a distribuição, quando considera a idade dos organismos, deve ser estudada a nível de categorias superiores como famílias e gêneros e não somente espécies.

Deve-se ressaltar que grupos de organismos, que no passado estiveram dispersos por extensas áreas (os fósseis comprovam isso), encontram-se na atualidade restritos a pequenas áreas (relíquias, refúgios) em função da perda ou diminuição da capacidade de evoluir ou adaptar-se.

Plasticidade genética e tolerância ecológica

Muitos organismos de mesmo grupo (famílias, gêneros ou espécies) apresentam pouca variabilidade genética ou morfológica, isto é, são genética ou morfologicamente homogêneos e deixam descendentes com as mesmas características, sendo a capacidade de tolerar as condições ambientais idênticas entre progenitores e proles. Esta invariabilidade genética ou morfológica faz com que os descendentes necessitem das mesmas condições ecológicas que os seus antecessores, ocupando ambientes com características idênticas e torna-se fator negativo tanto para a ocupação de novas áreas quanto para a própria existência destes grupos de organismos.

Em contrapartida, aqueles grupos que apresentam

variabilidade genética ou morfológica e transmitem às suas proles tais características, que implicarão em maior capacidade de tolerar as diferenças e alterações ecológicas, estarão mais aptos a ocuparem novos ambientes, ampliando a área de distribuição.

Composição química

Os vegetais possuem compostos químicos que podem determinar sua ausência ou presença em certas áreas. Folhas, ramos ou raízes, quando apetitosos, podem tornar-se um fator limitante para a ocupação de novas áreas por certas plantas, e até mesmo preservação nas que se encontram. Entretanto, se os frutos são apetitosos ou as flores atraentes, tornam-se fatores positivos para a expansão das áreas de distribuição das plantas que os produzem, visto que são consumidos ou carregados por animais e as sementes ou pólens, levados para germinarem em novas áreas.

Quando os vegetais apresentam compostos tóxicos, em alguma de suas partes, não são consumidos por animais, sendo este um fator positivo para a expansão da área de distribuição destes vegetais.

3. Inter-relações das Dinâmicas Biológica e Geográfica

A biodiversidade é o expoente maior das inter-relações das dinâmicas biológica e geográfica. A importância dessas inter-relações levou James Lovelock, em 1979, à Hipótese Gaia, onde sustenta que "... os organismos, principalmente os microrganismos, evoluíram junto com o ambiente físico, formando um sistema complexo de controle, o qual mantém favoráveis à vida as condições da Terra" (*in* Odum, 1985).

3.1. Inter-relações Históricas e Filogenéticas: Geomorfologia e Biogeografia

Princípios gerais da distribuição

O entendimento da atual distribuição dos organismos na biosfera exige conhecimento e avaliação de fatos ocorridos há milhares de anos no planeta. A biodiversidade, principalmente nos trópicos, é resultado de processos evolutivos e sucessionais que vêm ocorrendo, em parte, em resposta às inúmeras alterações sofridas pelos diferentes ambientes.

O meio físico é bastante dinâmico. Durante toda a história da Terra, a superfície do planeta sofreu importantes mudanças climáticas e geomorfológicas que resultaram no surgimento de ambientes com características bem variadas. O movimento dos continentes, os períodos glaciais, notadamente o Pleistoceno, o aparecimento de complexos montanhosos como Andes, Himalaia e Alpes, a formação de mares, lagos e ilhas, são fatores que influenciaram diretamente na distribuição das espécies, que por conseguinte foram selecionadas pelas condições ecológicas dos novos meios constituídos, migrando, adaptando-se, sofrendo mutações ou mesmo extinguindo-se.

A presença ou ausência de entidades biológicas, nos mais variados ambientes, são conseqüências da atuação pretérita de fatores do meio físico, associadas às respostas dadas às mudanças ecológicas por aquelas entidades. Todavia, a partir do aparecimento do homem, este passou a desempenhar um importante papel, principalmente na atualidade, na distribuição da flora e da fauna na biosfera.

Regularidade na dispersão de floras e faunas

Mudanças significativas nas características ambientais, provocadas por alterações do clima, do relevo ou hidrografia, permitem a ocupação e expansão rápidas de organismos pioneiros ou oportunistas, sobre certas áreas, e determinam a extinção daqueles estabilizados e especializados. As glaciações, o surgimento de cadeias de montanhas, as alterações nas configurações nas linhas do litoral favoreceram o surgimento de novos genótipos.

A dispersão dos organismos no planeta pode ser explicada por duas hipóteses antagônicas. Uma defende que as áreas de latitudes altas teriam sido centros de dispersão centrífuga das espécies, aceitando que estas apresentam maior capacidade de competência e expansão, devido, em grande parte, às características mais acentuadas, tais como, maiores dimensões e fertilidade e por terem passado por processos seletivos rigorosos, quando das flutuações climáticas. Os ecossistemas se auto-organizam e atingem limites avançados, onde as espécies apresentam intensa multiplicação em número, menor número de descendentes, especialização, segregação ecológica e período de vida mais longo, ao contrário daqueles ambientes com clima em constante mudança, cujas populações estão submetidas a uma rápida taxa de renovação, pouco especializada, com substanciais mudanças organizacionais.

A outra hipótese defende as baixas latitudes como origem, alegando que nos trópicos há maior número de famílias de vertebrados terrestres e que as faunas das zonas temperadas têm as características de formas tropicais empobrecidas (Darlington, *in* Margalef, 1991). A deciduidade das árvores das zonas temperadas são características secundárias, em função de um ciclo climático, e não primitivas.

Todavia, os ambientes temperados e tropicais sofreram constantes alterações em função dos movimentos das placas continentais, das circulações marinhas, das flutuações climáticas, e qualquer hipótese defendida tem que estar fundamentada em informações geradas pela interpretação de paleocontinentes e paleoclimas.

Deriva continental e tectônica de placas

Edward Forbes, zoólogo inglês, escreveu em 1846 que a distribuição de determinadas plantas e animais só seria explicada se em algum momento parte do oceano tivesse sido terra. Humboldt, em 1801 escreveu que o Atlântico foi um imenso vale invadido pelo mar (Salgado-Labouriau, 1994). Mapas do século XVII já revelavam uma correspondência entre as formas dos litorais ocidental da África e oriental da América do Sul.

As idéias de Wegener, datadas de 1915, de que no período Permocarbonífero os continentes estiveram unidos, formando um único continente (Figura 4.1), que ele chamou de *Pangeae*, foram bastante criticadas na época, apesar de apresentar provas que sustentavam seus argumentos como: presença de tilitos (rocha sedimentar que tão-somente se forma sob grossa camada de gelo

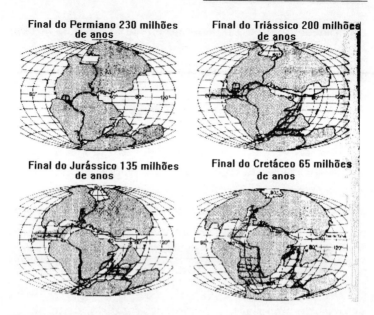

Figura 4.1 — *Fracionamento progressivo do Pangea ou massa continental primitiva. São indicadas as épocas a que se referem as distintas reconstruções hipotéticas e sua idade com relação aos tempos atuais. (Segundo Diez e Holden, in Margalef, 1991).*

glacial) da mesma idade na Índia, Austrália, África do Sul e Brasil, todas regiões atualmente de clima quente; presença de flora do Carbonífero em minas de carvão da Europa e América do Norte; minas de diamantes e formações geológicas, com rochas e estruturas, idênticas nos lados Atlântico dos continentes Africano e Americano do Sul, além da presença de vários elementos de mesmo gênero na flora e na fauna dos continentes Africano, Australiano, Asiático e Americano.

A partir da década de 1960 a hipótese de Wegener tornou-se consenso quase geral e a então denominada Teoria da Deriva Continental passou a ser sustentada por argumentos até então não existentes, como evidên-

BIOGEOGRAFIA E GEOMORFOLOGIA

cias paleoclimática e paleomagnetismo. Nos dias atuais são cada vez mais fortes as evidências geológicas, geográficas e biológicas que fundamentam a teoria do movimento dos continentes.

A teoria da Tectônica de Placas (Teoria Tectônica Global) teve sua origem em 1960 (Salgado-Labouriau, 1994) e obteve logo vários adeptos, visto que se propôs a explicar questões como formação, topografia e estrutura da crosta terrestre.

A espessura da crosta terrestre continental é em média de 35km (65km nas grandes montanhas) e 6km no fundo do mar. Estas duas crostas reunidas (continental e oceânica) formam a litosfera, que se caracteriza por ser rígida e encontra-se apoiada numa camada plástica, viscosa, de material medianamente fundido, denominada astenosfera, que por sua vez apóia-se numa outra camada rígida, mesosfera, do manto terrestre. Esta intercalação de camadas rígidas por uma viscosa, resulta num sistema altamente instável.

A litosfera caracteriza-se, ainda, por apresentar-se de forma fragmentada, fragmentos estes denominados placas tectônicas, das quais se destacam, por serem maiores, a Africana, Indo-Australiana, Sul-Americana, Norte-Americana, Eurásica, Antártica e Pacífica.

Correntes de convecção térmica, processadas na astenosfera, provocam os movimentos das placas tectônicas e os deslocamentos dos continentes são conseqüências destes movimentos. São os choques entre as várias placas que provocam os terremotos, erupções vulcânicas e arcos de ilhas.

Quando uma placa oceânica choca-se com uma outra continental, há um soerguimento no continente,

210

BIOGEOGRAFIA E GEOMORFOLOGIA

fato que caracterizou, por exemplo, o surgimento dos Andes. Se o choque se dá entre placas oceânicas, surgem os arcos de ilhas, como as do Caribe e do Japão, e se ocorrem entre placas continentais ambas se deformam, dando origem, também, a montanhas como as do Himalaia. Tanto a separação dos continentes quanto o surgimento de novas áreas (ilhas) e barreiras (Andes e Himalaia), são fatores de grande importância para a distribuição geográfica das espécies.

História ecológica da biogeografia contemporânea

Acredita-se que no final do Paleozóico, há cerca de 250 milhões de anos, o grande continente *Pangeae* começou a fragmentar-se, dando origem a dois novos continentes: um que deslocou-se para o sul, denominado Gondwana, que corresponderia à América do Sul, África, Índia, Antártida e Austrália, e o outro que dirigiu-se para o norte, denominado Laurásia, que englobaria a América do Norte, Europa e Ásia (menos a Índia). Em seguida, no Mesozóico, houve uma série de alterações ambientais, em conseqüência de novas fragmentações, derivas continentais e surgimento de novos oceanos.

Sob influência de flutuações climáticas marcantes, o continente Gondwano parece ter sido palco da primeira dispersão biogeográfica centrífuga importante, enquanto que no norte, no Laurásia, a dispersão se deu desde o Terciário, também correspondendo às flutuações climáticas que lá ocorriam bem antes do período glacial do Pleistoceno. As regiões situadas entre estes dois centros de dispersão biogeográfica atuaram como áreas de acumulação e reserva biológica, e conseqüentemente centros secundários de dispersão biogeográfica.

Fazia parte ainda destas regiões o mar de Tethys, que se caracterizava como uma barreira, dificultando a passagem de organismos entre os dois continentes.

O oceano Atlântico pode ter levado cerca de 100 milhões de anos para se estabelecer; as separações entre América do Norte e Europa, a partir do Triássico, e América do Sul e África, tiveram início no sul, sendo o alargamento do Atlântico norte portanto, mais recente.

O Atlântico setentrional tem fauna moderna indicando que houve dispersão vinda do norte; a flora e a fauna do Pacífico norte são mais ricas em espécies do que as do Atlântico. Há grande semelhança entre os organismos do litoral atlântico europeu e americano, com muitos animais em comum. Os mares do Caribe e Mediterrâneo conservam organismos antigos, oriundos provavelmente de dispersões nórdicas, apesar de que o Mediterrâneo tem sofrido alterações na sua salinidade, provocando empobrecimento na sua fauna.

Segundo Margalef (1991) "as glaciações constituem a etapa final das distribuições centrífugas centradas sobre os blocos continentais nórdicos. O hemisfério sul não foi tão efetivo a este respeito, pelo menos nos tempos Mesozóicos e tem um caráter mais conservador".

A região australiana apresenta formas biológicas arcaicas e pouco evoluídas. São acentuadas as relações bióticas entre Austrália, Nova Zelândia, Antártida e os extremos sul da África e América, e suas floras e faunas são em geral muito antigas. A Antártida, de acordo com seus fósseis, desempenhou papel de destaque na distribuição de espécies e apresenta hoje fauna marinha costeira bastante diversificada, bem mais que aquelas equivalentes dos mares do norte.

A zona tropical configura-se em um obstáculo à migração entre as zonas temperadas boreal e austral, sendo considerada pobre a fauna de clima temperado sul-americano. A flora africana é bem mais pobre, no entanto a África tem sofrido muitas mudanças climáticas e as disposições e alturas das suas montanhas têm permitido a condução de espécies até o extremo norte, regiões próximas ao Mediterrâneo, conforme comprovam os fósseis. A região oriental, envolvendo Índia e sudeste da Ásia, possui grandes afinidades florísticas com a região Etiópica.

Importantes extinções ocorreram, nos fins do Paleozóico, nos primórdios do Cenozóico e no Pleistoceno, seguidas de expansão de novas faunas e floras, ligadas às modificações ambientais.

Pleistoceno

Muitas foram as flutuações climáticas que ocorreram no Planeta, notadamente a partir do Mioceno, crescendo em intensidade até atingir o Quaternário. Apesar destas flutuações terem modificado, com grande rapidez, os ambientes das latitudes médias, atenção maior é dada ao período Pleistoceno em função da extensa documentação existente que serve para referendar mudanças ocorridas em épocas mais remotas e auxiliar na interpretação das presentes distribuições biogeográficas, visto que muitos fósseis encontrados em terrenos quaternários têm correspondentes atualmente vivos.

As glaciações atuaram de forma diferente sobre os continentes, com características bem distintas nos hemisférios norte, onde são extensas as massas continentais, e sul, cujo clima mais oceânico e estável teve

BIOGEOGRAFIA E GEOMORFOLOGIA

papel importante ao amenizar os efeitos das grandes concentrações de gelo. Há, ainda, indícios de que as últimas glaciações podem ter afetado os hemisférios de maneira alternada. O acúmulo de gelo nos períodos glaciais fez com que houvessem mudanças nos níveis dos mares, pela diminuição de água no estado líquido e peso da massa de gelo nas placas continentais, e conseqüentes variações nas linhas dos litorais.

As informações, a respeito do que pode ter ocorrido durante o Pleistoceno, vêm das interpretações do clima (glacial) e dos fósseis encontrados em sedimentos marinhos e lacustres, turfeiras e solos.

Disjunções e relíquias terrestres e de água doce

Entende-se por disjunções certas áreas isoladas que se identificam por apresentarem espécies que lhes são características, sendo melhor compreendidas quando se parte do princípio que no passado fizeram parte de uma área contínua. A permanência de áreas individualizadas, como testemunho de uma abrangência muito maior em um passado remoto, confere-lhes as denominações de áreas relíquias ou refúgios (ecológicos).

Os taxa (plural de taxon), unidades taxonômicas de categorias não especificadas, que podem ser famílias, gêneros, espécies etc. que nas fases glaciais habitavam as partes mais baixas da Europa Central e regiões equivalentes da América do Norte e Ásia, voltaram a se dispersar quando retornaram às condições climáticas que lhes eram favoráveis, alcançando montanhas localizadas na mesma latitude e outras áreas, não cobertas por gelo, no sentido norte, estabelecendo assim a disjunção boreal-alpina, que apresenta inúmeras espécies próprias, da flora e da fauna, e que tornou-se um grande centro de dispersão.

Organismos de água doce constituem-se, também, excelente material de estudo sobre áreas disjuntas. Algumas espécies que alcançaram a Península Ibérica, dispersas da disjunção boreal-alpina, foram identificadas como originárias da própria Europa, enquanto que as das áreas nórdicas correspondem a um terço daquelas. Segundo Margalef (1991) "a disjunção de formas de água doce vai quase sempre unida a um início de subespeciação".

Disjunções e relíquias marinhas

Durante os períodos glaciais e interglaciais as temperaturas das águas de superfícies oceânicas, a salinidade e a circulação das correntes variaram muito. Acredita-se que toda a fauna marinha respondeu a estas mudanças, ora expandindo ora retraindo suas áreas, habitando em certos momentos águas mais profundas, em outros as superfícies.

As alterações ambientais desencadearam processos de extinção e conservação de espécies, bem como estabeleceram disjunções, relíquias e refúgios marinhos. O mar Adriático apresenta áreas com afinidades ecológicas com o oceano Atlântico, possui organismos cuja dispersão pelo mar Mediterrâneo se deu em épocas frias, e se caracterizam como disjunções.

Populações disjuntas ocorrem nas partes internas dos golfos do México e da Califórnia, acreditando-se que tenham ali chegado vindas do norte, durante épocas frias e então permanecendo devido às condições ambientais adversas nas partes externas das penínsulas.

Vulcanismo

Este fenômeno é responsável tanto pelo desaparecimento quanto pelo surgimento de formas de vida em determinado local. Um vulcão ao tornar-se ativo, em superfície continental, produz grande quantidade de lavas incandescentes que sendo viscosas têm alcance relativamente curto e derramam-se sobre áreas próximas ao ponto de erupção; todavia se são fluidas, utilizam-se da declividade do terreno, conduzindo-se muitas vezes para cursos d'água (rios ou córregos), e atingem grandes distâncias. Estas erupções paralisam as atividades biológicas sob seu alcance, não só pela deposição de material como também pela interceptação da luz solar e aumento extremo das temperaturas na atmosfera e na água. Os gases tóxicos exalados e as nuvens carregadas de partículas e fragmentos do próprio magma, ou de rochas consolidadas, possuem grande potencial destruidor.

Quando a atividade vulcânica se dá em terrenos submersos, há principalmente movimentos sísmicos, aquecimento da água, exalação e surgimento de ilhas temporárias ou permanentes. Ocorrem portanto, destruição e surgimento de inúmeros ecossistemas marinhos.

As ações destruidoras são assim conseqüências imediatas. Com o passar dos anos (décadas e séculos), as atividades vulcânicas adquirem novos aspectos nos campos geológico, geomorfológico, pedológico e biológico, cujos resultados são: aparecimento de ilhas (por exemplo Havaí, Japão, Fernando de Noronha, Trindade), novas formas de relevo e formação de solos, sobretudo férteis, que possibilitam a ocupação das áreas por novas formas de vida.

Epirogênese

Fenômeno que se identifica pela movimentação vertical de extensas superfícies continentais, afetando grandes áreas, produzindo inchamento (intumescência) ou depressões (bacias). Ao levantamento de certas partes do continente corresponde o abaixamento em outras.

São movimentos lentos mas que tiveram grande importância na formação de ecossistemas, notadamente os costeiros, cujas influências do nível do mar são diretas. Estes ainda são responsáveis pelos gradientes da superfície terrestre e cooparticipam nas configurações das drenagens, que resultam numa maior ou menor capacidade de transporte fluvial e conseqüente sedimentação nas partes mais baixas do relevo.

Segundo Leinz e Amaral (1966) há um levantamento de 19cm a cada meio século em Estocolmo (Suécia) e um abaixamento de 30cm por século na Holanda. Estão em processo de ascensão as costas da Grécia, Sicília, Sardenha, sul da Espanha, da França e Escandinávia, e em processo de abaixamento o norte da França e norte da Alemanha. Todavia, os movimentos epirogenéticos têm sua significância maior e com elevado grau de confiabilidade quando expressos histórica e geologicamente.

Glaciação

O planeta experimentou várias glaciações que por diversas vezes avançaram e recuaram sobre os continentes, sendo as mais importantes as do Pleistoceno, e acredita-se que a área coberta de gelo, há cerca de um milhão de anos atrás, era três vezes maior que a atual. A presença de grande massa de gelo sobre os continentes fez afundar parte da crosta e há provas, na Europa e na

América do Norte, de que o peso do gelo provocou movimentos epirogenéticos.

O movimento de degelo também tem grande importância na morfologia dos continentes, e conseqüentemente na paisagem dos ecossistemas, visto que há processos de erosão, inundação e desconfiguração de litorais em função da elevação do nível médio do mar. Segundo Leinz e Amaral (1966) os fiordes da Noruega originaram-se, em parte, da erosão glacial associada a um levantamento do nível do mar e vários vales na África do Sul foram formados pela glaciação permocarbonífera.

Erosão

O processo erosivo é importante na modificação da morfologia continental, possuindo vários agentes causadores tais como: vento, mar, cursos d'água, chuva e gelo. O vento tem a capacidade de carregar as partículas que compõem a camada superficial do solo e depositá-las a grandes distâncias, modificando os ecossistemas, como ocorre nos litorais arenosos e danificando coberturas vegetais e alguns ambientes lacustres. As chuvas, quando torrenciais ou constantes, arrastam imensas quantidades de solo, depositando-as em depressões, e deixando para trás uma superfície arrasada e modificada quanto ao padrão de distribuição biótica.

A erosão marinha é responsável pela constante modificação do litoral, enquanto que a fluvial e a provocada pelo degelo, atuam mais significativamente nos vales, aprofundando-os cada vez mais, e nas margens. Tanto o mar como os cursos d'água são responsáveis pela formação de grandes grutas. São todos processos modificadores das condições de distribuição dos organismos vivos.

3.2. Inter-relações Estruturais e Funcionais do Clima-Solo-Biota

O clima, através de seus componentes chuva, temperatura e vento, direciona os processos intempéricos e desempenha importante papel na formação do solo, que, quando ainda jovem guarda evidentes características da rocha matriz, mas com o passar do tempo as perde e adquire íntima ligação com o clima e a vegetação dominantes. Há, evidentemente, uma relação muito forte entre clima, solo e vegetação, com influências mútuas e simultâneas entre eles e que se processa por tempo e intensidade indefinidos.

Sobre solos desnudos, pastagens ou lavouras, o aquecimento da atmosfera é bem maior do que sobre áreas onde há cobertura florestal densa. As chuvas nas superfícies florestadas ocorrem, salvo algum fenômeno meteorológico maior, de forma regular, enquanto que, nas superfícies superaquecidas, por ausência de cobertura vegetal, as chuvas são irregulares e torrenciais. Estas irregularidades e intensidades pluviométricas provocam escoamento superficial intenso, percolação (com lixiviação), compactação e erosão do solo, o que dificulta o estabelecimento de vegetação. O aquecimento dessas superfícies provoca, também, uma violenta ascensão do ar sobre elas, que pode interferir acentuadamente na cobertura vegetal e desestruturar parte da camada superficial do solo, arrastando-a e depositando-a em outros locais, inclusive em corpos d'água.

Acredita-se que o surgimento de muitos desertos em regiões ocupadas no passado por prósperas civilizações, como no Egito, Oriente Médio e México, foi em função da retirada da vegetação nas principais bacias hidrográficas, que favoreceram a erosão e a perda da camada superficial do solo, e do próprio uso inconseqüente dos solos, que os tornaram estéreis.

Cada espécie vegetal absorve elementos distintos do solo, suas raízes atingem profundidades diferentes, umas são ricas em amidos e proteínas, outras em celulose e ligninas, pobres ou ricos em cálcio, acumulam ou não determinados minerais, são mais ou menos exigentes quanto as condições ambientais, desenvolvem-se com um mínimo de substâncias nutritivas ou não, ciclo de vida curto ou longo.

Os solos apresentam uma fauna variadíssima, composta por microfauna (protozoários, rotíferos, nematóides), mesofauna (ácaros, colêmbolos) e macrofauna (minhocas, centopéias, insetos). Todos os organismos que vivem no interior do solo contribuem de alguma forma para o seu desenvolvimento e para sua bioestrutura, que se caracteriza pela grumosidade, ou seja, porosidade que permite infiltração de água e penetração de ar e de raízes. O solo ao perder sua bioestrutura, por mau uso ou fenômeno natural, fica sujeito a processos erosivos acelerados.

Para decomposição de certos grupos de vegetais atuam microrganismos específicos, visto que estes são exigentes quanto à sua nutrição. Mesmo as partes de um único vegetal (folhas, caules, galhos, flores, frutos e raízes) podem ser decompostos por microrganismos diferentes. Os microrganismos atuando na decomposição da matéria orgânica, produzem inúmeras substâncias que ajudarão, em solos úmidos e de boa aeração a formar o húmus. A ingestão de matéria orgânica e minerais pelas minhocas, submete-os às enzimas digestivas, resultando em resíduos com grande quantidade de nitrogênio, cálcio, magnésio, fósforo, potássio e também matéria orgânica. Estes vermes da terra são ainda responsáveis, juntamente com outros animais, pela construção de dutos que servem a aeração e a drenagem, pelo revolvimento do solo ao transportar material de posição subjacente para a superfície e transportam também material orgânico não decomposto, utilizado na sua alimentação, misturando-o ao solo.

Os organismos são essenciais nos processos dinâmicos que ocorrem nos solos. Segundo Primavesi (1980), nas regiões tropicais com mata virgem, 20 a 40 toneladas de matéria orgânica, por hectare, retornam todo ano ao solo; com pastagem queimada 3t/ha/ano e com culturas de trigo e milho (restolhos e palha) 8t/ha/ano e 10 a 12t/ha/ano, respectivamente. Isto demonstra que o solo está sempre sendo reabastecido de nutrientes, visto que sua fauna atua eficientemente na decomposição da matéria orgânica. Segundo a mesma autora, citando Dunger (1964) e Kevan (1965), "... em um metro quadrado de solo pastoril, até 30cm de profundidade, vivem: de $18x10^5$ a $12x10^7$ nematóides, de $2x10^4$ a $4x10^5$ ácaros, de 10^4 a $44x10^4$ colêmbolos, de $12x10^2$ a $29x10^2$ centopéias, milipés e outros, de $2x10^2$ a $5x10^2$ formigas, de $6x10^2$ a $2x10^3$ minhocas (oligoquetos), de 10^4 a $2x10^5$ minhocas miúdas (*Enchytrides*), de 20 a 103 moluscos, cerca de $15x10^7$ protozoários e 60g de larvas de insetos". Ressalta porém, que o mais importante não é a quantidade de indivíduos ou o peso total (somente 619g, correspondendo a 0,206% do solo, neste exemplo), mas sim a taxa de renovação que nos protozoários, ameba principalmente, chega a ter 3 a 4 gerações por dia e em certos nematóides uma geração a cada 21 dias em média, e esta taxa de renovação alta está diretamente ligada ao controle das populações por seus predadores. Assim tem-se, por exemplo, nematóides e amebas predando bactérias, fungos, algas, protozoários e nematóides; ácaros predando planta viva, bactérias, nematóides, colêmbolos, ácaros, larvas de insetos, aranhas e minhocas; e colêmbolos alimentando-se de planta viva, matéria orgânica, bactérias, fungos, protozoários, colêmbolos, cupins e minhocas. Todo este processo predatório resulta em constante incorporação de nutrientes no solo, que por sua vez coloca-os à disposição das plantas e das cadeias e teias tróficas, baseadas nas mesmas.

3.3. Inter-relações Biogeoquímicas

Durante toda a sua história de aproximadamente 4,5 bilhões de anos, o Planeta Terra vem recebendo energia do sol e acredita-se que há cerca de 2 bilhões de anos, iniciou-se a formação da biosfera com o desenvolvimento dos primeiros organismos marinhos, que fixaram energia em compostos orgânicos e liberaram oxigênio durante a quebra de moléculas de água. Gradualmente foi-se constituindo uma atmosfera às custas de oxigênio molecular (O_2), liberado por células vegetais marinhas, e que se transformou em um verdadeiro filtro protetor (O_3 – ozônio), não permitindo que determinados raios solares nocivos à vida (ultra-violeta) atingissem diretamente a superfície do Planeta. De acordo com Cloud e Gibor (1974) "o oxigênio da atmosfera foi originalmente colocado nela pelos vegetais. Portanto, os vegetais primitivos tornaram possível a evolução dos vegetais superiores e dos animais que necessitam de oxigênio livre para seu metabolismo".

Há milhões de anos, novos grupos de plantas e animais vêm se sucedendo evolutivamente, sempre se utilizando da energia oriunda do sol, nutrientes minerais, água e recursos bióticos. Todo esse processo, atuando em conjunto com as mudanças físicas, produziram a biosfera atual e uma infinidade de ecossistemas.

Para se compreender a distribuição geográfica de espécies vegetais ou animais, faz-se necessário o conhecimento dos ecossistemas a que estão adaptados, e este conhecimento é facilitado quando se estuda os ciclos biogeoquímicos. Tais ciclos envolvem elementos químicos que são transportados do ambiente para os organismos e destes de novo para o ambiente, cada um com seu rumo característico. Os elementos minerais que penetram nos tecidos biológicos e passam a fazer parte da biomassa, retornam ao ambiente somente após a morte dos organismos, ou de parte deles, a que estão incorporados, havendo portanto pontos de estagnação no ciclo de alguns elementos.

Os principais ciclos biogeoquímicos são os do carbono (C), do oxigênio (O), da água (H_2O), do nitrogênio (N), do fósforo (P), do enxofre (S) e dos cátions biogênicos potássio (K), cálcio (Ca) e magnésio (Mg). Ao avaliar-se a quantidade de elementos químicos que estão presentes em um determinado ecossistema, considera-se este, normalmente, como se fosse estático, pois a avaliação é feita com base no total armazenado nas partes que o compõe, em um determinado momento. No entanto, apesar da dificuldade, deve-se conhecer a velo-

BIOGEOGRAFIA E GEOMORFOLOGIA

cidade com que são feitas as transferências dos elementos de uma parte para outra.

Em um ecossistema florestal, por exemplo, a condução se dá pela incorporação de material orgânico, caído da parte aérea, no solo; pela água da chuva que ao escorrer pelas folhas, ramos e caules, provoca a lixiviação, e pela transferência dos elementos contidos no solo para raízes e partes aéreas das plantas e no sentido contrário, no próprio vegetal, das folhas para o caule e daí para as raízes. Há ainda que ser mensurado os elementos contidos nas populações animais com base nos hábitos alimentares e nas transferências que ocorrem durante as entradas (chuva, intemperismo das rochas) e saídas (escoamento) do sistema.

Nas florestas úmidas tropicais as transferências se processam com rapidez, em função das condições climáticas, de altas temperaturas e umidade e dos tecidos vegetais ricos em amidos e proteínas, que muito favorecem às ações de microrganismos (principalmente fungos e bactérias). O material que compõe a serapilheira, como caules, folhas, galhos, frutos, flores, fezes e restos animais, é decomposto liberando minerais para o solo. Golley *et al.* (1978) fazem comparações entre o material que cai em algumas florestas tropicais e as respectivas serapilheiras, demonstrando serem grandes as quantidades de matéria orgânica e de elementos minerais que são decompostos e incorporados aos solos anualmente (Tabela 4.1).

TABELA 4.1 — COMPARAÇÃO ENTRE MATERIAL QUE CAI EM ALGUMAS FLORESTAS TROPICAIS E AS RESPECTIVAS SERAPILHEIRAS (GOLLEY *ET AL.*, 1978)

FLORESTAS	Quantidade (kg) de matéria seca/ha/ano	Serapilheira (kg) matéria seca/ha/ano	Elementos minerais kg/ha/ano Ca Mg K P
Tropical úmida (Panamá)	11.350	6.200	240 22 129 9
Baixo montana úmida (Panamá)	10.480	4.820	98 33 91 3
Semi-caducifólia (Gana)	10.536	2.264	206 45 68 7
Pluvial (Colômbia)	8.520	5.040	– – – –
Sempre Verde (Nigéria)	7.170	3.040	– – – –

Ca = cálcio; Mg = magnésio; K = potássio; P = fósforo

Com base em estudos desenvolvidos, Golley *et al.* (1978), concluíram ainda que as águas das chuvas, na região de floresta tropical úmida, no Panamá, apresentam altas concentrações de potássio, cálcio, sódio e outros elementos. Águas estas que, ao passarem por entre as copas das árvores são enriquecidas com potássio, magnésio, ferro e cálcio, enquanto que ao deixarem o sistema, através de escoamento, levam grandes concentrações de potássio, cálcio, magnésio, ferro e sódio para rios e córregos.

4. Biogeografia e Formações de Novas Espécies

A variabilidade genética e a seleção natural explicam a evolução das espécies através dos tempos, quando complementadas pelo mecanismo de especiação geográfica, que se baseia na especialização ecológica, fragmentação do território e isolamento genético, explicam a multiplicação do número de espécies (formação de novas espécies), objeto de estudo da Biogeografia.

4.1. Teoria Sintética da Evolução

A moderna teoria da evolução apareceu como síntese dos conhecimentos adquiridos no campo da genética e do conceito darwiniano de seleção natural. Desde então tem se desenvolvida, enriquecida e ampliada graças à outras disciplinas como Zoologia, Botânica, Biologia de Populações, Ecologia, Antropologia, Paleontologia, Microbiologia, Bioquímica e Genética. Mais recentemente assumiu lugar de destaque a Biologia de Populações devido à importância da sua dimensão ecológica, deixando mais evidente as forças da seleção que direcionam as mudanças evolutivas e revitalizam as ciências geológicas.

A existência de espécies e seus respectivos habitats demonstram a grande variedade de inter-relações que há entre populações e ambientes e como são complexas, pois um mesmo habitat pode ser explorado de diversas formas. Estas inter-relações têm variado muito com o passar do tempo. Segundo Dobzhansky *et al.* (1980) "a forma como as populações de organismos tem reagido e estão reagindo frente às mudanças ambientais depende das características genéticas dos indivíduos assim como do tipo e da magnitude da variabilidade genética da população".

A seleção natural atua como uma ponte entre a variabilidade ou constância do meio ambiente e a mudança ou estabilidade evolutiva (Dobzhansky, 1980). A teoria sintética da evolução fundamenta-se, principalmente, na variabilidade genética. Há diferenças nos patrimônios genéticos dos indivíduos da mesma espécie que têm correspondentes diferenças morfológicas, fisiológicas e comportamentais; e na seleção natural, certos genótipos proporcionam nos indivíduos que os possuem, maiores probabilidades de deixar descendentes, tendendo a tornarem-se cada vez mais freqüentes nas gerações seguintes.

4.2. Especiação Geográfica e Especialização Ecológica

Os ecossistemas estão sempre se modificando embora, na maioria das vezes, de forma relativamente lenta, e toda área cujas condições ecológicas favoreçam a determinadas comunidades ou espécies, também sofrem alterações. Fatores climáticos, geológicos ou antrópicos podem causar a fragmentação das áreas fazendo surgir entre elas ambientes ecologicamente desfavoráveis à sobrevivência daquelas espécies.

Estes ambientes desfavoráveis são comumente denominados de barreiras ecológicas; montanhas, mares, rios, desertos e formações vegetais são exemplos maiores de barreiras, e as áreas fragmentadas quando se tor-

BIOGEOGRAFIA E GEOMORFOLOGIA

nam, com o passar do tempo, pequenas e isoladas, mas oferecendo, ainda, condições ambientais para sobrevivência de espécies que ali viviam anteriormente e compunham uma população maior, adquirem características de refúgios.

O significado maior das barreiras ecológicas é que elas fazem cessar o intercâmbio gênico (fluxo gênico) que havia entre os indivíduos das populações por ela separadas (Figura 4.2). Se no passado, qualquer indivíduo de uma população, que ocupava um vasto território, era capaz de cruzar com qualquer outro da mesma espécie, participando potencialmente do patrimônio genético da população (*gene pool*) e contribuindo para que toda novidade genética se propagasse pelo grande território, com o surgimento das barreiras ecológicas, as novidades genéticas ficam restritas às populações isoladas e as mudanças ambientais passam a ocorrer de maneira diferente nas áreas separadas pelas barreiras, o que proporcionará evoluções diversas e acúmulo de diferenças.

Este isolamento geográfico provocará um isolamento reprodutivo que por sua vez resultará no surgimento de espécies distintas (Figura 4.3). Segundo Mayr, (1977) "especiação geográfica significa reconstrução genética de uma população durante um período de isolamento geográfico (espacial)". As barreiras ecológicas, com o passar do tempo ou pela ocorrência de algum fenômeno, podem deixar de existir, reestabelecendo novamente o intercâmbio entre as populações separadas, sendo que este intercâmbio dependerá do grau de diferenciação alcançado pelas populações no período em que estiveram isoladas.

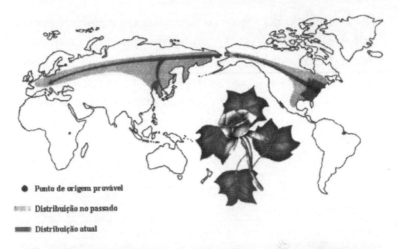

- Ponto de origem provável
- Distribuição no passado
- Distribuição atual

Figura 4.2 — *Distribuição passada e atual das tulipas, gênero* Liriodendron. *(American Institute of Biological Sciences, 1977).*

O estabelecimento de organismos em determinados ambientes, depende principalmente da capacidade de adaptarem-se às condições ecológicas dominantes. Os grandes biomas (Figura 4.4) como florestas tropical e temperada, tundra, savana e outros, estão subordinados ao clima. Os sistemas menores sofrem ainda influências de fatores edáficos, geomorfológicos e biológicos para estabelecerem-se. A fauna terrestre, por sua vez, tem sua distribuição correlacionada com as formações vegetais e as temperaturas.

As espécies, de uma maneira geral, exploram os ambientes pelos quais estão distribuídos, de forma peculiar, tendo algumas espécies capacidade de explorar ambientes bastante diversos, tolerando até mesmo condições extremas, tornando-se especialistas em aproveitar, da melhor maneira, os recursos ambientais, como espaço, alimento, luz, abrigo e local de reprodução. Toda esta especialização é configurada como nichos ecológicos destas espécies. Quando um mesmo recurso ambiental é explorado, num dado momento, por duas ou mais espécies e estes recursos são insuficientes para atender a toda demanda, ocorre entre estas espécies a competição (neste caso interespecífica) que, se processando por algum tempo, pode levar à preservação de uma delas e a extinção das demais.

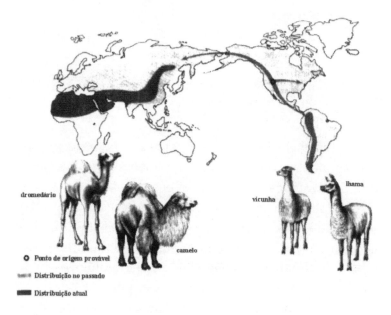

Figura 4.3 — *Distribuição passada e atual dos camelídeos. (American Institute of Biological Sciences, 1977).*

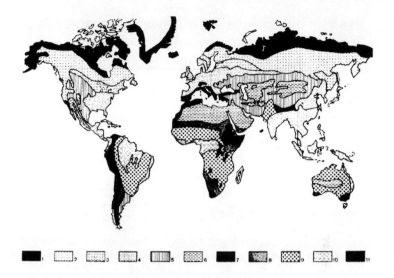

Figura 4.4 — *Distribuição dos grandes biomas: 1. Tundra. 2. Floresta boreal de coníferas. 3. Floresta mista de frondosas e coníferas. 4. Florestas deciduais e semideciduais. 5. Estepes. 6. Desertos. 7. Florestas esclerófilas mediterrâneas. 8. Semidesertos. 9. Savanas e Florestas abertas deciduais tropicais. 10. Florestas ombrófilas tropicais. 11. Ecossistemas de montanhas. (Modificado de Ramade, 1977).*

4.3. Distribuição Geográfica: Centro de Origem e Área Biogeográfica

Denomina-se centro de origem o local da biosfera onde originou-se determinada entidade biológica, que pode ser família, gênero ou espécie. Segundo Cabrera e Willink (1973), o centro de origem de uma família é o lugar onde o seu gênero mais primitivo teve origem e o centro de origem de um gênero é o lugar onde originou-se sua espécie mais primitiva.

Quando os organismos se difundem, a partir do

BIOGEOGRAFIA E GEOMORFOLOGIA

seu centro de origem, determinam aí um centro de dispersão primário; se o fazem de locais que não são os de origem, caracterizam um centro de dispersão secundário.

Entende-se por área biogeográfica a porção da biosfera ocupada por uma certa entidade biológica que poderá ser qualquer categoria taxonômica como família, gênero, espécie, subespécie ou variedade. A área geográfica de um organismo é o conjunto de localidades que ele ocupa ou é encontrado.

As áreas biogeográficas podem ser representadas em mapas ou cartogramas através de símbolos convencionais, sobre pontos que correspondem com exatidão, os locais onde foram encontradas as entidades biológicas estudadas. Quando se trata de representação inexata costuma-se usar as mesmas figuras, mas de forma tracejada, vazada ou pontilhada.

As denominações dos diferentes tipos de áreas advêm de suas características e, por diversas vezes, confundem-se com denominações dadas às espécies, gêneros ou famílias, que pertencem a estas áreas. São exemplos: as áreas cosmopolitas, que se estendem por quase toda superfície do planeta; as áreas continentais; as regionais, que correspondem à uma região biogeográfica; as locais, algumas vezes também denominadas endêmicas; polares; holárticas, das regiões temperadas do hemisfério norte; tropicais, ocorrem nos trópicos, diferentes das pantropicais que se estendem por toda a zona tropical; paleotropicais, nas partes tropicais da Ásia, África e Oceania; neotropicais, as das partes tropicais das Américas; austrais, as do sul dos trópicos; contínuas, que ocorrem de forma ininterruptas, ao contrário das descontínuas ou disjuntas; atuais, aquelas ocupadas por organismos estudados na atualidade; paleoáreas, aquelas que foram ocupadas por organismos em outros tempos geológicos; relíquias, remanescentes de uma área maior; progressivas, aquelas que se encontram em expansão, o contrário das regressivas; reais, são as efetivamente ocupadas pelos organismos em estudo; potenciais, as que poderiam ser ocupadas em função de suas características ecológicas e vicarias, são aquelas ocupadas por organismos afins.

5. Regiões Biogeográficas

Estudos detalhados sobre a distribuição de espécies vegetais e animais nas várias partes do mundo, levaram à proposição de diversas regiões ou reinos biogeográficos. Wallace, em 1876, observando a ocorrência principalmente de vertebrados distinguiu seis regiões: a Neártica, referente a toda América do Norte com exceção do extremo sul; Paleártica, englobando Europa, norte da Ásia, das ilhas Britânicas ao Japão e norte do Saara na África; Etiópica, relativa a África, ao sul do Saara; Oriental, envolvendo Índia, Malásia e Filipinas; Australiana, referente a Austrália e Nova Guiné; Neotropical, que engloba as Américas do Sul, Central e extremo sul da América do Norte (Figura 4.5). Estudos posteriores, desenvolvidos por outros pesquisadores, acrescentaram mais duas regiões: a Antártica e a Oceânica.

Esta é a divisão adotada pelos zoogeógrafos, enquanto que os fitogeógrafos preferem uma outra onde são identificadas as regiões: Capense, referente ao Cabo da Boa Esperança; Paleotropical, envolvendo África, Ásia Menor, sul da Ásia Maior, Malásia, Indonésia e Polinésia; Holártica, que engloba as regiões Neártica e

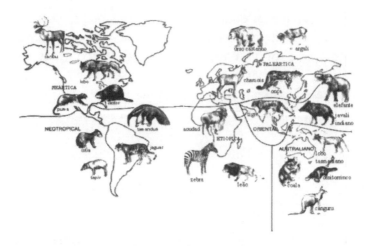

Figura 4.5. — *Regiões biogeográficas do mundo com alguns de seus animais característicos. (Villee, 1979).*

Paleártica dos zoogeógrafos, havendo para as demais concordância nas denominações. A distribuição dos organismos sobre a superfície do planeta pode ainda ser identificada com maior detalhe e para tal, as regiões podem ser divididas em domínios, estes em províncias e por fim em distritos. Quando necessário pode-se utilizar, também, outras divisões como sub-região, subdomínio ou subprovíncia.

5.1. Regiões Fitogeográficas

Divisão preferida por botânicos e fitogeógrafos que consideram a vegetação como a parte mais estável e fundamental dos biomas.

a) *Holártica* — corresponde às superfícies de continentes e ilhas das zonas temperadas e frias do hemisfério norte, aproximadamente do paralelo 30° N até o pólo. Estão presentes aí florestas de coníferas, caducifólias, pradaria, tundra e semideserto, onde destacam-se as famílias: betulácea, salicácea, ranunculácea, saxifragácea, apiácea, primulácea e campanulácea, dentre outras. Em função das estreitas relações existentes entre América do Norte, Europa e norte da Ásia durante o Terciário, gêneros e espécies desta região holártica apresentam certa uniformidade sobre todo este extenso território.

b) *Paleotropical* — refere-se às áreas já citadas (antigo mundo), onde se destacam as florestas tropicais, de monção (estacionais), bosques xerofíticos e savanas. Encontram-se aí famílias pantropicais como arecácea (palmeiras), arácea, zingiberácea, laurácea, mirtácea, melastomatácea, euforbiácea, piperácea, morácea, asclepediácea, e as endêmicas pandanácea e dipterocarpácea.

c) *Neotropical* — possui, quanto ao clima e formações vegetais, características semelhantes à Paleotropical e a flora está representada pelas famílias pantropicais citadas anteriormente e pelas endêmicas cactácea, bromeliácea e canácea.

d) *Capense* — é a menor de todas as regiões em extensão, restringe-se ao Cabo da Boa Esperança, costa africana, que apresenta vegetação arbustiva esclerófila, totalmente distinta do restante do continente e onde se destacam as famílias proteácea, aizoácea, mirtácea, e o gênero Erica com mais de 450 espécies.

BIOGEOGRAFIA E GEOMORFOLOGIA

e) *Australiana* — é caracterizada por um grande deserto na porção central do continente, com estepes ao norte e formações lenhosas esclerófilas ao sul, ocorrendo ainda florestas tropicais ao norte e a leste. São freqüentes as famílias mirtácea, cujo gênero *Eucalyptus* apresenta mais de 500 espécies, proteácea e casuarinácea.

f) *Antártica* — envolve terras do sudoeste da América do Sul, com bosques montanos úmidos, ricos em musgos, fetos e turfeiras, ilhas subantárticas, Antártida e para alguns estudiosos também a Nova Zelândia. Sua flora apresenta disjunções interessantes, indicando que no passado foi muito mais rica e que estendia-se circumpolarmente até outras latitudes e tem nos gêneros *Nothofagus* (fagácea) e *Azorella* (umbelífera) seus principais representantes.

g) *Oceânica* — refere-se aos oceanos em geral dando ênfase à flora macroscópica (algas) e aos fitoplânctos.

5.2. Regiões Zoogeográficas

Divisão preferida por zoólogos e zoogeógrafos que consideram de grande importância a distribuição das espécies animais, fósseis e atuais, na biosfera.

a) *Neártica* — fauna muito semelhante a da região Paleártica, com a qual compartilha espécies como: topeira (*Talpidae*), urso (*Ursidae*), lobo, chacal, coiote (*Canidae*), alce, cervo (*Cervidae*), castor (*Castoridae*), búfalo (*Bovidae*), saracura (*Regularidae*), urogalo (*Tetraonidae*), alcas, papagaio-do-mar (*Alcidae*), salamandra (*Urodela*), esturjão (*Acipenseridae*), perca (*Percidae*), salmão e truta (*Salmonidae*), e apresenta espécies não existentes no velho mundo (gambás, quatis, abutres, corvos azuis e cães de pradaria).

b) *Paleártica* — além das citadas na região anterior, apresenta espécies características (cucos, rouxinóis, cegonhas, ratos e ouriços).

c) *Etiópica* — sem correspondência na fitogeografia, engloba parte da região Paleotropical dos botânicos, o território africano ao sul do Saara, parte sul da Arábia e a ilha de Madagascar. Apresenta grande semelhança faunística com a região Oriental, sendo os insetívoros e os antílopes seus grupos mais característicos. Destacam-se nesta região: girafa (*Giraffidae*), hipopótamo (*Hippopotamidae*), hiena (*Hyaenidae*), gorila e chimpanzé (*Pongidae*), antílope (*Bovidae*), leão (*Felidae*), elefante (*Elephantidae*), zebra (*Equidae*), avestruz (*Struthioniformes*), galinhola (*Galliformes*), presenças marcantes de crocodilos, tartarugas, lagartos, serpentes e peixes (*Siluridae* e *Cichlidae*).

d) *Oriental* — algumas vezes denominada Índica, engloba toda a Ásia tropical e as ilhas de Sri Lanka, Java, Sumatra, Formosa, Filipinas e Bornéo. Destacam-se aí o tigre e o leopardo (*Felidae*), ungulados, búfalos, gibão, orangotango (*Pongidae*), lêmures alados (*Lemuridae*), tapir (*Tapiridae*), faisão, pavão real, galos silvestres (*Phasianidae*), crocodilos (*Gavialidae*), tartaruga (*Platysternidae*) e cobras.

BIOGEOGRAFIA E GEOMORFOLOGIA

e) *Australiana* — corresponde à região fitogeográfica de mesmo nome, com autores como Storer *et al.* (1977) e Villee (1979) acrescentando a Nova Zelândia e ilhas do leste da Índia, e onde são encontrados equidna e ornitorrinco (Monotremas — mamíferos ovíparos), coala e cangurus (marsupiais), cão selvagem, casuar e emu (*Casuariiformes*), aves do paraíso, psitacídeos, columbiformes e um peixe pulmonado. Há uma relação muito estreita entre a fauna desta região e as das Neotropical e Etiópica.

f) *Neotropical* — também corresponde à região fitogeográfica do mesmo nome e tem animais característicos como macacos (*Cebidae*), sagüis (*Callithricidae*), chinchilas, lhamas, guanos e alpacas (*Camelidae*), marsupiais, cuicas (*Didelphidae*), tamanduás (*Myrmecophagidae*), inambus, codornas, perdizes (*Tinamiformes*), tucanos, beija-flores (*Trochilidae*) e peixes (*Siluridae* e *Cichlidae*).

g) *Antártica* — alguns autores como Cabrera e Willink (1973) incluem a Nova Zelândia nesta região, que tem como animais característicos os pingüins (*Spheniscifomes*), leopardos e elefantes marinhos, diversos invertebrados, cujas várias famílias e gêneros relacionam a Nova Zelândia com a parte austral da América do Sul, dentre eles: isópodos, hemípteros, tricópteros, dípteros e colêmbolos.

h) *Oceânica* — idêntica a da região fitoecológica sendo importantes aí os peixes e os zooplânctos.

BIOGEOGRAFIA E GEOMORFOLOGIA

5.3. Regiões Biogeográficas da América Latina

São em número de quatro, com duas delas, a Holártica e a Neotropical, apresentando grande correspondência florística e faunística com o Velho Mundo.

a) *Região Holártica (Sub-região Neártica)*

Esta região se faz representar em território latino-americano, somente na parte norte da península da baixa Califórnia, México, e pertence ao Domínio Norte-americano Pacífico, Província do Bosque Montano. Seu relevo é montanhoso, precipitação pluviométrica média anual raramente ultrapassa os 500mm, é recoberto por uma floresta de coníferas onde predominam as espécies Pinus lambertiana, que chega a atingir 60m de altura, Pinus ponderosa, Pseudotsuga macrocarpa, Abies concolor e Libocedrus decurrens. Na fauna destacam-se o puma (Puma concolor), coiote (Canis), urso negro (Euarctos), lince (*Lynx*); grande número de roedores, dentre os quais os dos gêneros *Lepus* e *Sylvilagus* (coelhos); aves como codorniz (*Oreortyx*), falcão (*Chordeiles*) e escrivão (*Melospica*).

b) *Região Neotropical*

Refere-se às terras do Novo Mundo. Vai do extremo sul dos Estados Unidos até o Estreito de Magalhães, envolvendo as Américas Central e do Sul.

Domínio Caribe

Compreende todo o território mexicano, as Antilhas, parte da América Central, as ilhas Galápagos e pequena área da América do Sul na costa atlântica. É recoberto por diversas formações vegetais onde se destacam: floresta ombrófila, floresta estacional, savana, pradaria e registra-se a presença de semideserto. Limita-se ao norte com a região Holártica da qual recebe muita influência. Sua flora se caracteriza pela presença das famílias agavácea, leguminosa, composta, pinácea e fagácea, estas últimas tipicamente holárticas. A fauna é relativamente pobre, demonstrando haver uma transição entre as regiões Neotropical e Neártica (Holártica), mas apresenta espécies endêmicas notadamente nas Antilhas. Há presença marcante de quirópteros (morcegos), roedores, salamandras e uma família de aves, a *Tolidae*, que é endêmica, enquanto são escassos os primatas.

Domínio Amazônico

Engloba grande extensão do território sul-americano e parte da América Central, apresenta clima predominantemente quente e úmido, e precipitações com altos índices médios anuais. É recoberto em grande parte por floresta ombrófila, existindo, ainda, florestas estacionais, savanas e cerrados. Este domínio se caracteriza pela riqueza de espécies vegetais e animais, endemismos e volume de biomassa. Na flora destacam-se as famílias: cianteácea, parkeriácea, salvinácea, cicadácea, velloziácea, ponderiácea, eriocaulácea, musácea, canácea, zingiberácea, marantácea, leguminosa, laurácea, mirtácea e arecácea, dentre muitas outras. Na fauna marcam presença os peixes, cerca de 1300 espécies, na bacia amazônica, primatas (*Cebidae* e *Callithicidae*), beija-flores (*Trochilidae*), tucanos (*Ramphastidae*), abelhas (*Melioponinae*), formigas arborícolas, felídeos, ofídios, quelônios e anfíbios.

BIOGEOGRAFIA E GEOMORFOLOGIA

Destacam-se neste domínio as províncias: amazônica, que engloba toda a Amazônia Legal brasileira, partes da Guiana, Venezuela, Colômbia, Equador, Peru e Bolívia; do cerrado, que reúne os estados do centro-oeste brasileiro, partes do Maranhão, Piauí, Minas Gerais, São Paulo e alcança o noroeste do Paraguai. Acredita-se que esta província não apresenta fauna endêmica em função das condições climáticas de altas temperaturas e forte insolação; paranaense, envolve os estados do Paraná, Santa Catarina, São Paulo, partes de Minas Gerais, Mato Grosso do Sul e Rio Grande do Sul, atingindo o nordeste argentino e o leste paraguaio. Sua cobertura florestal recebe muitas vezes a denominação de subtropical e há, nos planaltos, a presença do pinheiro-do-paraná (*Araucaria angustifolia*). A vegetação faz-se representar, ainda, por manchas de cerrado e campos limpos; sua fauna é subtropical apresentando indivíduos andino-patagônicos; atlântica, estende-se do Rio Grande do Norte ao Rio Grande do Sul, sobre terrenos costeiros configurando-se em uma faixa que acompanha a linha do litoral e cuja largura varia entre 50 e 100km; sua vegetação era predominantemente do tipo florestal, rica em espécies de alto valor econômico e explorada desde a época do descobrimento do Brasil.

Domínio Guiano

Estende-se sobre um relevo movimentado da parte nordeste da América do Sul, com superfícies que excedem 2000m de altitude, pertencente ao escudo Guiano, entre Venezuela, Guiana e Brasil. As condições climáticas são as mesmas do domínio anterior e a cobertura vegetal é caracterizada por floresta ombrófila nos vales

241

BIOGEOGRAFIA E GEOMORFOLOGIA

e encosta, e savanas nas demais superfícies. Tem estreita relação florística com a Província do Cerrado e com as serras meridionais do Brasil. É área de grande endemismo, centro de dispersão florística, possui cerca de 4000 espécies e 100 gêneros, tendo muitas espécies endêmicas. A fauna apresenta espécies de ampla distribuição onde se destacam: tamanduás, antas, furões, quatis e roedores; muitas aves, e anfíbios com grande número de espécies endêmicas.

Domínio Chaquenho

Apresenta-se de forma disjunta, com uma área correspondendo à Província da Caatinga, que se estende pelo nordeste brasileiro e parte do nordeste de Minas Gerais. Possui clima semi-árido, índice de precipitação anual variando entre 400 e 750mm, vegetação xerófila onde são freqüentes as cactáceas, bromeliáceas e as espécies *Zizyphus joazeiro* (joazeiro), *Spondias tuberosa* (umbuzeiro), *Torresea cearaensis* (imburana-de-cheiro) e as palmeiras *Orbignya sp.* (babaçu) e *Copernicia cerifera* (carnaúba). Sua fauna em geral está relacionada à do cerrado, enquanto que a ictiofauna relaciona-se com a da Amazônia.

A outra área corresponde à Província Chaquenha, englobando terras da Argentina, na parte leste dos Andes, do Sul da Bolívia, do oeste e centro do Paraguai, estreita faixa de Mato Grosso do Sul e parte sul do Rio Grande do Sul. Possui temperaturas médias que variam entre 20 e 23°C, índice de precipitação anual oscilando entre 500 e 1200mm, vegetação xerófila, apresentando um estrato arbóreo e um tapete herbáceo-graminóide, muitas cactáceas e bromeliáceas, encontrando-se bastante alterada em função da exploração madeireira e da criação de gado. A fauna é bem representada por anfíbios, répteis, aves, mamíferos, peixes, com um pulmonado endêmico e inúmeras espécies de invertebrados.

Domínio Andino-Patagônico
Estende-se das altas superfícies venezuelana e colombiana até a Terra do Fogo, envolvendo as terras altas do Equador, os desertos costeiros do Peru e do Chile, partes da Bolívia e da Argentina. Nas latitudes tropicais e subtropicais engloba superfícies de mais de 3200m de altitude e florestas temperadas; nas demais latitudes chega ao nível do mar. Seu clima é muito diversificado mas caracteriza-se, principalmente, pelo excesso de frio; sua vegetação é em grande parte xerófila, de porte arbustivo, apresentando significativo número de espécies e gêneros endêmicos. A fauna apresenta-se bem adaptada às condições climáticas, tendo a maioria das espécies desenvolvido hábitos noturnos, vivendo sob pedras, em gretas ou se enterrando para suportar as baixas temperaturas. Estão bem representados aí os roedores, os camelídeos e as aves.

c) Região Antártica
Refere-se ao extremo sul da América do Sul, aos bosques Patagônicos, às ilhas subantárticas e à Antártida.

Domínio Subantártico
Estende-se desde o centro do Chile até a Terra do Fogo e ilhas Malvinas, englobando estreitas faixas das cordilheiras da costa chilena e contrafortes dos Andes até os 38º de latitude sul, e a partir daí alcança a verten-

te oriental dos Andes, agora abrangendo todo o território chileno e parte do argentino. Possui clima temperado e úmido com temperaturas baixas; a vegetação é caracterizada por bosques de *Nothofagus*, na província subantártica e formações arbustivas, herbáceas e graminóides em todo o domínio. Ocorrem alguns endemismos a nível de espécies, sendo seus principais gêneros o *Nothofagus*, o *Pacrydium*, o *Laurelia* e o *Lomatia*. A fauna possui várias famílias, gêneros e espécies que também ocorrem na Austrália e na Nova Zelândia; as aves têm papel de destaque com diversas subespécies endêmicas e os invertebrados são abundantes.

Domínio Antártico

Corresponde ao continente Antártico e ilhas vizinhas; seu clima é caracterizado pelas baixas temperaturas com médias inferiores a 0°C e seu território se apresenta coberto de gelo e neve praticamente durante todo o ano. A vegetação carece de plantas vasculares, estabelecendo-se tão-somente em superfícies litorâneas, durante o curto verão, em encostas íngremes e nas pequenas ilhas, com restos vulcânicos, onde vicejam líquens e musgos. A fauna é muito pobre, quando comparada com a dos outros domínios, restringindo-se a aves, notadamente os pingüins, pequenos animais que se alimentam de líquens e musgos e os mamíferos marinhos.

d) Região Oceânica

Corresponde aos oceanos em geral, onde são importantes a flora macroscópica, os peixes, a flora e a fauna planctônicas.

Domínio Oceânico Tropical

Envolve mares intertropicais, alcançando na costa atlântica o paralelo de 42°S e na costa pacífica o de 5°S. A flora macroscópica é caracterizada pelas algas, enquanto que algumas fanerógamas se estabelecem nas áreas litorâneas, sob forte influência da água salgada. A fauna é rica em mamíferos, crustáceos, equinodermos, corais e, evidentemente, peixes; há também presença constante de muitas aves marinhas.

Domínio Oceânico Magalânico

Refere-se aos mares que banham as costas da Patagônia e da Terra do Fogo, ricos em algas pardas. A fauna também é rica em mamíferos como elefantes marinhos e baleias; aves, notadamente os pingüins e vários equinodermas.

Domínio Oceânico Peruano-Chileno

Mares que banham as costas peruanas e chilenas, situadas ao sul do paralelo de 5°S, cujas águas possuem temperaturas baixas em função da corrente marítima de Humboldt. Estão presentes neste domínio várias espécies de algas, algumas comestíveis, e uma avifauna abundante onde se destacam pelicanos, pingüins e gaivotas. São também abundantes os peixes e os moluscos.

Domínio Oceânico Antártico

Envolve os mares antárticos cujas temperaturas são muito baixas, com presença de várias espécies de algas. A fauna está representada por mamíferos, como o leopardo marinho e focas, aves, principalmente os pingüins, peixes, crustáceos e equinodermas.

6. Conclusões

A Biogeografia estuda a origem, distribuição geográfica, sucesso de adaptação e as interações dos organismos vivos neste processo evolutivo no espaço e no tempo.

A biodiversidade, em termos taxonômicos (riqueza de espécies), genéticos (variação hereditária) e ecológicos (variação de habitats e ecossistemas), não pode ser compreendida sem que se avalie as mudanças e condições ambientais passadas e presentes.

Diversos fatores atuam de forma fundamental na história de distribuição geográfica dos seres vivos. Neste sentido a Geomorfologia assume papel destacado nas correlações históricas das dinâmicas biológica e geográfica. A maioria dos fatores determinantes da biogeografia tem base geomorfológica, operando em diferentes escalas geográficas (continental ou local) e de tempo (milhões de anos ou contemporaneamente).

Não só para o processo de formação de novas espécies (como elemento causador ou decorrente da barreira geográfica) como para a dinâmica de distribuição geográfica, os fatores geomorfológicos são imprescindíveis.

Os ciclos biogeoquímicos evidenciam as inter-relações (das mais variadas natureza) entre as estruturas e processos biológicos com os geomorfológicos. Tais circuitos indicam as reciprocidades de influências e dependências, bem como a complexidade com que se articulam.

7. Bibliografia

AMERICAN INSTITUTE OF BIOLOGICAL SCIENCES-BSCS (1977). Biologia. São Paulo. Edart. v:2, versão verde, 198p.

CABRERA. A.L. & WILLINK, A. (1973). Biogeografia da América Latina. Washington, D.C. Programa Regional de Desarrollo Científico y Tecnológico. OEA, 121p.

CLOUD, P. & GIBOR, A. (1974). O Ciclo do Oxigênio. In: A Biosfera. Trad. Luiz Roberto Tommasi. São Paulo. Ed. Polígono, 63-76p.

DOBZHANSKY, T.; AYALA, F.J.; STEBBINS, G.L. & VALENTINE, J.W. (1980). Evolución. Barcelona. Ediciones Omega. 558p.

GOLLEY, F.B.; MCGINNIS, J.T.; RICHARD, G.C.; CHILD, G.I. & DUEVER, M.J. (1978). Ciclagem de Minerais em um Ecossistema de Floresta Tropical Úmida. Trad. Eurípedes Malavolta. São Paulo. Ed. Pedagógica e Universitária. 256p.

LEINZ, V. & AMARAL, S. E. DO (1966). Geologia Geral. São Paulo. Ed. Nacional 3.ª edição. Biblioteca Universitária. Série 3.ª Ciência Pura. Volume 1, 512p.

MARGALEF, R. (1991). Ecologia. Barcelona. Ediciones Omega, 951p.

Mayr, E. (1977). Populações, Espécies e Evoluções. Trad. Hans Reichardt. São Paulo. Ed. Nacional, 485p.

ODUM, E.P. (1985). Ecologia. Trad. Christopher J. Tribe. Rio de Janeiro. Discos CBS, 434p.

PRIMAVESI, A. (1980). O Manejo Ecológico do Solo: a Agricultura em Regiões Tropicais. São Paulo. Ed. Nobel, 541p.

RAMADE, F. (1977). Elementos de Ecologia Aplicada. Versão Espanhola de J.E.H. Bermejo e H.S. Ollero. Madri. Ediciones Mundi Prensa, 581p.

ROBINSON, H. (1972). Biogeography. Londres. Macdonald & Evans, 541p.

SALGADO-LABOURIAU, M.L. (1994). História Ecológica da Terra. São Paulo. Editora Edgard Blücher, 307p.

STORER, T.I. & USINGER, R.L. (1977). Zoologia Geral. Trad. Cláudio Gilberto Froehlich, Diva Diniz Correa e Erika Schlens. São Paulo. Editora Nacional. 3.ª edição. Biblioteca Universitária. Série 3.ª. Ciência Pura. Volume 8, 757p.

UNESCO-PNUMA/CIFCA. (1980). Ecossistemas de Los Bosques Tropicales. Madri. ONU. Coleção Investigaciones Sobre Los Recursos Naturales XIV, 771p.

VILLEE, C.A. (1979). Biologia. Trad. Antonio Carlos da Silva et al. Rio de Janeiro. Editora Interamericana. 7.ª edição, 841p.

CAPÍTULO 5

DESERTIFICAÇÃO: RECUPERAÇÃO E DESENVOLVIMENTO SUSTENTÁVEL

Dirce Maria Antunes Suertegaray

1. Introdução

A discussão sobre o processo de desertificação e a primeira iniciativa internacional relativa ao seu combate, partiu, num primeiro momento, da Conferência das Nações Unidas para o Meio Ambiente (Estocolmo, 1972) e, especialmente em 1977, com a realização, pelo Programa das Nações Unidas para o Meio Ambiente (PNUMA), de uma conferência em Nairobi (Quênia). Este tema, portanto, vem ao debate "quando a Conferência das Nações Unidas sobre Desertificação (CONUD) reconhece a desertificação como um problema ambiental com elevado custo humano, social e econômico" (Hulme e Kelly, 1993).

Segundo estes autores a conferência adotou um plano de ação e controle à desertificação (PACD), ao nível mundial, para ser realizado num prazo de 20 anos. Tudo indica que 16 anos depois o referido plano obteve, na avaliação dos autores, pouco sucesso. A preocupação com esta questão tem sua origem na tendência que vem se manifestando, progressivamente, no âmbito do Sahel (África) de diminuição das precipitações, que para muitos autores associa-se à degradação contínua do solo, por que passa nos últimos anos essa região africana.

Outros cientistas, a exemplo de Nichelson (1978), analisando a degradação dessa região, através da combinação do nível da lâmina d'água do lago Chad com a descrição da paisagem e dados históricos, concluiu que, o ressecamento, em uma ou duas décadas, tem sido uma característica do clima do Sahel nos últimos séculos, e que o presente ressecamento foi no mínimo experenciado em outros momentos, durante o último milênio.

A estas interpretações associam-se outras, que indicam a desertificação como responsável pelo aumento das temperaturas mundiais. Balling Jr. (1991) sugere por exemplo que, durante o século XX, as regiões desertificadas apresentaram um valor de 0,5°C superior às áreas não desertificadas, sugerindo a partir de suas observações que a desertificação contribui para o aumento das temperaturas globais. A crítica feita por Hulme e Kelly (1993) conclui que embora Balling Jr. (1991) possa estar correto em seus princípios, seus dados e suas análises não apresentam evidências a indicar que o aquecimento causado pela desertificação afete substancialmente a elevação das temperaturas mundiais.

Estas diferentes perspectivas de interpretação do

processo de desertificação indicam a complexidade do trato desta questão, permitindo perceber que o processo de desertificação, em nível mais abrangente, poderá corresponder ao efeito conjunto da dinâmica climática ao longo do tempo histórico (mudanças/variações climáticas) e dos processos e das formas de trabalho da população da área como também, da dinâmica climática atual, questões estas que só a partir da década de 70 vêm sendo respondidas.

Em decorrência da complexidade na explicação das causas da desertificação, o conceito apresenta-se também controvertido. Por esse motivo cabe uma reflexão sobre o que é desertificação.

Segundo o Programa das Nações Unidas para o Meio Ambiente (1991) desertificação consiste na "degradação das terras áridas, semi-áridas e sub-áridas resultante, principalmente, dos impactos humanos adversos" (Hulme e Kelly, 1993). Em contrapartida, a Conferência das Nações Unidas sobre Desertificação (1992) define desertificação como: "degradação de terras áridas, semiáridas e sub-áridas, resultante de vários fatores incluindo as variações climáticas e as atividades humanas" (Hulme e Kelly, 1993). Uma avaliação destes dois conceitos permite perceber que desertificação associa-se à compreensão de mudanças degradacionais associadas à ação antrópica. Não obstante, para uma compreensão mais abrangente deste conceito é importante resgatar outras concepções.

Segundo Lopez Bermúdez (1988), "o termo desertificação foi utilizado por Aubreville (1949) pela primeira vez, para expressar a regressão da selva equatorial africana pelo corte abusivo, incêndios e roças para a transformação em campos de cultivo e pastiçais, o resultado desta prática não era outro se não a exposição do solo, a erosão hídrica, eólica e conversão de terras biologicamente produtivas em desertos". Para este autor a consagração definitiva do conceito de desertificação ocorreu em 1977, durante a Conferência das Nações Unidas, quando foi definida como "diminuição ou destruição do potencial biológico da terra que pode conduzir, finalmente, à condições semelhantes a desertos" (Lopez Bermúdez, 1988).

Enquanto os dois conceitos referidos (1991 e 1992), indicam, como agentes da desertificação, processos de destruição do potencial biológico de terras áridas e semi-áridas que conduzem a deteriorização da vida, o conceito anterior (1977) sugere processo irreversível em direção às condições desérticas. Este fato é de significativa importância na compreensão do conceito de desertificação. Este, articula-se originalmente a processos econômicos e sociais, naturais ou induzidos que promovem, em determinadas regiões, o desequilíbrio da frágil relação clima, solo, vegetação; no caso, as regiões reconhecidas como áridas e semi-áridas.

Estas conceituações de desertificação indicam, portanto, que o processo de desertificação apresenta o componente humano, como primordial em seu desencadeamento, encaminhando a degradação promovida para condições desérticas (no caso entendido como ressecamento climático).

Entretanto, é possível ainda distinguir outras concepções que se expressam na distinção entre desertização e desertificação. Fernandez 1984 (*in* Lopez Bermúdez, 1988), utiliza o termo desertização para tratar os fenômenos sócio-econômicos de crescente abandono de um território, província ou região pela população que o habita, dando como resultado baixas densidades. Neste caso a palavra deriva do termo deserto na sua etmologia, significando vazio demográfico. O termo desertificação é reservado para expressar a degradação do solo, vegetação, água e condições ambientais em geral. A origem desta diferenciação aparece em Le Houérou (1977). Segundo o autor este termo é usado "para descrever a degradação de vários tipos de forma de vegetação; incluindo áreas florestadas sub-úmidas e úmidas que nada têm a ver com desertos sejam físicos ou biológicos", enquanto desertização "corresponde às extensões de paisagem e formas tipicamente desérticas, de áreas onde isto não ocorria em passado recente. Tal processo localiza-se nas margens dos desertos sob médias anuais de precipitação entre 100 e 200mm, com limites extremos entre 50 a 300mm" (Le Houérou, 1977). A propósito, mais recentemente (1989) este autor ao expressar sua concepção conceitual com relação a processos ocorridos na Europa conclui pela inadequação do uso do termo (desertização), por não existirem desertos na Europa (apenas sudeste da Espanha e vale médio do Ébro) e que, ao contrário, o ritmo do reflorestamento tem aumentado continuamente ao longo dos últimos 30 anos.

O resgate destes conceitos faz-se necessário, em particular, para a melhor compreensão dos fenômenos de degradação do solo que vêm ocorrendo no sudoeste do Rio Grande do Sul e que vem sendo por nós estudados. Tomando como base esses conceitos e analisando a região de ocorrência dos "desertos", no sudoeste do território gaúcho, "considerou-se inadequado o uso do conceito de desertificação e/ou desertização para explicar os processos lá observados. A região em estudo não se apresenta com características de aridez. As precipitações médias estão em torno dos 1400mm anuais e, por outro lado, não se dispõe de dados que indiquem que a expansão desse processo esteja mudando em definitivo o clima regional (úmido) para um clima do tipo desértico" (Suertegaray, 1992). Por outro lado, ao buscarmos a gênese dos processos ocorridos nesta área, foi possível perceber que a ocorrência de areais ("desertos" do sudoeste do Rio Grande do Sul) aparecem registrados em documentos históricos que coincidem ou antecedem à ocupação portuguesa na área (1810). Este fato, associado a análise da formação da paisagem natural regional, nos levou à compreensão da gênese desse fenômeno como natural, ainda que sua intensificação possa ser compreendida como decorrente da forma de ocupação e trabalho de terra pela sociedade local. Em razão disto, denominamos em nossos estudos a degradação em forma de manchas de areia, existentes em partes da Campanha Gaúcha, de areais (denominação/toponímia historicamente utilizada) e o processo que lhe dá origem de arenização, entendido este como: retrabalhamento de depósitos areníticos (pouco consolidados) ou arenosos (não consolidados), que promove, nessas áreas, uma dificuldade de fixação de vegetação, devido à constante mobilidade dos sedimentos.

O processo de desertificação, como questão ambiental, é um fenômeno preocupante, considerando que 1/3 das áreas continentais são áreas desérticas e semidesérticas, "que mais de 100 países sofrem conseqüências da desertificação, ou degradação do solo em áreas áridas. Menor produtividade e impactos sociais, econômicos e ambientais estão afetando diretamente, aproximadamente, 900 milhões de habitantes nessas nações" (Hulme e Kelly, 1993).

A segunda seção deste capítulo expõe algumas das iniciativas do combate à desertificação que vêm se processando em nível mundial.

2. Recuperação de Áreas Desertificadas

Ao tratar de recuperação de áreas desertificadas tomamos como primeiro exemplo o caso do Sahel. Segundo Toupet (1992) o desenvolvimento do Sahel supõe a resolução de muitos problemas: a restauração do meio natural, profundamente degradado, ainda sob o choque das grandes secas recentes; a reordenação de um espaço desestruturado; o crescimento demográfico; a conversão de uma sociedade aristocrática em uma democracia real; a solução dos problemas étnicos e a inserção em uma economia mundial sob a perspectiva de um novo equilíbrio que implica em novas formas de concepção das técnicas de cooperação. Importa dizer, ainda, que as tentativas de reconstituição do Sahel, ainda segundo Toupet (1992), estão sob a responsabilidade de quatro grupos de atores, os próprios sahelianos, o governo e as agências públicas, as organizações não governamentais e os organismos públicos internacionais que fornecem a quase totalidade dos auxílios alimentar e financeiro.

Os processos de busca de reconstituição de áreas desertificadas são divididos em trabalho de Mainguet

(1995) em técnicas de: 1. Irrigação tradicional, que inclui culturas em áreas umidificadas (lamosas) pela água do lençol subterrâneo; irrigação através de água de rios e dique de derivação; por represamento de águas de escoamento; a partir de fontes e irrigação através da utilização de água subterrânea. 2. Irrigação moderna, que inclui irrigação por poços artesianos, por submersão, por gravidade, por infiltração e por barragens reservatórios. 3. Fixação de dunas e areias móveis, entre as técnicas de contenção de areias citam-se os métodos físicos, que constituem, basicamente, da redução da deflação (saltação) por desvio, bloqueio e estabilização. No primeiro caso, a técnica consiste em desviar o transporte de sedimentos, pelo bloqueio através de uma esteira localizada formando um ângulo de 120° a 140°, em relação ao vento dominante. O bloqueio da areia poderá ocorrer a partir da área fonte ou a cada etapa da área de transporte. A estabilização ou fixação de areia móvel faz-se, por sua vez, por processos mecânicos e, principalmente, biológicos.

Pretende-se neste item apresentar, com mais detalhes, técnicas de fixação de areias móveis. A razão desta escolha centra-se na possibilidade que estas técnicas têm de serem utilizadas nas áreas em processo de arenização do sudoeste do Rio Grande do Sul e/ou outras áreas arenosas do território em que se faz necessário sua estabilização.

As técnicas aqui descritas aparecem em maior detalhe em Rochette (1988) e Mainguet (1995). Estas, segundo Mainguet (1995) podem ser utilizadas em ecossistemas cujas precipitações são superiores a 300mm/ano e consistem na combinação de técnicas ditas mecânicas e biológicas. Uma alternativa mecânica consiste no "estabelecimento de uma quadrícula de pequenos anteparos (25 a 30cm da superfície do solo) e distantes um metro. O material utilizado pode ser variado, palha de milho, resíduos de colheita, folhas (lâminas) de plástico ou mesmo de cartões. Posteriormente, o desenvolvimento de uma cobertura vegetal natural ou plantada. Esta é a solução permanente para estabilizar áreas de dunas" (Mainguet, 1995).

Uma das técnicas biológicas, o plantio da cerca viva, é utilizada na região do Sahel com a função de desvio de caminhos de tropas através de campos ou, com a função de proteção eficaz, ou seja, como uma cerca que constituirá em obstáculo intransponível para homens e animais. Neste caso, são sugeridas as espécies espinhosas. Associam-se ainda a cerca viva vantagens como o controle da erosão eólica e hídrica. Todas as espécies que constituem as cercas vivas, utilizadas no Sahel, têm uma função produtiva seja para produzir alimentos, medicamentos ou artefatos artesanais.

A fixação de areia feita a partir da construção de cercas arbustivas (paralelas entre si), consiste numa segunda alternativa, tendo sido desenvolvida e aplicada primeiramente na China.

Outra tentativa consiste na técnica de quebravento. É aconselhado que na constituição de um quebravento sejam utilizadas fileiras de árvores de porte diferenciado. A fileira central deveria ser constituída de árvores mais elevadas e de crescimento rápido, a segunda fileira de árvores de porte médio, a terceira e a quarta deverão ser constituídas de árvores e arbustos. Os critérios de escolha da espécie a ser plantada são: resistência à seca, rápido crescimento, disponibilidade de água e profundidade do lençol subterrâneo. As experiências na China de reconstituição biológica utilizam árvores frutíferas, nozes, abricós, sendo inclusive plantada a videira em espaços interiores e subdivididos por barreiras. Estes espaços constituem-se, em geral, de espaços quadrangulares (Mainguet, 1995).

Le Houérou (1989) propõe, para o combate à degradação do solo, a agrosilvicultura e o silvopastorio. Este autor, ao tratar a bacia do Mediterrâneo, leva em conta o norte do Mediterrâneo (países europeus) e o sul do Mediterrâneo (países africanos). No primeiro caso, considera como causa da degradação do solo, em áreas úmidas e semi-áridas, a exploração excessiva através de práticas agrícolas inadequadas, e sugere a conversão de campos de cereais em campos combinados com árvores forrageiras dispersas e conjuntos de arbustos forrageiros, utilizando, preferencialmente, leguminosas entre elas algarrobo e alfafa. Estas deteriam a erosão do solo e permitiriam a obtenção de produtos animais além de alimento e refúgio a fauna e a caça. Afirma sobre este procedimento, o referido autor, que o ciclo de nutrientes, através de leguminosas combinado com o esterco do gado, proporcionaria um nível razoável de fertilidade sobre uma base de produção sustentada, segundo condições de mínimo *input*.

Para os países do norte africano, onde os problemas de degradação do solo têm origem no fenômeno oposto, ou seja elevada densidade de população ocupando terras marginais, a agrosilvicultura e o silvopastoreio podem auxiliar, na medida em que a gestão destas atividades sejam adequadas, para assegurar a produtividade a longo prazo ou seja — "o método só é válido quando as condições que conduziram a desertização (denominação defendida pelo autor para essas áreas), interrompam-se, ou sejam, ao menos mitigadas" (Le Houérou, 1989).

No caso chileno, a experiência centra-se no florestamento e reflorestamento de áreas áridas e semi-áridas. Estas, segundo Latorre Alonso (1989) correspondem a 24 milhões de hectares que se distribuem por sete regiões do norte (limite com o Peru) até o sul. O objetivo, neste caso, consiste em incorporar áreas com atividade silvoagropecuária marginal à economia nacional. Com esta finalidade foram levantados dados referentes às espécies mais exitosas já estudadas, associando-as com as unidades edafoclimáticas além da regionalização ecológica do país. Mais recentemente, novos ensaios foram feitos para a introdução de espécies novas, em zonas áridas e semi-áridas. Este projeto, iniciado em 1980, estudou espécies como: *Prosopis Tamarugo* (Tamarugo), *Prosopis Chilensis* (algarrobo), *Simmondsia Chinensis* (jojoba), *Atriplex spp*, *Acacia Caven* (Latorre Alonso, 1989).

A experiência com jojoba, cujas primeiras sementes são originárias da Califórnia (desertos de Arizona e Sonora /EUA) foi desenvolvida na região de Arica (deserto de Atacama), caracterizada por solos de alta salinidade e disponibilidade de água salobra. Esta, apresentou, para Latorre Alonso (1989), bons resultados em áreas onde nenhum cultivo agrícola teria tido êxito.

A experiência com *Atriplex* com melhores resultados ocorreu na região de Coquimbro. Neste caso a área de plantação de 30904 hectares (Latorre Alonso, 1989) foi resultado da busca de alternativas suplementares para a alimentação do gado (caprinos e ovinos); da existência de solo abundante e com restrições agrícolas, devido a aridez; do incentivo ao florestamento que incorporou ao plantio de arbustivas forrageiras a presença de espécies nativas do gênero *Atriplex*.

O bom resultado desse experimento resultou na sua ampliação existindo, em 1989, em número de 70 comunidades agrícolas de pequenos agricultores, unidos por parentesco e propriedade coletiva, de baixo poder econômico e cultural envolvidos neste plano.

Também, no Chile, a experiência com *Prosopis Tamarugo Phil* vem sendo desenvolvida no Pampa de Tamarugal. Segundo Latorre Alonso (1989) este, um dos lugares mais inóspitos do mundo, está se transformando com claras possibilidades de desenvolvimento rural. A origem do *Tamarugo* é o norte do Chile, onde historicamente é utilizado como fonte de energia (lenha) e alimentação humana (fontes ricas em carbohidratos) e forrageira. Esta espécie está sendo plantada em zona de solos salgados, com lençol freático entre 2 e 10m de profundidade e presença de crosta salina superficial de 10 a 60cm. Outros ensaios sobre estas áreas de plantio indicam a possibilidade de produção de mel de abelha quando o Tamarugo é associado ao algarrobo, além do aproveitamento de galhos e ramos para a lenha, e a possibilidade da criação ovina.

A experiência do Chile encaminha-se no sentido de estudar um maior número de espécies, muitas autóctones não estudadas e de reavaliar o conceito tradicional de manejo de parques, buscando um manejo múltiplo, que combine ecologicamente e economicamente pastagens, cobertura arbustiva-arbórea e gado, na intenção de melhorar as condições de vida do habitante do lugar.

Cabe fazer referência, ainda, ao projeto que vem sendo recentemente desenvolvido pelo Departamento de Geografia e Engenharia de Solos (1994), da Universidade do Chile, que trata de desenvolver, em áreas desertificadas desse país, um sistema de agroflorestamento através do escoamento de águas da chuva. Consiste esta técnica em um procedimento indígena de manejo agrícola em regiões secas, onde a agricultura tradicional seria muito difícil de prosperar e que hoje não é mais utilizada no Chile. A experiência está montada para ser desenvolvida nas regiões semi-áridas, particularmente a região de Coquimbo. O modelo esquemático do projeto agroflorestal, através de escoamento superficial, é demonstrado na Figura 5.1. As espécies lenhosas previstas são: *Acácia* e *Prosopis* além da *Atriplex*, os cultivos anuais poderão ser cereais e leguminosas.

3. Problemática da Desertificação do Brasil

Até praticamente os anos 70, ao tratarmos de desertificação em território brasileiro, as observações restringiam-se ao Nordeste, em particular ao semi-árido nordestino. A partir dos anos 70 a discussão sobre desertificação, que emerge da Conferência de Nairobi (1977), chega ao Brasil. Data deste período a discussão conceitual sobre desertificação em nosso país, bem como a divulgação de áreas em território brasileiro caracterizadas por este processo.

Na perspectiva brasileira, cabe destacar, as seguintes concepções sobre desertificação: Vasconcelos Sobrinho (1978) para quem "desertificação é um processo de fragi-

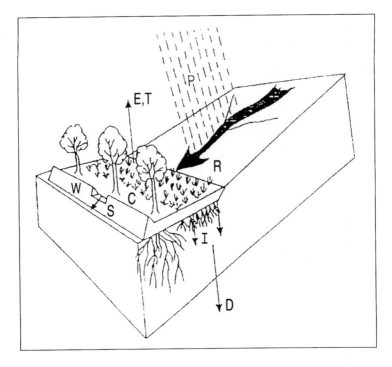

Figura 5.1 — *Sistema de agroflorestamento sob escoamento superficial. (P) precipitação, (R) escoamento superficial, (I) infiltração, (W) muralha de contenção, (C) área de cultivo, (D) percolação profunda, (ET) evapotranspiração, (S) canal de controle de água excedente. (Departamento de Geografia e de Engenharia e Solos, Univ. do Chile, 1994).*

lidade dos ecossistemas das terras secas em geral, que em decorrência da pressão excessiva exercida pelas populações humanas, ou às vezes pela fauna autóctone, perdem sua produtividade e capacidade de recuperar-se".

Nimmer (1988) considera desertificação como "crescente degradação ambiental expressa pelo ressecamento e perda da capacidade de produção dos solos. Este ressecamento crescente do meio natural pode ser uma decorrência da mudança do clima regional e/ou do uso inadequado dos solos pelo homem ou ambos simultaneamente".

Conti (1989), ao definir o termo deserto, no sentido ecológico, deixa implícito o conceito de desertificação. Para o autor desertos "se caracterizam pela escassez de organismos vivos, principalmente de vegetais, com declínio da atividade biológica e avanço do processo de mineralização do solo, além do agravamento da ação erosiva e invasão maciça de areia. A ação do homem estaria na origem desta modalidade de deserto". Para o autor, desertificação seria entendida como um processo decorrente do trabalho/ação do homem sobre diferentes ecossistemas.

Em trabalho clássico, em escala nacional, denominado A Problemática da Desertificação e da Savanização no Brasil Intertropical, Ab'Saber (1977) concebe como "processos parciais de desertificação, todos aqueles fatos pontuais ou areolares, suficientemente radicais para criar degradações irreversíveis da paisagem e dos tecidos ecológicos naturais". O autor, ao tratar da desertificação, qualifica-a como antrópica e afirma que não só as regiões áridas mas, principalmente, as "faixas de transição entre regiões úmidas e as regiões secas do nordeste, sofrem mais processo de degradação ambiental e 'savanização', em sentido abrangente, do que a própria área nuclear das resistentes caatingas — ecologicamente, resistentes caatingas" (Ab'Saber, 1977). Admitindo que, do Maranhão e sudeste da Amazônia até o Rio Grande do Sul, podem ser encontrados pontos e, até mesmo pequenas áreas de ocorrência de fáceis de desertificação antrópica, direta ou indiretamente ativadas por ações antrópicas depredatórias (Ab'Saber, 1977).

Nesse trabalho é feita uma tipologia das áreas/pontos de desertificação do Nordeste relacionadas a processos locais de desertificação, quais sejam: altos pelados, salões, vales e encostas secas, lajeados (mares de pedra), áreas de páleo-dunas quaternárias, áreas de topografias ruiniformes e cornijas rochosas desnudas, áreas de revolvimento anômalo da estrutura superficial da paisagem, malhadas ou chão pedregoso e áreas degradadas por raspagem. Em todos estes casos o meio frágil do Nordeste se apresenta, segundo Ab'Saber (1977) em processo de desertificação, em decorrência da estrutura geo-ecológica e, na maior parte das vezes, intensificada por ações antrópicas diretas e indiretas.

Para além desta tipologia, Ab'Saber (1977) também reconhece feições de degradação antrópica no domínio dos cerrados e os ravinamentos no domínio dos morros. Nesses dois domínios morfoclimáticos brasileiros o autor não utiliza o conceito de desertificação. Para o sul da Amazônia utiliza o termo savanização, ou seja, modificação na eco-fisiologia da região promovendo desperenização dos mananciais.

No Atlas do Meio Ambiente do Brasil (1994), é dedicado um espaço a questões de erosão e desertificação, onde afirma-se que, "são várias as regiões do Brasil onde já se podem localizar os primeiros sinais de desertificação" (EMBRAPA, 1994). Ao tratar deste processo, são reconhecidas como áreas desertificadas: região nordeste (semi-árido nordestino), cujas causas da desertificação estão associadas ao desmatamento, a mineração, ao sobrepastoreio, ao cultivo excessivo, a irrigação inadequada e ao latifúndio; região sul e neste particular a citação feita refere-se ao sudoeste do Rio Grande do Sul; região norte/amazônia onde é admitida que a agricultura ali praticada poderá abrir caminho à desertificação.

Inúmeros trabalhos, em âmbito local e/ou regional, foram elaborados por pesquisadores que atuam no Nordeste ou em outras regiões do país, que tratam dos processos de desertificação nessas áreas, a destacar Vasconcelos Sobrinho (1978), Rodrigues (1986), além do conjunto de trabalhos apresentados, por exemplo, durante o Seminário sobre Desertificação no Nordeste, realizado em 1986. Mais recentemente, Conti (1995) estudou os processos de desertificação no estado do Ceará, em particular na área denominada "diagonal árida do Ceará", desde Itapagé, na região da serra do Uruberetama, até Campos Sales, na chapada de Ibiapaba. Segundo o autor trata-se "de uma área submetida a um processo de desertificação generalizada com redução de biomassa a níveis mínimos, sendo um dos casos mais graves de deteriorização ambiental da região seca brasileira" (Conti, 1995).

Num outro extremo territorial, tomemos como exemplo de trabalho elaborado a partir da ótica da desertificação, o estudo feito por Mendonça (1990) relativo ao chamado norte/noroeste do Paraná. Em sua conclusão afirma que, a região estudada (norte novíssimo do Paranavaí) "desenvolve, a partir dos últimos quarenta anos aproximadamente, uma degradação ambiental generalizada que, segundo os argumentos arrolados, pode ser compreendida como um processo de desertificação ecológica; este fenômeno foi ali identificado através da elevação das temperaturas médias, concentração de precipitação, rebaixamento do lençol freático e a instalação de um processo erosivo de dimensões gigantescas. Esta degradação ambiental é uma decorrência da forma incorreta e insensata de como a sociedade ocupou e explora os solos daquela região" (Mendonça, 1990).

As conclusões do autor basearam-se no conceito de desertificação ecológica e na análise dos indicadores da desertificação apontados por Conti (1989). Trata-se de uma concepção que analisa processos de degradação sob a ótica da desertificação em ecossistemas outros, que não os áridos e semi-áridos.

Registra-se ainda, conforme já nos referimos, a identificação de áreas degradadas como áreas desertificadas no extremo sul do país, o trabalho de Souto (1985) relativo ao sudoeste do Rio Grande do Sul. Para estas áreas, consideramos inadequado o uso deste conceito, conforme explicitamos na próxima seção deste capítulo.

4. Processo de Arenização no Sudoeste do Rio Grande do Sul e Propostas de Recuperação

A partir da década de 70, em especial a Campanha Gaúcha sudoeste do Rio Grande do Sul (Figura 5.2), começa a ser vista como área sujeita a processos de desertificação. A razão disto se deve aos primeiros trabalhos feitos na época, mais, especialmente a imprensa, que passa a divulgar, ao final deste período, uma série de reportagens sobre degradação dos solos naquela região, denominando a feição que a caracteriza de deserto. Em

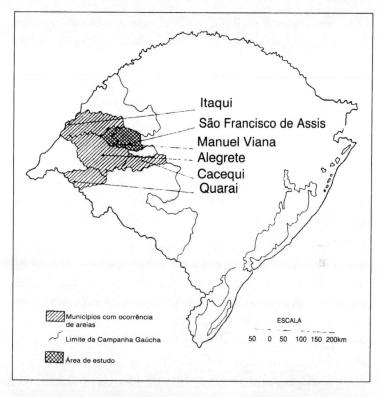

Figura 5.2 — *Delimitação da Campanha Gaúcha e localização de seis municípios com ocorrência de areais.*

trabalho posterior (Souto, 1985), bem como tantas outras reportagens divulgadas, tratam o fenômeno visualizado como deserto e o processo como desertificação. Associam o referido processo a causas antrópicas, seja a pecuária, através do superpastoreio, seja a agricultura, através da expansão da lavoura da soja e a mecanização, em municípios como Alegrete, São Francisco de Assis, Manuel Viana, Itaqui entre outros. O livro que explica a desertificação no sudoeste do Rio Grande do Sul como de origem antrópica é de responsabilidade de Souto (1985).

Suertegaray (1987), partindo da análise de conceitos sobre desertificação e analisando a região objeto de estudo, considerou inadequado o uso do conceito desertificação para explicar os processos lá observados. A região em estudo não se constitui de uma zona árida ou semi-árida (precipitação médias anuais em torno de 1400mm) e por outro lado não há evidências confiáveis de que a expansão desse processo estaria mudando o clima regional (úmido) para um clima do tipo semi-árido ou árido, como indica o conceito de desertificação.

Assim, para sintetizar a explicação deste processo, Suertegaray (1987,1992,1994) adota o termo arenização. Para a autora o processo de formação de areais no sudoeste do Rio Grande do Sul, resulta da arenização, ou seja, retrabalhamento de depósitos areníticos (pouco consolidados) ou arenosos (não consolidados), que promove, nessas áreas, dificuldade de fixar a vegetação devido à constante mobilidade dos sedimentos.

O retrabalhamento desses depósitos, no caso, formações superficiais, provavelmente quaternárias, resultou de uma dinâmica morfogenética onde os processos hídricos superficiais, particularmente o escoamento concentrado do tipo ravina ou voçoroca expõe, transporta e deposita areia, dando origem a formação de areais que, em contato com o vento, tendem a uma constante remoção. A perda de nutrientes e a mobilização, por sua vez, dificultam a continuidade da pedogênese e a fixação da vegetação, resultando em areais (depósitos arenosos com ausência de cobertura vegetal). Este processo poderá ser desencadeado por agentes naturais ou atividades humanas. No sudoeste do Rio Grande do Sul este foi descrito por Suertegaray (1987) como de origem natural podendo ser intensificado pela atividade pastoril ou agrícola.

Mais especificamente, arenização é um processo cuja seqüência evolutiva natural apresenta, conforme estudos geomorfológicos realizados por Suertegaray (1987, 1989, 1992, 1994), localização similar, correspondendo não raro a divisores de água e/ou as médias vertentes limitadas à montante por uma escarpa arenítica (Figuras 5.3 e 5.4). O processo inicial de formação de areais ocorreriam sob áreas de reduzida biomassa (gramínea) evoluindo para manchas arenosas ou areais propriamente ditos, passando por feições de degradação como áreas de ravinas e de formação de voçorocas. São áreas, portanto, que apresentam aptidão natural para a ocorrência de processos erosivos e cuja gênese estaria associada à formação de ravinas que evoluem para voçorocas e depositam a jusante, leques arenosos que, associados à evolução das próprias voçorocas (erosão remontante) dão origem aos areais, já nesta fase impulsionados, também, pela dinâmica eólica (Figuras 5.5 e 5.6).

A ocorrência dos areais está associada ao substrato arenítico não consolidado (formações superficiais), com cobertura vegetal original de gramíneas que sofre a intensificação do processo de escoamento concentrado, característico do clima úmido atual. Em termos paisagísticos, os areais seriam resultado, segundo Suertegaray (1987) da atuação de processos de clima úmido retrabalhando formações superficiais características de clima semi-árido ou semi-úmido de um passado recente. Tudo indica que a constituição da paisagem e em particular a pedogênese e a cobertura vegetal, dado ao curto espaço de tempo, favorecem a fragilidade atual permitindo o

Figura 5.3 — *Areal* — *localidade Esquina (norte da sede urbana de São Francisco de Assis)* — *morro testemunho com formação de areais a partir da ruptura de declive (glacis). A esquerda sulcos de erosão (ravinas).*

Figura 5.4 — *Areal* — *município de Quaraí* — *bacia dos Arroios Areal e Catí. Visão parcial de uma área de aproximadamente 70ha.*

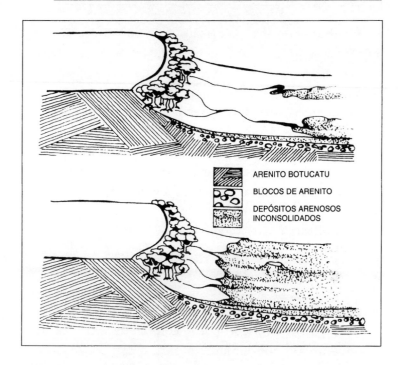

Figura 5.5 — *Esquema de interpretação da gênese dos areais — morros testemunhos.*

Figura 5.6 — *Esquema de interpretação da gênese dos areais — colinas.*

retrabalhamento e a exposição deste substrato. A ação antrópica sobre estes ambientes pode favorecer a intensificação desses processos. Em busca desta resposta, são encaminhados os estudos mais recentemente. Suertegaray *et al.* (1995), centrando os estudos em período histórico mais recente (1960 — 1993), através de análise multitemporal, avaliaram o uso do solo e suas transformações, particularmente na região em que ocorrem a expansão da agricultura da soja. Os dados levantados, numa área piloto, nos limites entre São Francisco de Assis e Manuel Viana, indicam o surgimento de novas manchas de areia (areais). A análise multitemporal feita, através de fotografias aéreas (1964) e imagens de satélite Landsat TM-5 (1989), indica um aumento de 47,52ha na extensão dos areais, num período de 25 anos (Figuras 5.7 e 5.8).

Para além da preocupação com a busca da explicação dos areais, fundamentais para a compreensão de suas origens e dinâmica atual, a busca de alternativas de recuperação dessas áreas apresentam-se de forma diferenciada.

No Rio Grande do Sul, as propostas de recuperação dos areais datam da década de 70 e tiveram início através da Secretaria da Agricultura do Estado com o plano-piloto de Alegrete. Este projeto foi desenvolvido no chamado "Deserto de São João" (Alegrete/Rio Grande do Sul). Resumidamente constou do uso de esteiras como quebra-vento, plantio de uma variedade de espécies arbóreas, arbustivas (frutíferas ou lenhosas) leguminosas e gramíneas. Deste resultou a conclusão de que a espécie que melhor desenvolveu-se sobre os areais foi o eucalipto. Este projeto, avaliado posteriormente pelo proprietário local, não teria apresentado os resultados

DESERTIFICAÇÃO: RECUPERAÇÃO E DESENVOLVIMENTO SUSTENTÁVEL

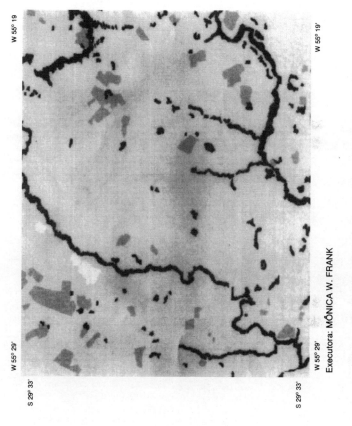

Figura 5.7 — *Uso do Solo e Vegetação — Bacia do Arroio Caraguataí (1964).*

DESERTIFICAÇÃO: RECUPERAÇÃO E DESENVOLVIMENTO SUSTENTÁVEL

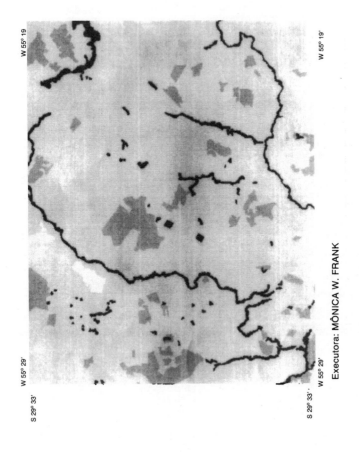

Figura 5.8 — *Uso do Solo e Vegetação — Bacia do Arroio Caraguataí* (1989).

almejados devido a problemas como: uso de verbas públicas para recuperação de áreas (areais) em propriedade particular; sistema de plantio inadequado, espécies arbóreas plantadas em linha e no sentido contrário às curvas de nível, provocando com o tempo problemas de erosão hídrica; construção de esteiras para retenção de areia com material transportado de longa distância; frustração com o plantio de acácia e cancelamento do projeto por falta de verbas (Suertegaray, 1992).

No final dos anos 80, e início dos 90, ocorreram novas tentativas de recuperação dessas áreas. Uma delas sintetiza-se em:

• Recuperação de areais através da iniciativa privada com intermediação do Governo do Estado, via Secretaria da Agricultura;
• Recuperação dos areais através do plantio de espécies exóticas (eucalipto e acácia-negra) pelo sistema de consórcio entre produtor rural e empresário ou pela aquisição direta de muda na empresa;
• Incorporação de areais ao processo produtivo pela introdução, de outras formas de uso do solo, em particular o florestamento, com vistas a industrialização da região. Esta proposta vem sendo desenvolvida, em caráter experimental, através de contrato entre o proprietário e a indústria de produção de celulose Riocell (incentivadora desta iniciativa) no mesmo "deserto de São João", em Alegrete.

Importa registrar também que iniciativas sob outras perspectivas vêm sendo pensadas e desenvolvidas nessas áreas. Neste item serão relatadas propostas com

DESERTIFICAÇÃO: RECUPERAÇÃO E DESENVOLVIMENTO SUSTENTÁVEL

preocupação diferenciada, a exemplo daquela que estamos acompanhando na Fazenda Paredão (São Francisco de Assis). A recuperação em andamento nesta fazenda consiste em construir barreiras (quebra-vento) e também controle hídrico superficial através do plantio do butiá anão, espécie original e abundante na área. Estas são plantadas seguindo as curvas de nível e a direção predominante do escoamento. Nos intervalos vem sendo plantado diferentes espécies de gramíneas — brachiária, pensacola e pangola. A espécie brachiária tem apresentado melhores resultados. Trata-se de uma iniciativa do proprietário individualmente.

Na mesma área, município de São Francisco de Assis, mais recentemente, sob a iniciativa da EMATER, novos projetos vêm sendo desenvolvidos, a exemplo do plantio de essências florestais (eucalipto) e a proposta de recuperação com gramíneas, em especial a brachiária. Segundo o engenheiro florestal responsável pelo projeto, esta gramínea perene, de clima tropical, apresenta boa adaptação à área com invernos amenos; boa produção de sementes; boa produtividade de massa verde; palatabilidade e valor nutritivo; constituindo-se espécie complementar para a produção de forragem. Para além destas características, esta espécie apresenta até 10 toneladas/ha de produtividade média, suporta o pisoteio e a alta lotação em plantio direto e é apta a solos arenosos. O manejo é feito por semeadura em solo com o mínimo de adubação e profundidade (até 2cm). A semeadura é feita entre setembro e outubro na quantidade de 6 à 10kg/ha.

A partir dos trabalhos elaborados por Suertegaray (1987, 1992 e 1994), Suertegaray *et al.* (1989, 1995) e por iniciativa de Suertegaray e Bellanca (1992) foi elaborado, no âmbito do Departamento de Geografia da Universidade Federal do Rio Grande do Sul, uma proposta de recuperação dessas áreas. Para a idealização da montagem de um experimento partiu-se das seguintes concepções/objetivos:

- Propor um processo de recuperação dos areais que contemple a vegetação característica da área de ocorrência de areais a saber a gramínea e/ou frutíferas (laranja, bergamota, uva);
- Reconstituição do solo através da adubação orgânica (esterco e ou restos vegetais existentes na propriedade).

O projeto inicial foi desenvolvido para ser experimentado em área reduzida 20m x 20m. Consiste na retirada de uma camada de areia e preenchimento posterior intercalando areia e matéria orgânica, sendo que a última camada seria de matéria orgânica. Plantio de gramíneas através de semeadura. Para o caso das frutíferas a idéia é construir canteiros paralelos entre si, constituído de camadas intercaladas de matéria orgânica e areia, considerando as curvas de nível e a direção preferencial do vento. Estes canteiros de frutíferas funcionariam como quebra-vento. No caso da uva, o plantio seria feito através da técnica de espaldeira, já utilizada pelas empresas vinícolas que cultivam videira na região. Este processo para ser desenvolvido em grandes áreas deveria ser feito sob a forma de canteiros paralelos ou em quadrículas (Figuras 5.9 e 5.10). Para além do experimento, esta atividade, caso obtivesse resultados satisfatórios, poderia ser desenvolvida a partir de um trabalho

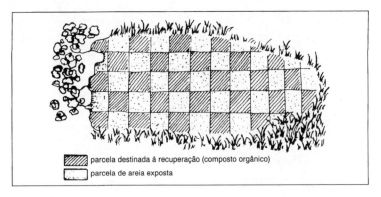

Figura 5.9 — *Proposta de recuperação de areais — em quadrículas.*

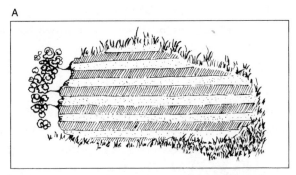

Figura 5.10 — *Proposta de recuperação de areais em faixas. Vista em planta (A), e em corte (B).*

que envolvesse proprietário rural, prefeituras municipais e comunidade urbana. Constituindo um procedimento mais abrangente que permitiria a reciclagem do lixo urbano e, por conseqüência, compostagem do lixo orgânico, tarefa que envolveria o poder público municipal e a comunidade. Ao proprietário rural caberia a aquisição da matéria orgânica compostada e encaminhamento da recuperação de suas áreas arenosas.

Este processo, de caráter biológico, não obteve financiamento para ser experimentado, o que nos impede de explicitar suas possibilidades. Não obstante, é possível perceber que, em áreas desertificadas da China e do Sahel, processos semelhantes já estão em andamento o que permite concluir sobre sua possibilidade.

Resta ainda dizer que, reconstituir os areais não é condição necessária para o controle do processo de arenização em âmbito regional. Isto requer um controle dos processos de ravinamento e voçorocamento, preocupação que ao longo dos últimos anos estamos sugerindo, mas não se tem efetivado na prática.

5. Desertificação, Biodiversidade e Desenvolvimento Sustentável

Feitas estas considerações é importante resgatar o conceito de sustentabilidade que explicita em certa medida nossa concepção, pois, este conceito é, por si, controvertido. Retoma-se aqui, o conceito de Saches (*in* Suertegaray, 1993) para quem "ecodesenvolvimento consiste na valorização dos recursos específicos de cada região, devendo estes serem explorados no sentido da solidariedade diacrônica, com um estilo particular através de ecotécnicas". Este desenvolvimento, para o autor, deverá ser ordenado a partir de uma autoridade horizontal, pois teria como perspectiva fundamental contribuir para a realização humana. Enfim, é contrário as soluções universalistas ou a globalização da economia.

Balizada por estas referências chama-se atenção que, embora a biodiversidade diga respeito à variabilidade biológica e cultural do planeta, costuma-se, por vezes, restringir a perda da biodiversidade às florestas tropicais e de maneira mais ampliada aos sistemas de água doce e marinhos.

Por conseguinte, somos do entendimento que a primeira estratégia para a conservação da biodiversidade, por paradoxal que possa ser, é conservar a biodiversidade, a partir da necessidade eminente de conservação da biodiversidade em sua totalidade. E, neste momento, toma-se como referência/defesa a necessidade de preservar os sistemas campestres ou as pradarias mistas, a exemplo do ecossistema de campos, que compõe uma significativa parcela da diversidade ecológica do Rio Grande do Sul, região que se estuda a partir do processo de arenização.

É reconhecido no documento A Estratégia Global da Biodiversidade (Instituto de Recursos Mundiais e outros, 1992), "que até este século, os agricultores e pecuaristas criavam e mantinham uma grande quantidade de variedades de culturas agrícolas e rebanhos em todo o mundo. Mas a diversidade vem diminuindo rapidamente nos estabelecimentos rurais, graças aos modernos programas de hibridação de vegetais e ao aumento da produtividade advindo do plantio de um número relati-

DESERTIFICAÇÃO: RECUPERAÇÃO E DESENVOLVIMENTO SUSTENTÁVEL

vamente menor de cultivos que respondem melhor à irrigação, à fertilização e aos pesticidas. Tendências semelhantes estão transformando diferentes ecossistemas florestais (e campestres a inclusão é nossa) em monoculturas arbóreas de alto rendimento — algumas mais semelhantes a um milharal do que a uma floresta, e se vem preservando menor material genético florestal, como garantia contra doenças e pragas do que cultivos agrícolas" (Instituto de Recursos Mundiais e outros, 1992). Quando se fala em biodiversidade pouca ou nenhuma referência se faz, no entanto, às transformações dos ecossistemas campestres.

Acredita-se que, na mesma medida em que necessitamos preservar as florestas, as matas ciliares, os sistemas aquáticos, os pântanos, necessitamos preservar as áreas campestres, já que se tratam de ecossistemas particularizados. Não obstante o que se observa, contraria as diretrizes gerais estabelecidas pelo documento anteriormente referido.

Exemplifica-se esta afirmação com o trabalho de Marchiori (1992), que seguindo a mesma perspectiva de abordagem construída por Suertegaray (1987), admite a origem natural dos areais e a conseqüente intensificação pelo uso atual. Neste, o autor admite a possibilidade de introdução de espécies exóticas, no ecossistema campestre do Rio Grande do Sul argumentando que: "Tratando-se a vegetação campestre de um relicto vegetal de um clima diferenciado do atual (do passado) na medida em que as condições climáticas atuais correspondem a um 'clímax florestal' e, que por conseqüência trata-se de uma vegetação pouco agressiva na colonização do solo, não é lógico buscar-se na flora campestre nativa os ele-

DESERTIFICAÇÃO: RECUPERAÇÃO E DESENVOLVIMENTO SUSTENTÁVEL

mentos para a recomposição ambiental" (Marchiori, 1992).

Para este mesmo autor, a "transformação da paisagem campestre em florestal, por outro lado, não pode ser contestada com argumentos científicos". Admitindo que, "a região apresenta um clima nitidamente florestal, de modo que a intervenção humana neste sentido pode ser interpretada como um impulso a favor desta tendência natural" (Marchiori, 1992).

Cabe, a partir destas considerações, primeiro, contradizer estas afirmações questionando a não consideração feita à complexa interação dinâmica entre solo, clima e vegetação que fez com que, do médio holoceno ao presente, fosse possível a manutenção desta vegetação relicto em detrimento da floresta. Segundo, questionar, o que significa preservar a biodiversidade. Manter a diversidade campestre, ainda que relicto, adaptado aos ambientes modernos/atuais ou suprimi-la da paisagem em nome da homogeneização?

Neste contexto é importante lembrar o que está expresso em A Estratégia Global da Biodiversidade (Instituto de Recursos Mundiais e outros, 1992), sobre diretrizes para a translocação de organismos vivos.

— "A introdução de uma espécie exótica só deve ser admitida se dela puderem esperar benefícios evidentes e bem definidos para o homem ou para as comunidades naturais" (Instituto de Recursos Mundiais e outros, 1992). No caso da introdução do eucalipto no sudoeste do Rio Grande do Sul por exemplo, pode-se visualizar talvez benefícios econômicos para alguns setores daquela comunidade. No entanto, o conhecimento acumulado não permite dizer, com clareza, dos benefícios evidentes às comunidades naturais.

— "Só se admite a introdução de uma espécie exótica se nenhuma outra espécie nativa for adequada para os mesmos objetivos" (Instituto de Recursos Mundiais e outros, 1992). No caso da introdução do eucalipto é evidente que a reconstituição com gramínea das áreas de arenização não se adaptam ao mesmo objetivo, qual seja o florestamento para fins industriais, resultando daí as controvérsias e a negação da possibilidade de reconstituição com espécies nativas herbáceas.

— "Nenhuma introdução deve ser feita em habitats seminaturais exceto por motivos excepcionais e só quando a operação tiver sido extensamente estudada e planejada" (Instituto de Recursos Mundiais e outros, 1992). Os efeitos da introdução do eucalipto na Campanha do Rio Grande do Sul, não estão devidamente e extensamente estudados. As referências de sua utilização ao nível internacional são controvertidas, havendo indicativos do surgimento de problemas ambientais, ao nível do solo, das bacias hidrográficas e da fauna por exemplo, quando dos florestamentos para fins industriais. Por conseqüência, reafirmamos que a primeira estratégia a ser considerada na conservação da biodiversidade é conservar a biodiversidade na sua totalidade. Para isto faz-se necessário trabalharmos em outros níveis estratégicos quais sejam:

• Estudar a biodiversidade, compreender a complexa e dinâmica articulação natureza e sociedade, no sentido de assegurar a reconstituição dos ecossistemas naturais com suas devidas espécies. Isto exige, sem dúvida, o fomento da pesquisa, a democratização dos recursos financeiros, desvinculando-os de objetivos específicos de mercado e permitindo a experienciação e confronto das diferentes possibilidades e a busca de desenvolvimento das chamadas ecotécnicas.

- Democratizar as informações, ou seja, permitir a disseminação do saber no sentido de fortalecer o debate e promover a possibilidade de que, diferentes comunidades humanas possam decidir sobre o caminho que deverão trilhar, em termos de utilização dos recursos, advindos dos ecossistemas em que habitam.
- Descentralizar o poder e a economia. A globalização da produção traz no seu bojo a homogeneização no uso da natureza, e a conseqüente queda da biodiversidade, seja ela natural ou cultural.
- Resgatar a participação comunitária e a gestão a partir da escala local em articulação com o regional e o nacional. Ou seja, admitir que a conservação da biodiversidade pressupõe um novo modelo social, assentado sobre dimensões econômicas, políticas e éticas diferenciadas daquelas que foram construídas ao longo de uma história.

As colocações aqui expostas sinalizam a significativa contradição entre economia e ambiente, exploração e conservação da biodiversidade. Indicam a complexa relação de poder que perpassa o planejamento do uso dos recursos, exigindo por conseqüência, um novo olhar sobre estas questões no sentido de repensar nossa atuação passada, na busca de alternativas sustentáveis para o futuro.

6. Conclusões

A partir do exposto cabe levantar algumas considerações e questões sobre a temática da desertificação:

- É de nosso entendimento que, tomando como base o conceito de desertificação adotado pelo PNUMA, as áreas em território brasileiro que estariam associadas a este processo correspondem ao Nordeste semi-árido;
- As causas dos processos de degradação do solo que se manifestam no contexto do território brasileiro têm origens diferenciadas, a exemplo da desertificação do noroeste do Paraná e dos processos de arenização no sudoeste do Rio Grande do Sul e, só recentemente, da década de 70 em diante vêm sendo mais profundamente estudadas;
- Ao nível internacional há ampla bibliografia referente às origens e às causas da desertificação. Nestes trabalhos, quando as referências são os processos de desertificação, as áreas preocupantes são entre outras o Sahel (África), desertos da China, Chile e o semi-árido e árido da bacia do Mediterrâneo;
- As técnicas de recuperação de áreas desertificadas estão centralizadas no manejo hídrico e no manejo de dunas e solos constituídos de areias móveis. As propostas variam desde alternativas localizadas a modelos de silvicultura ou de silvopastoreio quando tratam-se de preocupações mais regionais, a exemplo do Chile, da bacia do Mediterrâneo e do Sahel;
- No caso brasileiro, o que se observa e neste particular, no caso específico do Rio Grande do Sul é a despreocupação com a dinâmica do ecossistema, as caracterís-

ticas culturais, sociais e econômicas regionais. O objetivo das proposições centram-se, na maioria dos casos, na busca de incorporação de setores degradados (areais) ao processo produtivo sem uma preocupação mais abrangente, seja em relação à natureza ou à comunidade que ali vive.

Em conseqüência o que se verifica é:

— Uma despreocupação com o reconhecimento dos processos hídricos e eólicos que promovem a mobilização de sedimentos nessas áreas, elementos fundamentais para a reconstituição da natureza;
— Uma despreocupação com a necessidade de preservação da biodiversidade, quando se sugere, por exemplo, o florestamento homogêneo que, segundo proposta do projeto Floram (Instituto de Estudos Avançados, 1990) poderia atingir $9000km^2$ enquanto os dados relativos à extensão dos areais, em âmbito regional, somam entre areais e focos de arenização, aproximadamente 6000ha;
— Uma despreocupação com a gestão do ambiente na sua totalidade (natural, econômica, social, cultural e política).

Para finalizar, em se tratando da discussão sobre geomorfologia e meio ambiente, cabe dizer da importância dos estudos geomorfológicos, em particular no que corresponde à compreensão dos processos morfodinâmicos que atuam como desencadeadores da desertificação ou arenização (caso do Rio Grande do Sul), além do dimensionamento da extensão destes processos, trabalho que corresponde à fase atual de nossos estudos. Não obstante, é necessário reconhecer que o tema desertificação é, sem dúvida, uma tarefa interdisciplinar.

7. Bibliografia

AB'SABER, A.N.(1977) A Problemática da Desertificação e da Savanização no Brasil Intertropical. Geomorfologia, Instituto de Geografia, USP, São Paulo, 53:1-20.

BALLING Jr., R.C. (1991) Impact of Desertification on Regional and Global Warming. Bulletin of the American Meteorological Society. USA.72:232-344.

CONTI, J.B. (1989) Desertificação como Problema Ambiental. *III* Simpósio de Geografia Física. Nova Friburgo, UFRJ, Rio de Janeiro, 1:189-194.

CONTI, J.B. (1995) Desertificacion en el Estado del Ceará (Brasil). V Encuentro de Geografia de America Latina. Programa/Resumenes. La Habana, Cuba, 97.

DEPARTAMENTO DE GEOGRAFIA Y DE INGENIERIA Y SOLOS. (1994) Agroflorestación Bajo Regimen de Escurrimiento de Lluvia para Motivar la Producción Agrícola Sustentable de Alimentos y Leña en Tierras Áridas. Universidad del Chile. Santiago. Chile. (inédito):15p.

EMBRAPA. (1994) Atlas do Meio Ambiente do Brasil. Editora Terra Viva. Brasília, 1-138.

HULME, M e KELLY, M. (1993) Exploring the links between: Desertification and Climate Change. Environment, Washington, USA., 35 (6): 5-11.

INSTITUTO DE ESTUDOS AVANÇADOS. (1990) FLORAM. Uma Plataforma. Revista Estudos Avançados, USP. São Paulo, 4(9):301p.

INSTITUTO DE RECURSOS MUNDIAIS (WRI), UNIÃO MUNDIAL PARA A NATUREZA E PROGRAMA DAS NAÇÕES UNIDAS PARA O MEIO AMBIENTE. (1992). A Estratégia Global da Biodiversidade. Diretrizes de ação para estudar, salvar e usar de maneira sustentável e justa a riqueza biológica da Terra. Ed. Português, Fundação o Boticário de Proteção à Natureza, São José dos Pinhais, Paraná, 232p.

DESERTIFICAÇÃO: RECUPERAÇÃO E DESENVOLVIMENTO SUSTENTÁVEL

LATORRE ALONSO, J. (1989) Algunas Experiencias de Reforestación de Zonas Áridas y Semiáridas de Chile. Degradacion de Zonas Áridas en el Entorno Mediterrâneo. Ministério de Obras Públicas e Urbanismo, Madri, Espanha, 117-150.

LE HOUÉROU, H.N (1977) The Nature and Cause of Desertification. Arid Zone News Letter. University of Arizona, Tucson. USA, 3:1-7.

LE HOUÉROU, H.N. (1989) Agrosilvicultura e Silvopastoralismo para Combatir la Degradación del Suelo en la Cuenca Mediterrânea. Viejas soluciones para problemas nuevos. Degradación de Zonas Áridas en el Entorno Mediterrâneo. Ministério de Obras Públicas e Urbanismo, Madrid, Espanha, 105-116.

LOPEZ BERMÚDEZ, F. (1988) Desertificacion: Magnitud del Problema y Estado Atual de las Investigaciones. Monografia. Sociedad Española de Geomorfologia. Perspectivas en Geomorfologia. Editores M. Gutierrez e J.L.Peña, Espanha, 155-169.

MAINGUET, M. (1995) L'home et la Sécheresse. Collection Géographie. Masson géographie. Paris, Milan, Barcelona, 200-225pp.

MARCHIORI, J.N.C. (1992) Areais no Sudoeste do Rio Grande do Sul: Elementos para uma História Natural. Ciência e Ambiente. UFSM/UNIJUI, Rio Grande do Sul, III (5): 65-90.

MENDONÇA, F. de A. (1990) A Evolução Sócio-Econômica do Norte Novíssimo de Paranavaí-PR e os Impactos Ambientais. Desertificação? Dissertação de Mestrado. Departamento de Geografia, USP, São Paulo, 293p.

NICHELSON, S.E. (1978) Climatic Variations in Sahel and other African Regions During the Past Five Centuries. Journal of Arid Environments. USA. 1:3-24.

NIMER, E. (1988) Desertificação: Realidade ou Mito? Revista Brasileira de Geografia. Rio de Janeiro, 50 (1):7-40.

ROCHETTE, R.M. (1988) Le Sahel en Lutte Contre la Desertification. Leçons D'éxperiences. Comité Inter-États de Lutte Contre la Scecheresse au Sahel / Programene Allemand Cilss. Ovagadougou. 449-506p.

RODRIGUES, V. (1986) Aspectos Conceituais da Desertificação. Seminários sobre Desertificação no Nordeste. Documento Final. Ministério do Desenvolvimento Urbano e Meio Ambiente, Secretaria Especial do Meio Ambiente. Brasília, 26-27.

SOUTO, J.J.P. (1985) Deserto, uma Ameaça? Estudos dos Núcleos de Desertificação na Fronteira Sudoeste do Rio Grande do Sul. Secretaria da Agricultura, Porto Alegre, Rio Grande do Sul, 169p.

DESERTIFICAÇÃO: RECUPERAÇÃO E DESENVOLVIMENTO SUSTENTÁVEL

SUERTEGARAY ,D.M.A. (1987) A Trajetória da Natureza. Um Estudo Geomorfológico sobre os Areais de Quaraí — RS. Tese de Doutorado, Dep de Geografia, USP, São Paulo. (inédito), 243p.

SUERTEGARAY ,D.M.A. (1992) Deserto Grande do Sul. Controvérsia. Editora da Universidade. UFRGS. Porto Alegre, Rio Grande do Sul. 71p.

SUERTEGARAY, D.M.A. (1993) Natureza e Sociedade: Articulação Necessária. In: MEDEIROS, R.M.V., SUERTEGARAY, D.M.A. e DAUDT, H.M.L. organizadores, EIA -Rima Estudo de Impacto Ambiental. Metrópole. Porto Alegre. Rio Grande do Sul. 9-12.

SUERTEGARAY,.D.M.A. (1994) Desertificação no Brasil, Causa Antrópica ou Natural? 5º Congresso Brasileiro de Geógrafos, Anais. UFPR, Curitiba, (I):359-365.

SUERTEGARAY, D.M.A., BELLANCA, E.T. (1992) Projeto Recuperação de Solos (Desertificados — Experimento). Departamento de Geografia. UFRGS, Porto Alegre. Rio Grande do Sul. (inédito). 9p.

SUERTEGARAY, D.M.A., GUASSELLI, L.A e FRANZ, M.V. (1995) Caracterização Hidrogeomorfológica e Uso do Solo em Áreas de Ocorrência de Areais: São Francisco de Assis/Manuel Viana. Relatório Projeto Interdisciplinar — PADCT/CEPSRM — UFRGS, Porto Alegre, Rio Grande do Sul. (Inédito). 181-290.

SUERTEGARAY, D.M.A., MOURA, N.S.V. e NUNES, J.O.R. (1989) São Francisco de Assis e Alegrete: Uma Análise Geomorfológica da Ocorrência de Areais. III Simpósio de Geografia Física Aplicada. UFRJ, Nova Friburgo, Rio de Janeiro, 384-397.

TOUPET, C. (1992) Le Sahel. Géographie. Nathan Université Paris. Paris. França, 127-177pp.

VASCONCELOS SOBRINHO, J. de (1978) Identificação de Processo de Desertificação no Nordeste Brasileiro. SEMA/SUDENE, Departamento de Desenvolvimento Local e Divisão de Saneamento Geral. Recife. Pernambuco. 26 p.

CAPÍTULO 6

GEOMORFOLOGIA APLICADA AOS EIAs-RIMAs

Jurandyr Luciano Sanches Ross

1. Introdução

Os sistemas ambientais naturais, face as intervenções humanas, apresentam maior ou menor fragilidade em função de suas características genéticas. A princípio, salvo algumas regiões do planeta, os ambientes naturais mostram-se ou mostravam-se em estado de equilíbrio dinâmico, até que as sociedades humanas passaram progressivamente a intervir cada vez mais intensamente na apropriação dos recursos naturais.

Pode-se estabelecer paralelismo entre o avanço da exploração dos recursos naturais com o complexo desenvolvimento tecnológico, científico e econômico das sociedades humanas. As sucessivas revoluções técnico-científicas, acompanhadas de vigoroso e complexo desenvolvimento econômico nos dois últimos séculos, sobretudo nos últimos 80 anos, transformou radicalmente o homem como ser social. Promoveu, de modo geral, a longevidade humana com a redução dos índices de mortalidade, mas não conseguiu reduzir a natalidade no mesmo nível, como seria o desejável. Deste modo, possibilitou à humanidade um rápido crescimento demográfico. A tecnificação e a sofisticação crescente dos padrões sócio-culturais, juntamente com o crescimento populacional, cada vez mais interferem no ambiente natural, a procura dos recursos naturais. Nas regiões em que todo esse processo de desenvolvimento ocorreu, os desequilíbrios entre crescimento econômico e disparidades sociais são menos acentuados, mesmo porque o crescimento de suas populações também se estabilizou pelo acentuado decréscimo das taxas de natalidade. O mesmo não ocorreu com as regiões que importaram o progresso tecnológico. Nessas áreas de influência, o tecnicismo gerou impactos sociais muito mais agressivos, contribuindo para um verdadeiro desequilíbrio nas relações sociais, culturais, econômicas e ambientais. Houve rápida modificação nos sistemas de produção com as novas tecnologias. Estas inserções tecnológicas proporcionaram um desenvolvimentismo econômico que não foi acompanhado do desenvolvimento social e cultural e, mesmo econômico, para a maior parte da população.

A crescente industrialização concentrada em cidades, a mecanização da agricultura em sistema de monocultura, a generalizada implantação de pastagens, a intensa exploração de recursos energéticos e matérias-primas como o carvão mineral, petróleo, recursos hídricos, minérios, tem alterado, de modo irreversível, o cenário da Terra e levado, com freqüência, a processos degenerativos profundos da natureza.

O Brasil, que sofreu uma forte influência externa do desenvolvimento tecnológico, caracterizando-se como importador de tecnologias e capitais, os problemas sociais, culturais e ambientais são marcadamente fruto das disparidades regionais, e da incapacidade e falta de oportunidades das diferentes camadas sociais de absorver e ajustar-se aos impactos criados por esse mecanismo. Na natureza isso se revelou pela intensificação dos processos de apropriação dos recursos e conseqüente degradação ambiental.

As leis da física e da química regem a funcionalidade dos diferentes estados físicos que a natureza apresenta, e esta, apesar das fortes agressões pela ação do homem, não sofre mudanças em sua essência, tendo grande capacidade de auto-regeneração. Assim sendo, um corpo d'água como o rio Tietê, em São Paulo, que é altamente poluído pelos resíduos industriais e domésticos da região metropolitana, a menos de 200km de percurso para jusante, dá sinais evidentes de melhoria da qualidade de suas águas. As florestas que estão no entorno da Grande São Paulo, que foram no passado recente, dizimadas para extração de madeira industrial, carvão e lenha, atualmente reconstituíram-se espontaneamente em matas secundárias. Muitas áreas degradadas por processos erosivos agressivos se estabilizaram naturalmente. É evidente que para acontecer as regenerações espontâneas das águas, das coberturas vegetais, dos solos, da fauna e a estabilização do relevo, é preciso duas condições básicas — tempo e trégua, ou seja, necessita-se dar oportunidade de auto-recuperação, cessando as intervenções altamente predatórias.

A funcionalidade dos ambientes naturais, alterados ou não pelas ações humanas, é comandada, de um lado, pela energia solar através da atmosfera e, por outro, pela energia do interior da Terra através da litosfera. A troca permanente de energia e matéria que se processa nestas duas grandes massas, aliadas à presença da água em seus três estados físicos, é a responsável pela dinâmica e pela presença da vida vegetal e animal na Terra.

Grigoriev (1968, *in* Ross 1990) define esse quadro como sendo o Estrato Geográfico da Terra, ou seja, uma estreita faixa compreendida entre a parte superior da litosfera e a baixa atmosfera, correspondendo ao ambiente que permite a existência do homem como ente biológico e social, bem como os demais elementos bióticos da natureza. Esse estrato geográfico, assim considerado por ser palco das ações humanas, tem no homem, como ser social, o centro das preocupações.

A estrutura físico-biótica do estrato geográfico se consubstancia nas diversas camadas ou componentes da natureza tais como a baixa atmosfera, a hidrosfera, a litosfera e a biosfera. Estas componentes se articulam e interagem de forma tal, que definem mecanismos extremamente complexos de funcionamento e de interdependência. Fazem parte deste sistema o ar (clima), as águas (rios, oceanos, lagos, geleiras), os solos, as rochas, as formas do relevo, a vegetação e a fauna. Além do ambiente natural, o meio antrópico é parte fundamental no entendimento do processo, sendo para isso imprescindível a análise das relações sócio-econômicas entre os homens e destes com a natureza. Assim sendo, os estudos ambientais integrados e espacializados, no tempo e no território, devem contemplar a pesquisa, tanto em nível das disciplinas que representam o todo ou parte das componentes do estrato geográfico, como a inter-relação entre elas.

Os diferentes ambientes naturais encontrados na superfície da Terra, que são decorrentes das diferentes relações de troca de energia e matéria entre as componentes, são denominados na concepção da teoria de sistemas como ecossistemas ou como mais recentemente vem se denominando — Sistemas Ambientais.

As relações de troca energética entre as partes criam uma situação de absoluta interdependência, não permitindo, por exemplo, o entendimento da dinâmica e da gênese do relevo sem que se conheça o clima, os solos, a litologia e seus respectivos arranjos estruturais, ou ainda, a análise da fauna sem associá-la à flora que lhe dá suporte, que por sua vez, não pode ser entendida sem o conhecimento do clima, da dinâmica das águas, dos tipos de solos e assim sucessivamente.

As formas do relevo, os tipos de solos e a cobertura vegetal compõem uma estreita faixa da parte superior da litosfera que está em contato direto com a baixa atmosfera e com as águas. Assim sendo, essa porção epidérmica da Terra é extremamente dinâmica e sensível, pois nessa faixa ocorre a vida animal e vegetal, que se utilizam dessas fontes energéticas. O relevo decorre das ações das forças ativas e passivas dos processos endógenos e das forças ativas dos processos exógenos sendo, portanto, o palco onde os homens desenvolvem suas atividades e organizam seus territórios. Diante disto, as sociedades humanas não devem ser tratadas como elementos estranhos à natureza e portanto, aos

Sistemas Ambientais onde vivem. Ao contrário, são agentes ativos deste processo e são parte fundamental desta dinâmica complexa, que fazem o sistema como um todo funcionar. É cada vez mais necessário que se faça inserções antrópicas absolutamente compatíveis com as potencialidades dos recursos naturais de um lado e com as fragilidades dos Sistemas Ambientais Naturais de outro.

2. Estudos de Impacto Ambiental

Os estudos de impactos ambientais são obrigatórios pela legislação brasileira, para qualquer grande investimento que demande a execução de grandes obras de engenharia. Apresenta-se aqui um breve histórico dos antecedentes do EIA-RIMA, suas aplicações e onde a geomorfologia se insere neste contexto.

2.1. Antecedentes do EIA-RIMA

Este breve relato sobre a evolução da política ambiental no Brasil procura recuperar alguns pontos relevantes que permitem considerar previamente que, mesmo com os permanentes avanços observados em torno da questão ambiental no Brasil, sempre houve uma acentuada contradição entre a política definida nos bastidores das instituições públicas e a realidade vivida no dia a dia do país.

Pode-se apontar, inicialmente, dois importantes marcos nesta questão: a criação, durante o primeiro governo Vargas, em 1934, do Código das Águas, um instrumento legal de controle ambiental e a criação do Código Florestal, em 1965. Estes dois instrumentos jurídicos passaram a compor a base legal para administrar o uso das águas de superfície e estabelecer restrições à exploração de espécies vegetais, sobretudo madeiras, além de estabelecer critérios para os desmatamentos. Atualmente, ambos continuam em vigor em suas linhas gerais, apesar de alguns ajustes ao longo destes anos.

Entretanto, o Estado Brasileiro, seguindo modelos europeus e sobretudo norte-americanos, adotou, na questão ambiental, algumas medidas, tomadas por meio da criação de uma legislação específica, que antecederam, em algum tempo, a estruturação e criação de instituições apropriadas para tratar o tema meio ambiente.

A partir da década de 60, a preocupação com as questões ambientais se acentuou em função da forte influência dos movimentos ambientalistas ou ecologistas da Europa Ocidental que, progressivamente, se organizaram e, cada vez mais, ganharam espaços na mídia. A Conferência das Nações Unidas, promovida em Estocolmo, Suécia, em 1972, foi um evento importante para a questão ambiental em todos os países e, sobretudo, para o Brasil. Viveu-se na década de 70, nos Estados Unidos e na Europa Ocidental, uma intensa atividade dos grupos ecológicos, inclusive com o surgimento dos partidos verdes, com maior ênfase na então Alemanha Ocidental, França, Inglaterra e Suécia. Apesar das freqüentes posturas e atitudes emotivas, raramente técnicas e científicas, estes grupos transformaram positivamente as questões ambientais em fatos de natureza absolutamente política. Por um viés aparentemente inadequado, face às atitudes agressivas adotadas nas denúncias, conseguiram influenciar a sociedade e pressionar as instituições de financiamentos internacionais a mudarem progressivamente suas posturas, diante das questões da natureza.

Até o final da década de 60, não havia no mundo e, obviamente, no Brasil, atitudes explícitas dos governos em relação às questões ambientais. Na verdade, a grande preocupação sempre foi com a promoção do desenvolvimento econômico, com base na ampliação da exploração dos recursos naturais e do aprimoramento tecnológico, sobretudo após a Segunda Guerra Mundial. Com características e objetivos aparentemente diferentes, esta postura tanto foi aplicada nos países de economia de mercado, os denominados capitalistas, como os países do bloco comunista, de economia socializada ou, como na realidade se expressavam, economia estatal. Isto tanto é verdadeiro que nos Estados Unidos somente iniciou-se uma política ambiental com responsabilidade pública, em 1969, com o *National Environmental Policy Act*, tornando este país um dos primeiros responsáveis pela implementação de políticas ambientais (Lester, 1989, *in* Ferreira, 1994).

No Brasil, em 1973, foi criada a SEMA, Secretaria do Meio Ambiente em nível federal. No Estado de São Paulo, surgiu, nessa mesma época, a CETESB, uma empresa estatal centrada no objetivo de desenvolver tecnologias e aplicá-las no setor de saneamento básico e controle da poluição. No início, esta empresa tinha dois enfoques básicos de atuação: poluição das águas e poluição do ar. Evidentemente que, por trás destas preocupações básicas, estruturou-se toda uma atuação técnico-científica, para desenvolver programas de trabalho em diferentes frentes de atuação, destacando-se as pesquisas tecnológicas, os sistemas de fiscalização, o tratamento de resíduos, o controle de emissão de resíduos sólidos, líquidos e gasosos, entre outros.

A criação da CETESB foi um salto de qualidade técnico-científico e político para o tratamento das questões ambientais no Estado de São Paulo, com reflexos para o país. No âmbito federal, a criação da SEMA, trouxe como resultados mais significativos o surgimento de inúmeras unidades de conservação, áreas de proteção ambiental (APAs), estações ecológicas e, mais tarde com o IBDF, os parques nacionais.

Durante a década de 70, enquanto nos centros mais industrializados do país debatia-se com os setores produtivos e a administração pública as questões do controle da poluição, do ar e da água, face aos problemas de saúde que causavam, nas áreas pouco industrializadas ou sem industrialização clamava-se por desenvolvimento com poluição, pois este seria sinônimo de desenvolvimento econômico.

Na década de 80, o governo federal instituiu a Lei 6938/81, sobre a Política Nacional do Meio Ambiente, que estabelece os princípios, os objetivos e o sistema nacional do meio ambiente. É criado o CONAMA — Conselho Nacional do Meio Ambiente, que tem como atribuições estabelecer normas e critérios para licenciamento de atividades poluidoras, determinar a realização de estudos alternativos e das conseqüências de projetos públicos e privados, entre outros. Entretanto, somente em 1986, o CONAMA, através da Resolução 001, regulamenta os EIAs-RIMAs, estabelecendo os critérios e as normatizações para o licenciamento de implantação de grandes empreendimentos.

A constituição brasileira de 1988, no capítulo VI,

artigo 225, trata especificamente sobre o meio ambiente, estabelecendo que "todos têm direito ao meio ambiente ecologicamente equilibrado, bem de uso comum do povo e essencial à sadia qualidade de vida, impondo-se ao Poder Público e à coletividade o dever de defendê-lo para as presentes e futuras gerações". Reforça, no seu parágrafo 1º, inciso IV, a Resolução CONAMA de 1986 que trata dos EIAs-RIMAs, obrigando na forma da lei, que os investimentos que alteram o ambiente tenham Estudos Prévios sobre os Impactos Ambientais (EPIA).

Da mesma forma que a criação da SEMA levou à criação das SEMAs estaduais, a Constituição Federal, ao fazer uma referência específica ao meio ambiente e consolidar o CONAMA, também condicionou os Estados a adotarem procedimentos semelhantes. Assim, as constituições estaduais passaram a tratar das questões ambientais, dispondo sobre a criação de CONSEMAs (Conselhos Estaduais do Meio Ambiente). Isso também aplicou-se aos municípios, que tiveram um determinado prazo para promulgarem suas leis orgânicas, em que obrigatoriamente seguem as constituições federal e estaduais, obviamente ajustando e detalhando suas especificidades de acordo com a realidade de cada lugar.

2.2. Aplicações dos Estudos de Impacto Ambiental e Relatórios de Impacto Ambiental

Os Estudos de Impactos Ambientais (EIA) e os Relatórios de Impactos Ambientais (RIMA) são parte dos instrumentos da Política Nacional de Meio Ambiente, conforme destaca-se na lei 6938 de 31 de agosto de 1981. Assim, são instrumentos constantes dessa lei:

I — O estabelecimento de padrões de qualidade ambiental;

II — O zoneamento ambiental;

III — A avaliação de impactos ambientais;

IV — O licenciamento e a revisão de atividades efetivas ou potencialmente poluidoras;

V — Os incentivos à produção e instalação de equipamentos e a criação ou absorção de tecnologia, voltados para a melhoria da qualidade ambiental;

VI — A criação de reservas e estações ecológicas, áreas de proteção ambiental e as de relevante interesse ecológico, pelos poderes públicos federal, estadual ou municipal; e,

VII — Outros instrumentos normativos.

Foi promulgado pelo CONAMA a Resolução 001 de 23/01/1986, que resolve:

Artigo 1º — Para efeito desta Resolução, considera-se impacto ambiental qualquer alteração das propriedades físicas, químicas e biológicas do meio ambiente, causada por qualquer forma de matéria ou energia resultante das atividades humanas que direta ou indiretamente afetem:

I — a saúde, a segurança e o bem-estar da população;

II — as atividades sociais e econômicas;

III — a biota;

IV — as condições estéticas e sanitárias do meio ambiente;

V — a qualidade dos recursos ambientais.

GEOMORFOLOGIA APLICADA AOS EIAs-RIMAs

Artigo 2º — Dependerá de elaboração de Estudo de Impacto Ambiental (EIA) e respectivo RIMA a serem submetidos a aprovação do orgão estadual competente e da SEMA, em caráter supletivo, o licenciamento de atividades modificadoras do meio ambiente, tais como:

1 — estradas de rodagem com duas (2) ou mais faixas de rolamento;

2 — ferrovias;

3 — portos e terminais de minério, petróleo e produtos químicos;

4 — aeroportos, conforme definidos pelo inciso I, artigo 48 do Decreto-lei nº 32, de 18/11/66;

5 — oleodutos, gasodutos, minerodutos, troncos coletores e emissários de esgotos sanitários;

6 — linhas de transmissão de energia elétrica acima de 230 Kw;

7 — obras hidráulicas para exploração de recursos hídricos, tais como: barragens para quaisquer fins hidrelétricos, acima de 10Mw, de saneamento ou de irrigação, abertura de canais para navegação, drenagem e irrigação, retificação de cursos d'água, abertura de barras e embocaduras, transposição de bacias, diques;

8 — extração de combustível fóssil (petróleo, xisto, carvão);

9 — extração de minério, inclusive os da classe II, definidas no Código de Mineração;

10 — aterros sanitários, processamento e destino final de resíduos tóxicos ou perigosos;

11 — usinas de geração de eletricidade, qualquer que seja a fonte de energia primária, acima de 10Mw;

GEOMORFOLOGIA APLICADA AOS EIAs-RIMAs

12 — complexo e unidades industriais e agro-industriais (petroquímicas, siderúrgicas, cloroquímicas, destilarias de álcool, hulha, extração e cultivo de recursos hidrobios);

13 — distritos industriais e zonas estritamente industriais (ZEI);

14 — exploração econômica de madeira ou lenha, em áreas acima de 100ha ou menores, quando atingir áreas significativas em termos percentuais, ou de importância do ponto de vista ambiental;

15 — projetos urbanísticos, acima de 100ha ou em áreas consideradas de relevante interesse ambiental, a critério da SEMA (hoje IBAMA) e dos órgãos ambientais estaduais e municipais;

16 — qualquer atividade que utilizar carvão vegetal, derivados ou produtos similares, em quantidade superior a dez toneladas por dia; e,

17 — projetos agropecuários que contemplem áreas acima de 1000ha ou menores, neste caso quando se tratar de áreas significativas em termos percentuais, ou de importância do ponto de vista ambiental, inclusive nas áreas de proteção ambiental.

Artigo 6º. — O Estudo de Impacto Ambiental desenvolverá, no mínimo, as seguintes atividades técnicas:

I — diagnóstico ambiental da área de influência do projeto. Completa descrição e análise dos recursos ambientais e suas interações, tal como existem, de modo a caracterizar a situação ambiental da área, antes da implantação do projeto, considerando:

303

a) o meio físico — o sub-solo, as águas, o ar e o clima, destacando os recursos minerais, a topografia (relevo), os tipos de aptidões do solo, os corpos d'água, o regime hidrológico, as correntes marinhas, as correntes atmosféricas;

b) o meio biológico e os ecossistemas naturais — a fauna e a flora destacando-se espécies indicadoras de qualidade ambiental, de valor científico e econômico, raras e ameaçadas de extinção e as áreas de preservação permanente;

c) o meio sócio-econômico — o uso e ocupação do solo (uso da terra), os usos da água e a sócio-economia (aspectos econômicos e de condições de vida), destacando os sítios e monumentos arqueológicos, históricos e culturais da comunidade, as relações de dependência entre a sociedade local, os recursos ambientais e a potencial utilização futura desses recursos.

Os itens seguintes definem outras normas e no **artigo 7°** estabelece que: — O Estudo de Impacto Ambiental será realizado por equipe multidisciplinar habilitada.

A Resolução CONAMA 001/86 enumera outros artigos que não foram aqui reproduzidos.

Os Estudos de Impacto Ambiental de qualquer que seja o empreendimento que se enquadre nos parâmetros definidos pela Resolução 001 — CONAMA, necessita portanto de Diagnóstico Ambiental e, conseqüentemente, de análise dos efeitos, ou seja, dos impactos gerados pelo empreendimento sobre os meios físico, biológico, social e econômico. Esses impactos podem ser diretos, indiretos, benéficos, adversos, temporários, permanentes, cíclicos, imediatos, de médio a longo prazos, reversíveis, irreversíveis de efeitos locais ou regionais.

Nos EIAs-RIMAs deve-se estabelecer quais serão as medidas mitigadoras, ou seja, soluções técnico-científicas que possam diminuir os efeitos dos impactos adversos previamente identificados e qualificados. Essas medidas deverão ser apresentadas e classificadas quanto:

— a sua natureza: preventiva ou corretiva, como controle de emissão de poluentes, tratamento dos efluentes industriais ou domésticos, tratamento ou disposição dos resíduos sólidos (lixo urbano e industrial);

— a fase do empreendimento em que deverão ser adotadas: no planejamento, implantação, operação e desativação em caso de acidentes;

— na componente ambiental afetada, ou seja, meio físico, biótico ou sócio-econômico;

— o tempo de permanência de sua ocorrência;

— responsabilidade pela implantação do empreendimento e causador dos impactos;

— avaliação dos custos das medidas mitigadoras.

Tratando-se de grandes empreendimentos com fortes impactos ambientais, deverá ter um programa de acompanhamento/monitoramento dos impactos ambientais, desde a fase de construção/instalação até a fase de funcionamento.

3. Abordagem Geomorfológica nos Estudos Ambientais

No âmbito do relevo os EIAs/RIMAs devem contemplar os estudos geomorfológicos de base empírica,

GEOMORFOLOGIA APLICADA AOS EIAs-RIMAs

baseando-se em levantamentos bibliográficos, cartográficos, pesquisas de campo e elaboração de cartogramas temáticos, que permitam estabelecer a análise do relevo em aspectos como:

— compartimentação topográfica;
— caracterização dos padrões de formas e das vertentes e suas relações com os solos, as rochas, o clima e a vegetação;
— classificação das formas de relevo quanto à sua gênese, tamanho (morfometria) e dinâmica atual;
— classificação das formas de relevo quanto à sua fragilidade potencial e emergente, procurando-se identificar problemas de erosão e assoreamento, inundações, instabilidade dos terrenos nas vertentes muito inclinadas, instabilidade dos terrenos planos (planícies fluviais, marinhas, lacustres etc.).

O diagnóstico da geomorfologia deverá ter como preocupação os efeitos (impactos) que o empreendimento trará ao relevo, como exemplo induzir aos impactos indiretos: processos erosivos, processos de movimentos de massa, às inundações, aos assoreamentos ou ainda, impactos diretos como a necessidade de cortes, aterros, desmontes de morros, drenagem e ressecamento de planícies fluviais, retilinização ou desvio de leitos fluviais, entre outros. Por outro lado, é também significativo avaliar os efeitos ou respostas que as características do relevo poderão exercer sobre o empreendimento. Por exemplo, a execução de cortes e aterros em áreas de morros esculpidos em rochas cristalofilianas, com clima tropical úmido, pode transformar-se em uma catástrofe com a perda da estabilidade das vertentes, promovendo os desmoronamentos e deslizamentos que destroem obras e põe em risco pessoas e patrimônio. Assim, um empreendimento deve ser analisado quanto aos riscos de sua instalação para a natureza e os riscos que a natureza oferece à presença do empreendimento naquele lugar.

A abordagem geomorfológica nos Estudos Ambientais tem especificamente a preocupação de dar direção a uma geomorfologia que tem suas bases conceituais nas ciências da Terra, mas fortes vínculos com as ciências humanas, à medida em que serve como suporte para o entendimento dos ambientes naturais, onde as sociedades humanas se estruturam, extraem os recursos para a sobrevivência e organizam o espaço físico-territorial.

Assim sendo, o primeiro fato que deve estar permanentemente em alerta aos estudiosos da geomorfologia é que as formas do relevo, de diferentes tamanhos, têm explicação genética e são inter-relacionadas e interdependentes às demais componentes da natureza, e portanto são dinâmicas.

3.1. Entendimento Morfogenético: Diagnóstico do Relevo

A fundamentação teórico-metodológica, que se propõe para trabalhar a pesquisa geomorfológica tem suas raízes na concepção de Penck (1953), que definiu com clareza as forças geradoras das formas do relevo terrestre. Penck percebeu que o entendimento das atuais formas de relevo da superfície da Terra são produtos do antagonismo das forças motoras dos processos endógenos e exógenos, ou seja, da ação das forças emanadas do interior da crosta terrestre de um lado e das forças impulsionadas através da atmosfera pela ação climática atual e do passado, de outro. As forças endógenas, seguindo os princípios de Penck, se revelam de dois modos distintos, através da estrutura da crosta terrestre. Uma das revelações é através do processo ativo, comandado pela dinâmica da crosta terrestre — os abalos sísmicos, o vulcanismo, os dobramentos, os afundamentos e soerguimentos das plataformas, falhamentos e fraturas, que têm explicação atual na teoria da tectônica de placas (Clark Jr., 1973). A segunda revelação se processa de modo imperceptível através da resistência ao desgaste que a litologia e seu arranjo estrutural oferece à ação dos processos exógenos ou de erosão. Neste caso é uma ação passiva constante, porém desigual, face ao maior ou menor grau de resistência da litologia.

A ação exógena é ativa, de atuação constante e também diferencial, tanto no espaço quanto no tempo, face às características climáticas locais, regionais e zonais e às mudanças climáticas de longa duração. O processo de meteorização, erosão e transporte da base rochosa, se exerce tanto pela ação mecânica da água, do vento, da variação térmica como pela ação química da água, que transforma minerais primários em secundários e, simultaneamente, esculpe as formas do relevo.

Tendo como princípio teórico os processos endógenos e exógenos como geradores das formas grandes, médias e pequenas do relevo terrestre, Mescerjakov (1968) e Gerasimov (1980) desenvolveram os conceitos de morfoestrutura e morfoescultura. Assim, todo o relevo terrestre pertence a uma determinada estrutura que o sustenta e mostra um aspecto escultural que é decorrente da ação do tipo climático atual e pretérito, que atuou e atua nessa estrutura. Deste modo, a morfoestrutura e a morfoescultura definem situações estáticas, produtos da ação dinâmica do endógeno e do exógeno.

Os domínios ou zonas morfoclimáticas atuais não são obrigatoriamente coincidentes com as unidades morfoesculturais identificáveis na superfície terrestre. Isto se deve a dois motivos: primeiro porque as unidades morfoesculturais não são produtos somente da ação climática atual, mas também dos climas do passado; segundo porque as unidades morfoesculturais refletem a influência da diversidade de resistência da litologia, e seu respectivo arranjo estrutural, sobre a qual foi esculpida. Deste modo, em uma determinada unidade morfoestrutural pode-se ter uma ou mais unidades morfoesculturais, que refletem de um lado as diversidades litológicas da estrutura e de outro os tipos climáticos que atuaram no passado e os que atuam no presente.

A cartografação geomorfológica deve mapear concretamente o que se vê e não o que se deduz da análise geomorfológica, portanto, em primeiro plano, os mapas devem representar os diferentes tamanhos de formas de relevo, dentro da escala compatível. Em primeiro plano deve-se representar as formas de diferentes tamanhos e em planos secundários, a representação da morfometria, morfogênese e morfocronologia, que têm vínculo direto com a tipologia das formas. Deve-se aplicar para a cartografia geomorfológica os mesmos princípios adotados para a cartografia de solos e de geologia, onde representa-se o que estes temas têm de concreto, ou seja, os tipos de solos e as formações rochosas, para, a seguir, dar

GEOMORFOLOGIA APLICADA AOS EIAs-RIMAs

outras informações relativas a idade, a gênese e as demais características de um modo descritivo no corpo da legenda.

Nos ensaios técnicos e metodológicos desenvolvidos no Laboratório de Geomorfologia do Departamento de Geografia da Universidade de São Paulo, nos últimos anos, deu-se continuidade às experiências desenvolvidas no Projeto Radambrasil, procurando-se aperfeiçoar a cartografação e análise geomorfológica, para fins de planejamento ambiental, utilizando-se imagens de radar em escalas 1:250.000 e 1:100.000 e fotografias aéreas de escalas grandes (1:10.000 e 1:25.000). Com o acesso a outras propostas metodológicas, como as de Demek (1967), Basenina, Aristarchova, Lukasov (1972) e Mecerjakov (1968), em associação com a experiência acumulada em mapeamentos, chegou-se a algumas outras soluções tanto a nível metodológico quanto técnico.

A cartografação e análise geomorfológica seguem os pressupostos da metodologia propostos por Ross (1990 e 1992).

O primeiro taxon que representa maior extensão em área e que corresponde às Unidades Morfoestruturais é identificado na imagem de radar e controlado pelo trabalho de campo e por cartas geológicas. Na representação cartográfica cada Unidade Morfoestrutural é identificada por uma família de cor, por exemplo, azul, verde, lilás, entre outras.

O segundo taxon, o que se refere às Unidades Morfoesculturais contidas em cada Unidade Morfoestrutural é do mesmo modo identificado e controlado com a investigação de campo. Estas unidades recebem identificação pelos tons de uma determinada família de cor.

GEOMORFOLOGIA APLICADA AOS EIAs-RIMAs

Deste modo, se a cor azul indica a morfoestrutura da bacia do Paraná, os diversos tons de azul indicarão as Unidades Morfoesculturais como Planaltos em Patamares, Planaltos Residuais, Depressões Periféricas, Depressões Embutidas, entre outros, que pertencem a essa morfoestrutura.

O terceiro taxon representa as Unidades Morfológicas ou Padrões de Formas Semelhantes que estão contidos nas Unidades Morfoesculturais e correspondem às unidades em manchas de menor extensão territorial e se definem por conjuntos de tipologias de formas (tipos de relevo) que guardam entre si elevado grau de semelhança, quanto ao tamanho de cada forma e aspecto fisionômico. Esses padrões se caracterizam por diferentes intensidades de dissecação do relevo ou rugosidade topográfica, por influência dos canais de drenagem temporários e perenes.

As Unidades Morfológicas ou os Padrões de Formas Semelhantes são de duas naturezas genéticas: as formas agradacionais (acumulação) e as formas denudacionais (erosão). Pode-se seguir os procedimentos do mapeamento geomorfológico adotado pelo Projeto Radambrasil, onde as formas agradacionais recebem a primeira letra maiúscula A (de agradação) acompanhadas de outras duas letras minúsculas que determinam a gênese e o processo de geração da forma de agradação, por exemplo Apf — A de agradação ou acumulação; p de planície e f de fluvial. Outras formas de agradação possíveis são as planícies marinhas (Apm), planícies lacustres (Apl), entre outras. As formas de agradação não recebem os algarismos arábicos, pois estas não apresentam, dissecação por erosão. As formas denuda-

311

cionais (D) são acompanhadas de outra letra minúscula que indica a morfologia do topo da forma individualizada, que é reflexo do processo morfogenético, que gerou tal forma. As formas podem apresentar características de topos aguçados (a), convexos (c), tabulares (t) ou absolutamente planos (p), conforme é apresentado na Tabela 6.1.

TABELA 6.1 — PADRÕES DE FORMAS DE RELEVO

FORMAS DE DENUDAÇÃO	FORMAS DE ACUMULAÇÃO
D — Denudação (erosão)	A — Acumulação (deposição)
Da — Formas com topos aguçados	Apf — Formas de planície fluvial
Dc — Formas com topos convexos	Apm — Formas de planície marinha
Dt — Formas com topos tabulares	Apl — Formas de planície lacustre
Dp — Formas de superfícies planas	Api — Formas de planície intertidal (mangue)
De — Formas de escarpas	Ad — Formas de campos de dunas
Dv — Formas de vertentes	Atf — Formas de terraços fluviais
	Atm — Formas de terraços marinhos

Modificado do tema Geomorfologia do projeto Radambrasil — MME — DNPM — 1982

Deste modo, os conjuntos de formas denudacionais são batizados pelos conjuntos Da, Dc, Dt e Dp ou outras combinações que apareçam ao se executar o mapeamento. Esses conjuntos são acrescidos de algarismos arábicos extraídos da matriz dos índices de dissecação, como exemplo o conjunto Dc31, significa forma denudacional de topo convexo com entalhamento do vale de índice 3 (20 a 40 metros) e dimensão interfluvial de tamanho médio (300 a 700 metros) (Figura 6.1 e Tabela 6.2).

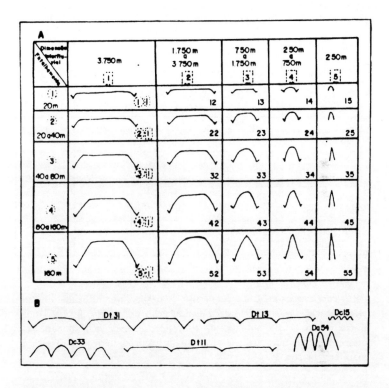

Figura 6.1 — *Padrões de Dissecação do Relevo (A) e exemplos de Padrões de Dissecação (B) aplicável para escalas médias (1:250.000).*
(Modificado a partir da metodologia do tema Geomorfologia do Projeto Radambrasil — MME —DNPM, 1982)

GEOMORFOLOGIA APLICADA AOS EIAs-RIMAs

TABELA 6.2 — MATRIZ DOS ÍNDICES DE DISSECAÇÃO
DO RELEVO — ESCALA 1:100.000

Dimensão Interfluvial Média (classes) / Entalhamento médio dos Vales (classes)	MUITO GRANDE (1) > 1500m	GRANDE (2) 1500 a 700m	MÉDIA (3) 700 a 300m	PEQUENA (4) 300 a 100m	MUITO PEQUENA (5) < 100m
Muito Fraco (1) (< de 20m)	11	12	13	14	15
Fraco (2) (20 a 40m)	21	22	23	24	25
Médio (3) (40 a 80m)	31	32	33	34	35
Forte (4) (80 a 160m)	41	42	43	44	45
Muito Forte (5) (> 160m)	51	52	53	54	55

Fonte: Modificado a partir do Tema Geomorfologia do Projeto Radambrasil — MME/DNPM — 1982

OBS.: Para escalas médias e pequenas (1:100.000), face a dificuldade de se estabelecer as classes de densidade de drenagem, utiliza-se a dimensão interfluvial média. Quanto ao índice de dissecação, o menor valor numérico é a dissecação mais fraca, ou seja 11 e o maior valor numérico é a dissecação mais forte, ou seja, 55.

O quarto taxon é representado pelas formas individualizadas e que, neste caso, são indicadas no conjunto. Deste modo, a Unidade Morfológica ou de Padrão de Formas Semelhantes tipo Dc33 constituem-se por formas de topos arredondados ou convexos e vales entalhados que individualmente se caracterizam por morros. Assim, a forma individualizada é um morro de topo convexo, com determinadas características de tamanho, inclinação de vertentes e gerada por erosão física e química e faz parte de um conjunto maior que é o Padrão de Forma Semelhante.

O quinto taxon refere-se às partes das formas do relevo, ou seja, das vertentes. Este taxon só pode ser totalmente representado cartograficamente quando se trabalha com fotografias aéreas em escalas de detalhe, como 1:25.000, 1:10.000, 1:5.000. Nestes casos as vertentes são identificadas por seus diversos setores, que indicam determinadas características genéticas. Assim, os setores de vertentes podem ser do tipo escarpado (Ve), convexo (Vc), retilíneo (Vr), côncavo (Vcc), em patamares planos (Vpp), em patamares inclinados (Vpi), topos convexos (Tc), topos planos (Tp) entre outros que possam ser encontrados. (Figura 6.2).

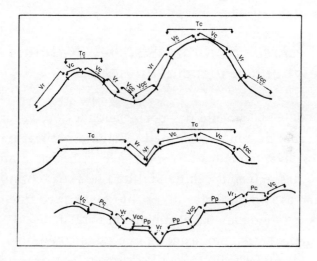

Figura 6.2 — *Setores de Vertentes. (Vr) Vertente retilínea, (Vc) Vertente convexa, (Vcc) Vertente côncava, (Pc) Patamar convexo, (Pp) Patamar plano, (Tc) Topo convexo, e (Tp) Topo plano. Mapa de Relevo com setorização de vertentes é aplicável para escalas 1:25.000, 1:10.000 e 1:5.000.*

O sexto taxon corresponde às pequenas formas de relevo que se desenvolvem, geralmente por interferência antrópica, ao longo das vertentes. São formas geradas pelos processos erosivos e acumulativos atuais. Nestes casos destacam-se as ravinas, voçorocas, terracetes de pisoteio de gado, deslizamentos, corridas de lama, pequenos depósitos aluvionares de indução antrópica; bancos de assoreamento. Também se enquadram neste taxon os cortes, aterros, desmontes e outras formas produzidas pelo homem.

Estas formas de relevo só podem ser representadas quando em escalas grandes, onde é possível cartografar detalhes dos fatos geomórficos, identificados em fotos aéreas ou no campo.

4. Recursos Naturais, Sistemas Naturais e Fragilidade Potencial do Relevo

O conhecimento das potencialidades dos recursos naturais de um determinado sistema natural passa pelos levantamentos dos solos, relevo, rochas e minerais, das águas, do clima, da flora e fauna, enfim, de todas as componentes do estrato geográfico que dão suporte à vida animal e ao homem. Para análise da fragilidade, entretanto, exige-se que esses conhecimentos setorizados sejam avaliados de forma integrada, calcada sempre no princípio de que na natureza a funcionalidade é intrínseca entre as componentes físicas, bióticas e sócio-econômicas.

As fragilidades dos ambientes naturais devem ser

avaliadas quando pretende-se aplicá-las ao planejamento ambiental, baseando-se no conceito de Unidades Ecodinâmicas preconizadas por Tricart (1977). Dentro dessa concepção ecológica o ambiente é analisado sob o prisma da Teoria de Sistemas que parte do pressuposto de que na natureza as trocas de energia e matéria se processam através de relações em equilíbrio dinâmico. Esse equilíbrio, entretanto, é freqüentemente alterado pelas intervenções do homem nas diversas componentes da natureza, gerando estado de desequilíbrios temporários, ou até permanentes. Diante disto Tricart (1977) definiu que os ambientes, quando estão em equilíbrio dinâmico, são estáveis, quando em desequilíbrio são instáveis.

Os conceitos formulados por Tricart (1977), foram utilizados por Ross (1990), que inseriu novos critérios para definir as Unidades Ecodinâmicas Estáveis e Unidades Ecodinâmicas Instáveis. Essas últimas foram definidas como sendo aquelas cujas intervenções humanas modificaram intensamente os ambientes naturais, através dos desmatamentos e práticas de atividades econômicas diversas, enquanto as Unidades Ecodinâmicas Estáveis são as que estão em equilíbrio dinâmico e foram poupadas da ação humana, encontrando-se, portanto, em seu estado natural, como, por exemplo, um bosque de vegetação natural. Para que esses conceitos pudessem ser utilizados como subsídio ao Planejamento Ambiental, Ross (1990), ampliou o uso do conceito, estabelecendo as Unidades Ecodinâmicas Instáveis ou de Instabilidade Emergente em vários graus, desde Instabilidade Muito Fraca a Muito Forte. Aplicou o mesmo para as Unidades Ecodinâmicas Estáveis que, apesar de estarem em equilíbrio dinâmico, apresentam Instabilidade Potencial qualitativamente previsível, face as suas características naturais e a possível inserção antrópica. Deste modo, as Unidades Ecodinâmicas Estáveis, apresentam-se como Unidades Ecodinâmicas de Instabilidade Potencial, em diferentes graus, tais como as de Instabilidade Emergente, ou seja, de Muito Fraca a Muito Forte.

4.1. Análise Empírica da Fragilidade

A análise empírica da fragilidade exige estudos básicos do relevo, da litologia-estrutura, do solo, do uso da terra e do clima. Os estudos passam, obrigatoriamente, pelos levantamentos de campo, pelos serviços de gabinete, a partir dos quais geram-se produtos cartográficos temáticos de geomorfologia, geologia, pedologia, climatologia e uso da terra/vegetação.

A carta geomorfológica acompanhada da análise genética é um dos produtos intermediários para a construção da carta de fragilidade. Sua execução passa pelos procedimentos definidos por Ross (1990 e 1992), que estabelece a concepção teórica e técnica para produção da carta geomorfológica e análise genética das diferentes formas do relevo. Para estudos de maior detalhe, como escalas de 1:25.000, 1:10.000, 1:5.000 e 1:2.000, utiliza-se as formas de vertentes e as classes de declividade. Nestes casos deve-se utilizar os intervalos de classes já consagrados nos estudos de capacidade de uso/aptidão agrícola, associados com aqueles conhecidos como valores limites críticos da geotecnia, indicativos respectivamente do vigor dos processos erosivos, dos riscos de escorregamentos/deslizamentos e inundações freqüentes (Tabela 6.3).

TABELA 6.3 — CLASSES DE DECLIVIDADES

CATEGORIAS	%
Muito Fraca	até 6%
Fraca	de 6 a 12%
Média	de 12 a 20%
Forte	de 20 a 30%
Muito Forte	acima de 30%

Para os estudos de escalas médias e pequenas, toma-se como referencial morfométrico a matriz dos índices de dissecação desenvolvida pelo Projeto Radambrasil e aprimorada por Ross (1992), baseada na relação de densidade de drenagem/dimensão interfluvial média, para a dissecação no plano horizontal, e nos graus de entalhamento dos canais de drenagem, para a dissecação no plano vertical.

A partir da matriz são estabelecidas as categorias de fragilidade de muito fraca a muito forte, face a intensidade da dissecação. Assim, as categorias morfométricas ficam classificadas, a partir da matriz exibida no item anterior, em cinco classes (Tabela 6.4).

TABELA 6.4 — CLASSES DE DISSECAÇÃO

1 — Muito Fraca	11,
2 — Fraca	21,22,12
3 — Média	31,32,33,13,23
4 — Forte	41,42,43,44,14,24,34
5 — Muito Forte	51,52,53,54,55,15,25,35,45

GEOMORFOLOGIA APLICADA AOS EIAs-RIMAs

Os critérios utilizados para a variável solos passam pelas características de textura, estrutura, plasticidade, grau de coesão das partículas, e profundidade/espessura dos horizontes superficiais e subsuperficiais. Tais características estão diretamente relacionadas com relevo, litologia e clima, elementos motores da pedogênese e fatores determinantes das características físicas e químicas dos solos. Apoiado em resultados de pesquisas básicas desenvolvidas no Instituto Agronômico de Campinas (SP) e no Instituto Agronômico do Paraná, os trabalhos de Bertoni & Lombardi Neto (1985) somados às exaustivas observações de campo, Ross (1994) estabeleceu as classes de fragilidade ou de erodibilidade dos solos, considerando o escoamento superficial difuso e concentrado das águas pluviais, que foram agrupados conforme Tabela 6.5.

TABELA 6.5 — CLASSES DE FRAGILIDADE DOS TIPOS DE SOLOS

CLASSES DE FRAGILIDADE	TIPOS DE SOLOS
1 — Muito Baixa	Latossolo Roxo, Latossolo Vermelho-Escuro e Vermelho-Amarelo textura argilosa
2 — Baixa	Latossolo Amarelo e Vermelho-Amarelo textura média/argilosa
3 — Média	Latossolo Vermelho-Amarelo, Terra Roxa, Terra Bruna, Podzólico Vermelho-Amarelo textura média/argilosa
4 — Forte	Podzólico Vermelho-Amarelo textura média/arenosa e Cambissolos
5 — Muito Forte	Podzolizados com cascalhos, Litólicos e Areias Quartzosas

A análise da proteção dos solos pela cobertura vegetal passa pela construção da carta de uso da terra e da cobertura vegetal, resultante dos estudos de gabinete e de campo.

Pesquisas realizadas por Marques *et al.* (1961) indicaram perdas de solo por tipos de cultivo para o Estado de São Paulo e resultados com certo grau de semelhança foram encontrados por Cassetti (1991) para o Estado de Goiás (Tabela 6.6).

TABELA 6.6 — PERDAS DE SOLO POR TIPOS DE CULTIVO

USO DA TERRA	SÃO PAULO	GOIÁS
Mata Natural	0,04 ton/ha/ano	0,03 ton/ha/ano
Pastagem	0,40 ton/ha/ano	0,23 ton/ha/ano
Café	0,90 ton/ha/ano	-----------------------
Algodão	26,60 ton/ha/ano	-----------------------
Arroz	-----------------------	51,65 ton/ha/ano

Os graus de proteção aos solos pela cobertura vegetal natural e cultivadas, organizados por Ross (1994), obedecem a ordem decrescente da capacidade de proteção (Tabela 6.7).

TABELA 6.7 — GRAUS DE PROTEÇÃO POR TIPOS DE COBERTURA VEGETAL

GRAUS DE PROTEÇÃO	TIPOS DE COBERTURA VEGETAL
1 — Muito Alta	Florestas/Matas naturais, Florestas cultivadas com biodiversidade
2 — Alta	Formações arbustivas naturais com estrato herbáceo denso. Formações arbustivas densas (mata secundária, cerrado denso, capoeira densa). Mata homogênea de Pinus densa. Pastagens cultivadas sem pisoteio de gado. Cultivo de ciclo longo como o cacau
3 — Média	Cultivo de ciclo longo em curvas de nível/terraceamento como café, laranja com forrageiras entre ruas. Pastagens com baixo pisoteio. Silvicultura de eucaliptos com subbosque de nativas
4 — Baixa	Culturas de ciclo longo de baixa densidade (café, pimenta-do-reino, laranja) com solo exposto entre ruas, culturas de ciclo curto (arroz, trigo, feijão, soja, milho, algodão) com cultivo em curvas de nível/terraceamento
5 — Muito Baixa a Nula	Áreas desmatadas e queimadas recentemente, solo exposto por arado/gradeação, solo exposto ao longo de caminhos e estradas, terraplenagens, culturas de ciclo curto sem práticas conservacionistas.

As práticas conservacionistas como a questão do manejo dos solos para a agricultura é fator fundamental para conter os efeitos erosivos e poupar os recursos naturais no processo de degradação da qualidade agrícola dos solos. Neste sentido, segundo Bigarella & Mazuchowski (1985), o Instituto Agronômico do Paraná (1980) e o Instituto Agronômico de Campinas (1972) encontraram diferentes resultados de perdas de solos com cultivo de milho em latossolo roxo (Tabela 6.8).

TABELA 6.8 — PERDAS DE SOLO —
ESTADO DO PARANÁ

cultivo morro abaixo	26,1 ton/ha/ano
cultivo em contorno	13,2 ton/ha/ano
cultivo contorno/capina/ruas alternadas	9,8 ton/ha/ano
cultivo em curvas de nível com cordões nivelados	2,5 ton/ha/ano

As pesquisas básicas associadas à erosão dos solos são fundamentais tanto para as práticas agrícolas como para subsidiar o planejamento ambiental, onde as práticas econômicas devem ser calcadas em princípios conservacionistas. Assim sendo, essas preciosas informações podem ser usadas como suporte quantitativo à análise até então feita de forma qualitativa para a fragilidade dos ambientes naturais.

A consecução de um produto cartográfico síntese, denominado de Carta de Fragilidade do Relevo, decorre do cruzamento das variáveis descritas nas tabelas anteriores. Assim sendo, cada tabela se traduz por um cartograma de trabalho que representa as classes de declividade ou categorias hierárquicas de dissecação, classes de fragilidade dos tipos de solos, classes de graus de proteção dos solos pelos tipos de cobertura vegetal. O produto final identificará manchas de diferentes padrões de fragilidade, representados através das Unidades Ecodinâmicas Estáveis (Instabilidade Potencial) e das Unidades Ecodinâmicas Instáveis (Instabilidade Emergente). Estas unidades devem ser hierarquizadas em categorias de Muito Fraca a Muito Forte, decorrentes dos resultados da integração das componentes aqui apresentadas.

5. Relevo e Impactos Ambientais

Quando se trabalha com os Diagnósticos Ambientais é necessário pensar no conjunto (natural e social) e de que modo esse todo se manifesta na realidade. Entendimentos parciais dessa realidade, sem obter-se uma visão de conjunto, induzem às decisões erradas, ou pelo menos inadequadas. A pesquisa ambiental na abordagem geográfica é fundamental para atingir adequados diagnósticos a partir dos quais torna-se possível elaborar prognósticos.

Os Estudos de Impactos Ambientais, que sempre referem-se a empreendimentos de grande expressividade, devem ser encarados dentro da perspectiva histórica e holística, avaliando-se a dimensão dos investimentos, em função do desenvolvimento da região e dos efeitos negativos à natureza. Estabelecer relações de custo-benefício é extremamente complicado, mas é desejável que sempre se avalie, ainda que qualitativamente, os ganhos e as perdas, lembrando-se sempre que a sociedade é o centro das preocupações.

5.1. Um Exemplo Aplicado: Implantação de Núcleo Urbano

O empreendimento compreende a instalação de um núcleo urbano na região dos morros no leste de São Paulo. Situado às margens do reservatório de Igaratá, na bacia do Rio Juqueri, apresenta altimetrias entre 625 e 756m, sendo o entalhamento dos vales de 70 a 80m.

O relevo local caracteriza-se por uma série de espigões alinhados a NE-SW, possuindo preferencialmente perfis convexos a retilíneos. O caimento topográfico se dá também em direção NE, sendo as menores altimetrias localizadas às margens do reservatório.

Estes espigões contínuos são freqüentemente interrompidos por colos (rebaixamento entre os topos dos morros), o que dificulta a instalação de vias de acesso sobre o divisor de águas. Espigões secundários ocorrem a partir destas, sendo definidos entre os canais de drenagem de primeira ordem. O grau de dissecação é alto, sendo a dimensão interfluvial média entre 400 a 600m.

Os vales são estreitos e profundos, entre 70 a 100m, dominando as vertentes convexas e retilíneas. Localmente apresentam planícies alveolares descontínuas, normalmente representando níveis de base locais e interrompidas por trechos de estrangulamento dos vales por morros de espigões secundários.

A drenagem apresenta alta densidade (3,10km/km^2), sendo bastante representativo de uma região com várias cabeceiras de drenagem. O padrão desta drenagem é de subparalelo a subdendrítico, pois apresenta um notável controle estrutural, expresso através dos canais de maior ordem, sendo todos direcionados a NE-SW, enquanto os canais de primeira e segunda ordem ajustam-se às linhas de fraturas e contatos litológicos de efeitos mais locais.

No âmbito geológico, o empreendimento encontra-se em uma zona de transcorrência, ou seja, área em que blocos tiveram um comportamento rígido, mas sofreram cataclases por absorver as tensões. As rochas originadas neste processo são observáveis em zonas de falhamentos comuns à área, sendo classificadas como protomilonitos, milonitos, ultramilonitos e blastomilonitos. Porém, em observações de campo foram identificadas também, migmatitos oftalmíticos, com textura porfirítica. Todas estas rochas têm idade do pré-Cambriano Superior, sendo ricas em minerais do tipo quartzo, feldspato e mica.

Nos morros e maciços sustentados pelas rochas acima descritas, a atuação do clima tropical úmido favorece os processos de intemperismo bioquímico, transformando a parte superficial das rochas em material de alteração, cujo processo de pedogênese gera os solos. Face a natureza das rochas subjacentes, a ação climática, os diferentes graus de inclinação das vertentes, do recobrimento vegetal, têm-se solos ora mais profundos e muito argilosos, ora solos mais rasos com forte presença de resíduos rochosos. Estes morros foram recobertos por vegetação de matas de floresta tropical úmida, encontrando-se em grande parte alterada ou retirada pela interferência humana. Atualmente, grande parte destes morros estão recobertos por vegetação herbácea, matas secundárias e capoeiras.

O relevo é caracterizado por formas de topos convexos de pequena dimensão, associados às vertentes com vales muito entalhados e com declividades extremamente altas, normalmente acima de 40%. A estrutura que os sustenta é extremamente rígida, constituída pelas rochas cristalofilianas, do grupo das metamórficas antigas, porém, o manto de alteração que se desenvolve sobre elas é muito frágil. Esse manto de alteração é marcadamente caracterizado por solos de textura silto-argilosa, produto da pedogênese de ambientes quentes e úmidos.

Os solos apresentam-se com profundidades variáveis, em função da maior ou menor declividade das vertentes. Geralmente mostram-se com horizontes A, B e C claramente definidos. O horizonte A orgânico é de pequena espessura, normalmente inferior a 20cm. Já o horizonte B é muito argiloso, com presença, porém, não obrigatória, de resíduos da rocha matriz e espessuras que não ultrapassam a 1,50m. O horizonte C, entretanto, é quase sempre muito espesso, atingindo em determinados trechos até mais de 20m de profundidade. Este horizonte é uma transição da rocha matriz para os horizontes superiores que estão mais trabalhados pela ação química, que age através da água pluvial. O horizonte C é, por esta razão, uma parcela do manto de alteração extremamente frágil à ação da água pluvial, quando se retira as camadas superiores do solo. Isto ocorre pelo fato de que este horizonte nada mais é do que a rocha parcialmente alterada, onde os minerais que a compõe encontram-se em estágio de transição de minerais primários para minerais secundários. Esta situação os coloca na condição de alta fragilidade à ação da água, pois o grau de coesão entre suas partículas é extremamente baixo.

O alto índice de dissecação do relevo, associado à alta densidade de drenagem, permitiu maior desenvolvimento dos processos de evolução das vertentes e interflúvios, conferindo-lhes uma tipologia morfológica com predomínio de morros de topos convexos, acompanhados por vertentes convexas, com segmentos retilíneos e menos freqüentes os côncavos, além das planícies alveolares em fundos de vales.

As características naturais da área do empreendimento apresentam-se com grande complexidade ambiental, profundamente alteradas a partir da fase de ocupação pela agricultura e pela pecuária, cujas modificações interferiram na cobertura vegetal natural e sua substituição por pastagens, movimentação e erosão da camada superficial do solo, mudança do balanço hídrico entre outras.

O relevo desta área apresenta potencialidade alta ao

desenvolvimento de processos erosivos e de instabilidade morfodinâmica. São visíveis os sinais desta situação, sendo abundantes, nos trechos de maior declividade, a presença de terracetes de pisoteio de gado, indutores de processos erosivos lineares e movimentos de terra.

Ocorrem, também, vários deslizamentos nas margens do reservatório de Igaratá, junto à faixa de depleção e acima desta, causados pela presença da lâmina d'água e pela sua oscilação. Deslizamentos de pequena dimensão são notados onde cortes e aterros foram executados para a instalação de caminhos, que seccionam áreas com declividades mais acentuadas, ou quando atingem o horizonte C do solo. Este, por possuir maior fragilidade aos efeitos da ação da água, face às suas características siltosas, desestabilizam-se mais facilmente.

A área apresenta alguns trechos com alto potencial de instabilidade morfodinâmica, que podem, através de uma intensificação da ocupação urbana, desencadear processos de desestabilização de vertentes, através de escorregamentos e erosão linear. Estes trechos são:

— segmentos côncavos das vertentes em nichos de cabeceiras de drenagem, com declividade acima de 30% e capacidade grande de recuo por erosão regressiva, apresentando alto potencial aos processos erosivos pluviais;

— segmentos convexos de vertentes, geralmente nas médias vertentes com declividade acima de 40%, apresentando grande potencial de deslizamentos de terra, induzidos a partir do pisoteio de gado (terracetes) ou por ação antrópica, como por exemplo cortes;

— trechos de estrangulamento de vales com dificuldade

GEOMORFOLOGIA APLICADA AOS EIAs-RIMAs

de escoamento da drenagem e solapamento das margens do leito fluvial, induzindo a deslizamentos na base das vertentes;
— base das vertentes com declividades altas, acima de 30%, em contato com a lâmina d'água — na faixa de depleção — do lago artificial da represa, e de pequenos barramentos em afluentes deste reservatório (Figura 6.3).

A fragilidade potencial do relevo é dada pela morfologia, morfometria, arranjo lito-estrutural, solos, clima e tipo de cobertura vegetal. O relevo da área apresenta alguns trechos com alto potencial de fragilidade face às intervenções antrópicas potenciais, quer seja para a urbanização, abertura de caminhos de acesso e a criação de lagos artificiais (Tabela 6.9).

Face às características do meio físico da área, qualquer projeto de urbanização/lazer pode apresentar-se muito impactante sob vários aspectos, a saber:

1) A densidade de edificações e vias de acesso não deve ser muito alta, considerando-se as características geomórficas, litopedológicas e climáticas. As vias de circulação, locadas em vertentes de altas declividades, exigem cortes profundos e conseqüente execução de muros de arrimo e grande volume de remanejamento de terra. Este material remanejado sendo usado para aterros, ficará exposto a erosão e os detritos alcançarão os remansos do lago, o que não é recomendável.

2) Os cortes profundos não são desejáveis porque atingem o horizonte C do solo (mais siltoso), desestabili-

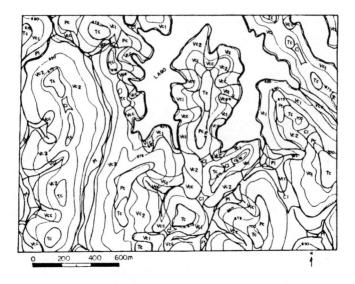

Figura 6.3 — *Carta do Relevo de parte do entorno do reservatório de Igaratá, São Paulo. (Legenda desta Carta na p. 331)*

zando as vertentes, favorecendo à erosão linear e movimentos de massa, mesmo quando dispõem de muros de arrimo.

3) Não se deve executar aterros nas cabeceiras de drenagem intermitentes, face a alta instabilidade potencial, tanto a movimentos de terra, por deslizamentos, como por erosão regressiva, provocada pelas chuvas de verão, que são intensas, e pelo afloramento do lençol freático.

4) Mesmo que as edificações sejam construídas em pilotis sem muitos cortes e aterros, a alta densidade de pequenos cortes e aterros, que sempre são necessários, também desestabilizam as vertentes, por isso deve-se evitar construções em terrenos de alta inclinação.

LEGENDA — CARTA DO RELEVO

Morfoestrutura	Unidades de Vertentes	Morfologia	Declividades	Litologia/Solos
Cinturão Orogênico do Atlântico	PLANÍCIE (Pl)	Relevo plano de origem fluvial e coluvial, apresentando eventualmente patamares em terraços fluviais. Mostram-se estreitos e alongados, normalmente interrompidos nos trechos de estrangulamento dos vales por morros de espigões secundários, onde estão os níveis de base local representados por pequenas cachoeiras ou corredeiras	Declividades muito baixas, normalmente menores que 2%	Sedimentos recentes transportados por ação fluvial e ou gravidade (aluvial e coluvial), de granulação fina a muito fina (areias, siltes e argilas) Solos do grupo Hidromórfico, destaque para os tipo Gley Pouco Húmico e Gley Húmico
	SEGMENTOS DE VERTENTES Tc – Topos convexizados	Segmentos de vertentes correspondentes a topos convexizados ocupando posição cimeira nos divisores de água	10 a 20%	Metamórficas – migmatitos facoidais e estramatíticos
Morfoescultura Planalto Atlântico	Pc – Patamares convexizados	Superfícies aplanadas que interrompem a continuidade da vertente com topos convexos de curvatura ampla	10 a 30%	Cataclásticas – protomilonitos, milonitos e blastomilonitos Solos de características argilosas e argilo-arenosas – Latossolos Horizonte B pouco
	Pcc – Patamares côncavos	Patamar quase plano posicionado em setor côncavo da vertente	15 a 30%	espesso da ordem de 0,40 a 1,50 m. em média
	Vc$_1$ – Vertentes convexas	Segmentos do relevo de tipologia convexa	acima de 45%	Horizonte C geralmente muito espesso atingindo até mais de 20 m Horizonte B enriquecido por argilas e
Padrão de Formas Morros de topos convexos com vales muito entalhados e vertentes com declividades altas. Tipo Dc33	Vc$_2$ – Vertentes convexas	Segmentos de relevo de tipologia convexa	20 a 45%	precipitados de ferro, mostra-se geralmente com razoável grau de resistência aos efeitos da ação mecânica da água
	Vcc – Vertentes côncavas	Segmentos de relevo de tipologia côncava	acima de 20%	Horizonte C (alterita) profundo guardando geralmente características texturais síltico-argilosa ou ainda síltico-arenosa, mostra-se
	Cl – Colos	Setores de vertentes posicionados na linha divisória d'água, rebaixada tipo sela. Separam dois topos de morros e duas cabeceiras de drenagem	15 a 30%	extremamente frágil quando exposto à ação mecânica da água

TABELA 6.9 — CARTA DE FRAGILIDADE DO RELEVO — RESERVATÓRIO IGARATÁ — SP

Características Climáticas	Tipologia das Formas de Relevo	Características Hidromorfodinâmicas	Níveis de Instabilidade Potencial do Relevo
(Pluviosidade e Temperatura) Clima Tropical Úmido com duas estações, uma mais chuvosa nos meses de verão e outra mais seca no inverno. A pluviosidade anual média oscila entre 1100 a 1400mm/ano, sendo que o mês de dezembro é o mais chuvoso e o mês de julho o mais seco. A máxima diária de pluviosidade foi de 115mm/dia e a máxima mensal foi de 477mm/mês. A média térmica nos meses mais quentes oscila em torno de 22°C, enquanto que a média dos meses mais frios é 14°C. As máximas diárias no verão são de até 30°C, e as mínimas diárias no inverno são de 5°C.	Vc — Vertentes convexas com declividades acima de 45%	Tendência ao escoamento superficial e à infiltração (quando houver cobertura florestal); migração de materiais finos; tendência à erosão e aos movimentos de massa; manto de alteração pouco menos espesso; erosão química e lixiviação; frágil a cortes e aterros.	Muito Alto
	Vcc — Vertentes côncavas geralmente acima de 30% de declividade. Cl — Colos	Forte concentração de água por escoamento superficial e sub-superficial (percolação); forte concentração de detritos finos transportados via escoamento superficial; acentuada concentração de minerais secundários ao longo da vertente através de migração; tendência ao espessamento do manto de alteração; tendência a processos vigorosos de erosão linear quando desprotegidos da cobertura vegetal; segmentos de vertentes muito frágeis a cortes e aterros.	
	Vc — Vertentes convexas com declividades entre 30 e 45%	Tendência ao escoamento superficial e à infiltração (quando houver cobertura florestal); migração de materiais finos; tendência à erosão e aos movimentos de massa; erosão química e lixiviação; frágil a cortes e aterros. O potencial para escorregamentos é menor, entretanto cortes profundos não são recomendáveis.	Alto
	Tc — Topos convexos. Pc — Patamares com topos convexos com declividades entre 10 e 30%	Tendência maior para infiltrações; percolação da água nos horizontes do solo; ação bioquímica da água promovendo meteorização das rochas, espessamento da alteração; tendência à geração dos horizontes do solo bem marcados, com grande espessamento do horizonte C; tendência à pedogenização; processos de erosão química através da dissolução e lixiviação, migração de minerais para o interior do perfil. Terrenos mais estáveis.	Médio
	Pl — Planícies de Fundos de vales	Circulação superficial de água se dá pelos leitos fluviais no período seco. No verão e sobretudo nos episódios mais intensos de chuvas são freqüentes as inundações causando erosões em alguns pontos e sedimentação de materiais finos na superfície plana. O lençol freático é raso normalmente pouco mais de 3m e com muita oscilação entre o verão e inverno (estação seca e chuvosa). Áreas instáveis e portanto de riscos em pontos localizados (Pl).	Muito Alto

5) O efeito cênico de edificações em pilotis, com alta densidade é negativo, principalmente para quem observa do lado oposto da vertente ou como, por exemplo, de quem olha do fundo do vale para o topo, ou ainda de quem está em passeio turístico no lago.

6) Haverá problemas com material removido do solo para as edificações e vias de circulação que serão transportados para os remansos do lago, ativando o assoreamento e alterando a qualidade da água (elevação da carga de material em suspensão e coloidal). Deve-se portanto evitar, ao máximo, o remanejamento de terra.

Em função destes problemas, sugere-se que o projeto considere os condicionamentos do meio físico, e para tanto:

— a locação das vias de circulação principais e secundárias devem estar nos topos dos espigões divisores d'água, patamares e vertentes de menor declividade e serem estreitos;
— a densidade de edificações deve ser baixa e deve-se projetar edifícios não padronizados, ou seja, adequar as construções às diferentes situações do relevo local;
— os lotes devem ser de grande dimensão como, por exemplo, superiores a 5.000m²;
— o coeficiente de aproveitamento dos lotes deve ser de no máximo 20% para os lotes menores e entre 10 e 15% para os lotes maiores;
— o tamanho dos lotes deve variar em função do relevo local onde se localizam, procurando-se demarcar

GEOMORFOLOGIA APLICADA AOS EIAs-RIMAs

lotes maiores, nos terrenos mais inclinados, e lotes menores, em terrenos menos inclinados.

6. Conclusões

A Geomorfologia, ao ser uma das áreas das Geociências e estar na interface litosfera-atmosfera-hidrosfera-biosfera, tem importante papel a desempenhar nos estudos ambientais. Sua aplicação nos estudos ambientais voltam-se para o Planejamento Ambiental, Planejamento Regional, Planos Diretores Municipais, bem como aos Estudos de Impactos Ambientais (EIAs-RIMAs) para a implantação de grandes obras de engenharia civil, complexos industriais, núcleos de assentamentos agrários, instalação de núcleos urbanos, complexos portuários, aeroviários entre outros. Os EIAs-RIMAs são amplamente desenvolvidos em todo o território nacional, face a obrigatoriedade da legislação ambiental brasileira.

As pesquisas geomorfológicas são, portanto, amplamente aplicáveis para diferentes tipos de atividades humanas, sendo o nível de aprofundamento dos estudos decorrentes da dimensão da área, do objetivo da atividade a ser implementada e da complexidade geomorfológica da área objeto de análise. Assim sendo, a análise geomorfológica deverá apoiar-se em uma escala de investigação compatível de um lado com os pressupostos acima referenciados e de outro, com a qualidade dos resultados a serem alcançados.

Considerando-se essas premissas, cabe-nos enfatizar que as proposições, as idéias e técnicas apresentadas

GEOMORFOLOGIA APLICADA AOS EIAs-RIMAs

neste capítulo e que são decorrentes de inúmeras experiências já vivenciadas, não é o único caminho a ser trilhado na pesquisa geomorfológica voltada para a aplicação. Entretanto, pela relativa simplicidade da metodologia é um dos que se tem mostrado bastante eficiente.

A precisão dos conceitos científicos, o domínio das técnicas de trabalho, a adoção de uma linha metodológica claramente definida e embasada em pressupostos teóricos consistentes, juntamente com a definição clara dos objetivos a serem alcançados colocam-se como condições básicas para um bom produto de pesquisa.

7. Bibliografia

BASENINA, N. V.; ARISTARCHOVA, L. B. & LUKASOV, A. A. (1972) Methods of Morphostrutural Analysis, Geomorphological Mapping *in* Manual of Detalied Geomorphological Mapping. Comission on Geomorphological Survey and Mapping of U.G.I. Praga, 82-104.

BERTONI,J. & LOMBARDI NETO, F. — (1985) — Conservação do Solo. Livro Ceres— Piracicaba, 392p.

BIGARELLA, J. J. & MAZUCHOWSKI, J.Z. (1985) Visão Integrada da Problemática da Erosão. Livro Guia do III Simpósio Nacional de Controle de Erosão, Maringá, 332p.

BRASIL — MME — Projeto RADAMBRASIL (1982) *Geomorfologia* — Volume 28, Rio de Janeiro:193-256.

CASSETI, W. (1991) Ambiente e Apropriação do Relevo. Editora Contexto, São Paulo, 147p.

CLARK Jr, S. P. (1973) Estrutura da Terra. Editora Blucher Ltda/ Editora da USP — EDUSP, São Paulo, 121p.

DEMEK, J. (1967) Generalization of Geomorphological Maps, *in* Progress Made in Geomorphological Mapping, Brno: 36-72.

FERREIRA, L de C. (1994) Atores Políticos, Instâncias de Governo e Planejamento Ambiental, *in* MMA/PNMA — Treinamento

Operacional de Equipes de Gerenciamento Costeiro — Coletânea de Textos, Brasília:115-129.

GERASIMOV, J. (1980) Problemas Metodológicos de la Ecologizacion de la Ciencia Contemporanea, *in* La Sociedad y el Medio Natural — Editorial Progresso. Moscou:57-74.

GRIGORIEV, A. A. (1968) The Theoretical Fundaments of Modern Physical Geography, *in* The Interaction of Sciences in the Study of the Earth. Moscou: 77-91.

MARQUES, J. Q. de A.; BERTONI, J. & BARRETO, G. B. (1961) As Perdas por Erosão no Estado de São Paulo, *in* Bragantia 20(47), Campinas:1143-1181.

MESCERJAKOV, J. P. (1968) Les Concepts de Morphoestruture et de Morphoesculture: un nouvel instrument de l'analyse geomorphologique. Annales de Geographie, 77 années, n? 423, Paris: 539-552.

PENCK, G. (1953) — Morphological Analysis of Landforms. Macmillan and Co., London. 350p.

ROSS, J. L. S. (1990) Geomorfologia Ambiente e Planejamento, Editora Contexto, São Paulo: 85p.

ROSS, J. L. S. (1992) O Registro Cartográfico dos Fatos Geomórficos e a Questão da Taxonomia do Relevo, *in* Revista do Depto. Geografia — FFLCH-USP n? 6, São Paulo: 17-30.

ROSS, J. L. S. (1994) Análise Empírica da Fragilidade dos Ambientes Naturais e Antropizados — *in* Revista do Depto. de Geografia — FFLCH-USP n? 8, São Paulo: 63-74.

ROSS, J. L. S. (1995) Análises e Síntese na Abordagem Geográfica do Planejamento Ambiental — *in* Revista do Depto. de Geografia, FFLCH-USP n? 9, São Paulo:65-76.

SÃO PAULO, SMA — Secretaria de Estado do Meio Ambiente (1989) Estudo de Impacto Ambiental — EIA e Relatório de Impacto Ambiental — RIMA — Manual de Orientação, São Paulo, 48p.

TRICART, J. (1977) Ecodinâmica — FIBGE/SUPREN, Rio de Janeiro, 97p.

TRICART, J. (1982) Paisagem e Ecologia, *in* Interfacies n? 76 — IBILCE-UNESP — São José do Rio Preto, 55p.

CAPÍTULO 7

DEGRADAÇÃO AMBIENTAL

Sandra Baptista da Cunha
Antônio José Teixeira Guerra

1. Introdução

Esse capítulo pretende discutir as causas e conseqüências da degradação ambiental, bem como chamar atenção do papel integrador da Gemorfologia, nos estudos relacionados a esse tema. Os desequilíbrios causados na paisagem pela degradação, quer numa bacia hidrográfica ou em um de seus compartimentos (encostas/vales), também são pontos destacados nesse capítulo.

O estudo da degradação ambiental não deve ser realizado apenas sob o ponto de vista físico. Na realidade, para que o problema possa ser entendido de forma global, integrada, holística, deve-se levar em conta as relações existentes entre a degradação ambiental e a sociedade causadora dessa degradação que, ao mesmo

DEGRADAÇÃO AMBIENTAL

tempo, sofre os efeitos e procura resolver, recuperar, reconstituir as áreas degradadas.

Para que seja possível a recuperação de áreas degradadas, é preciso saber fazer diagnósticos da degradação. Para tal, o estudo básico, acadêmico, desse problema, requer levantamentos sistemáticos, que são feitos, muitas vezes, através do monitoramento das várias formas de degradação, como por exemplo, o monitoramento de processos erosivos acelerados (voçorocas) e da erosão das margens dos rios.

Finalmente, entendemos que esse capítulo, além de encerrar, por si só, um dos eixos temáticos do livro Geomorfologia e Meio Ambiente, também tem o papel de sintetizar, concluir e fazer algumas propostas para uma abordagem integradora das questões ambientais. Tem em vista abordar os vários segmentos que compõem esse tema, reconhecendo a importância da verticalização de cada um, mas também entendendo a necessidade de integração de cada uma das partes que compõem o sistema, incluindo a sociedade.

2. Relações entre Meio Ambiente e Geomorfologia

Existem relações estreitas entre Meio Ambiente, Geomorfologia e Sociedade que serão aqui analisadas. Esse item se propõe a examinar esses elementos, de maneira integrada, com o objetivo de melhor compreender como se processa a degradação ambiental.

É sabido que vários componentes e fatores interagem no sentido de detonar e de dar prosseguimento à degradação ambiental. A ênfase é colocada na Geomorfologia, que possui um papel integrador para explicar os processos de degradação.

2.1 . Meio Ambiente

A ciência natural aparece nos séculos XVI, XVII e, pela concepção positivista existente, a natureza sobrevivia por si mesma e totalmente desvinculada das atividades humanas. Era preciso que ela fosse apropriada pela indústria (Casseti, 1991). Marx (1970), lança a idéia do materialismo histórico, fazendo uma crítica à economia política clássica, onde apresenta uma alternativa unificada entre a ciência natural e social. Para o autor (*in* Casseti, 1991) "é através da transformação da primeira natureza em segunda natureza que o homem produz os recursos indispensáveis à sua existência, momento em que se naturaliza (a naturalização da sociedade) incorporando em seu dia a dia os recursos da natureza, ao mesmo tempo em que socializa a natureza (modificação das condições originais ou primitivas)".

Ainda, para Marx (1970) a natureza por si só é anterior à história humana. Tem início no pré-cambriano e nesse tempo histórico todas as alterações no ambiente foram conseqüências de causas naturais. No decorrer da história, com o aparecimento do homem no pleistoceno, com a evolução das forças produtivas, a natureza vai sendo apropriada e transformada. Assim, a história da natureza tem uma seqüência onde, a partir de um determinado momento do pleistoceno, o homem é inserido nela, não havendo, para o autor, a concepção dualista da natureza.

DEGRADAÇÃO AMBIENTAL

Considera-se, então, como ambiente o espaço onde se desenvolve a vida vegetal e animal (inclusive o homem). O processo histórico de ocupação desse espaço, bem como suas transformações, em uma determinada época e sociedade, fazem com que esse meio ambiente tenha um caráter dinâmico. Dessa forma, o ambiente é alterado pelas atividades humanas e o grau de alteração de um espaço, em relação a outro, é avaliado pelos seus diferentes modos de produção e/ou diferentes estágios de desenvolvimento da tecnologia.

A mundialização da questão ambiental teve início com a 1.ª Conferência das Nações Unidas sobre Meio Ambiente realizada em junho de 1972, em Estocolmo, movida pela degradação ambiental em todo o mundo (países desenvolvidos e periféricos) que se refletia em uma poluição industrial, exploração de recursos naturais, deterioração das condições ambientais e problemas sanitários, déficit de nutrição e aumento da mortalidade. Problemas como efeito estufa e aquecimento global, chuva ácida e aparecimento de buracos na camada de ozônio são efeitos do processo de industrialização e da vida urbano-industrial. O desmatamento e as diversas formas de poluição ambiental têm acelerado a destruição da diversidade biológica, sendo que 70% do que restou de toda a variedade de espécies de vida existentes no mundo concentram-se em apenas 12 países (Austrália, Brasil, China, Colômbia, Equador, Índia, Indonésia, Madagascar, Malásia, México, Peru e Zaire). O Brasil é o 4.º país contribuidor para o efeito estufa, seguido dos EUA, da Comunidade dos Estados Independentes (antiga URSS) e China. Enquanto os três primeiros emitem elevados valores de CO_2 devido ao consumo de energia, o Brasil é o maior emissor de CO_2 proveniente da queimada de florestas.

Os problemas ambientais mencionados são de caráter mundial, afetam todos os espaços da Terra e têm gerado uma crise ecológica onde as atividades humanas têm grande responsabilidade nesse processo. Não há dúvida de que o modo de vida da maioria das sociedades modernas, que estabelecem como meta o aumento da produção e do ritmo da produtividade, representa a causa fundamental. Essas questões mundiais só serão resolvidas com medidas efetivas tomadas em conjunto, entretanto, acordos entre países como os da 2ª Conferência das Nações Unidas sobre Meio Ambiente e Desenvolvimento (ECO-92), realizada no Rio de Janeiro, nem sempre são eficazes, devido aos inúmeros interesses econômicos e políticos em jogo.

É reconhecido que o crescimento e desenvolvimento econômicos alteram os sistemas naturais, embora não se possa pôr em risco os sistemas naturais mais importantes como a atmosfera, água, solos e seres vivos. Um desafio atual, para as sociedades, constitui colocar em prática a noção surgida no final da década de 80 sobre o desenvolvimento sustentável.

A Geomorfologia Ambiental tem como tema integrar as questões sociais às análises da natureza. Deve incorporar em suas observações e análises as relações político-econômicas, importantes na determinação dos resultados dos processos e mudanças. Ainda, com as questões ambientais, a Geomorfologia valorizou, também, o enfoque ecológico, criando novas linhas de trabalho com caráter interdisciplinar.

2.2. Degradação Ambiental e Sociedade

Pesquisadores de diversos ramos do conhecimento têm estudado a degradação ambiental sob o ponto de vista da sua especialização. Alguns, no entanto, chamam atenção para o fato de que a degradação ambiental é, por definição, um problema social (Blaikie e Brookfield, 1987).

Certos processos ambientais, como lixiviação, erosão, movimentos de massa e cheias, podem ocorrer com ou sem a intervenção humana. Dessa forma, ao se caracterizar processos físicos, como degradação ambiental, deve-se levar em consideração critérios sociais que relacionam a terra com seu uso, ou pelo menos, com o potencial de diversos tipos de uso.

À medida em que a degradação ambiental se acelera e se amplia espacialmente, numa determinada área que esteja sendo ocupada e explorada pelo homem, a sua produtividade tende a diminuir, a menos que o homem invista no sentido de recuperar essas áreas.

Existem regiões do planeta, em especial as áreas intertropicais, onde as sociedades mantém a alta produtividade através da ocupação de novas terras, à medida em que a degradação ambiental avança. Em outras regiões, é possível manter a produtividade elevada devido ao uso intensivo de fertilizantes e defensivos agrícolas. Dessa forma, poder-se-ia questionar que, nesses casos, não existiriam custos sociais nem econômicos da degradação. Mas, por outro lado, caso a degradação não ocorresse, as sociedades não precisariam utilizar novos recursos naturais, abandonando antigas terras, nem in-

DEGRADAÇÃO AMBIENTAL

vestir em produtos químicos, para manter os níveis de produtividade.

Como conseqüências negativas para o ambiente e para a sociedade, a partir do que foi exposto, ficam duas situações: na primeira, além do desmatamento para ocupação de novas terras, as áreas abandonadas dificilmente conseguirão se recuperar sozinhas, em termos da biodiversidade que possuíam, antes de serem exploradas; na segunda, fica sempre a possibilidade de ocorrer a poluição atmosférica, das águas superficiais, dos solos e do lençol freático, devido ao uso dos produtos químicos, além, é claro, da contaminação dos próprios alimentos produzidos. Em ambas as situações é preciso enfatizar que, além do custo social e ecológico, nos próprios locais onde a degradação ocorre, existem, também, os custos para pessoas e ambientes, que podem estar afastados das áreas atingidas, diretamente pela degradação. Isso pode se dar, por exemplo, pelo transporte de sedimentos, causando assoreamento de rios e reservatórios, ou mesmo a poluição de corpos líquidos. Problemas relacionados à erosão dos solos, deslizamentos, desertificação, inundações, extinção de fauna e flora, que são tratados em outros capítulos desse livro, podem ocorrer nas áreas diretamente atingidas pela degradação ambiental, ou mesmo em áreas afastadas do foco principal dos desequilíbrios ecológicos.

Uma outra relação que se pode fazer entre a degradação ambiental e a sociedade refere-se às situações extremas. Por exemplo, uma seca prolongada, quando ocorre em países que possuem problemas sérios de degradação ambiental, como desmatamento, redução de mananciais, erosão, assoreamento etc. (Sudão e Etiópia),

DEGRADAÇÃO AMBIENTAL

a produção de alimentos e o abastecimento ficam ainda mais comprometidos, causando milhares de mortes, como assistimos alguns anos atrás.

Esses exemplos deveriam ser suficientes para enfatizar as relações existentes entre degradação ambiental e sociedade. Dessa forma, é possível reconhecer que degradação ambiental tem causas e conseqüências sociais, ou seja, o problema não é apenas físico. Com isso, pode-se concluir que existem fatores naturais que tornam as terras degradadas, entretanto, o descaso das autoridades e da iniciativa privada, em procurar resolver esses problemas, ou melhor ainda, em tentar evitá-los, através de medidas preventivas, é do campo das ciências ambientais e sociais.

O que se deseja chamar atenção, através de todos esses exemplos e questões levantadas, é que os processos naturais, como formação dos solos, lixiviação, erosão, deslizamentos, modificação do regime hidrológico e da cobertura vegetal, entre outros, ocorrem nos ambientes naturais, mesmo sem a intervenção humana. No entanto, quando o homem desmata, planta, constrói, transforma o ambiente, esses processos, ditos naturais, tendem a ocorrer com intensidade muito mais violenta e, nesse caso, as conseqüências para a sociedade são quase sempre desastrosas. Um bom exemplo disso são os diversos deslizamentos que ocorreram em Petrópolis (RJ), em 1988, por ocasião dos fortes temporais, que causaram inúmeras mortes e destruição de ruas, casas e edifícios e em fevereiro de 1996, na cidade do Rio de Janeiro.

Nas áreas rurais, os principais problemas causados pelo uso da terra, sem levar em conta os limites e riscos impostos pela natureza, têm provocado o desenvolvimento de processos erosivos acelerados, em várias partes do território nacional, como aqueles documentados por Almeida e Guerra (1994), no município de Sorriso, em Mato Grosso (Figura 7.1).

Nos países africanos, o desmatamento e o uso da terra, sem levar em conta seus limites, têm causado sérios problemas de erosão, assoreamento e desertificação, fazendo com que seja ainda mais difícil resolver o problema da fome.

Esses são apenas alguns exemplos das relações existentes entre degradação ambiental e sociedade. A desconsideração das causas sociais, nos problemas ambientais, tem levado, na maioria das vezes, a adoção de medidas, que não conseguem resolver os problemas da degradação.

2.3. Causas da Degradação Ambiental

A degradação ambiental pode ter uma série de causas. No entanto, é comum colocar-se a responsabilidade no crescimento populacional e, na conseqüente pressão que esse crescimento proporciona sobre o meio físico. Essa é, talvez, uma posição simplista de que áreas com forte concentração populacional estejam, necessariamente, sujeitas à degradação. É claro que essa pode ser uma causa, mas não a única, nem a principal.

O manejo inadequado do solo, tanto em áreas rurais, como em áreas urbanas, é a principal causa da degradação (Morgan, 1986; Blaikie e Brookfield, 1987; Gerrard, 1990; Daniels e Hammer, 1992). Essas áreas estão, portanto, mais sujeitas a sofrer degradação do que aquelas com grande pressão demográfica, mas que

Figura 7.1 — *Voçoroca no município de Sorriso, Mato Grosso.*

DEGRADAÇÃO AMBIENTAL

levem em conta os riscos da natureza. É reconhecido, por outro lado, que nem sempre isso acontece, pois a simples pressão demográfica, aliada à necessidade da obtenção de recursos naturais, pode resultar em processos de degradação.

As próprias condições naturais podem, junto com o manejo inadequado, acelerar a degradação. Chuvas concentradas, encostas desprotegidas de vegetação, contato solo-rocha abrupto, descontinuidades litológicas e pedológicas, encostas íngrimes são algumas condições naturais que podem acelerar os processos. Apesar das causas naturais, por si só, detonarem processos de degradação ambiental, a ocupação humana desordenada, aliada às condições naturais de risco, podem provocar desastres, que envolvem, muitas vezes, prejuízos materiais e perdas humanas.

Existe um grande leque de causas que pode ser dividido em duas grandes áreas: rurais e urbanas. Nas primeiras, o mal uso da terra, aliado à mecanização intensa e à monocultura, podem provocar erosão laminar, ravinas e voçorocas. A concentração das chuvas, os elevados teores de silte e areia fina, os baixos teores de matéria orgânica e a elevada densidade aparente contribuem, sem dúvida, para o aumento da degradação nessas áreas. Nas áreas urbanas, o descalçamento e o corte das encostas, para a construção de casas, prédios e ruas é uma das principais causas da degradação. A desestabilização das encostas, feita pela construção de casas, por populações de baixa ou alta renda, tem provocado o desencadeamento de uma série de problemas ambientais. Essas causas, provocadas pela intervenção antrópica, podem ser acentuadas devido à declividade das en-

DEGRADAÇÃO AMBIENTAL

costas, à maior facilidade do escoamento das águas, em superfície e em subsuperfície, à existência de descontinuidades nos afloramentos rochosos e nos solos, e às chuvas concentradas. Esses são alguns exemplos de fatores naturais que podem acelerar os processos de degradação ambiental.

Não resta a menor dúvida de que o desmatamento deve ser levado em conta mas, se for seguido de um manejo adequado do solo, a degradação ambiental pode não acontecer. Daí a importância que o desmatamento tem na degradação ambiental, mas não se deve simplificar a questão, superestimando o desmatamento, como causador da degradação, esquecendo, ou omitindo, outras causas aqui abordadas. Por exemplo, se o desmatamento fosse sempre causador de degradação, as áreas agrícolas, que geralmente necessitam de desmatar grandes áreas para o seu desenvolvimento, provocariam processos de degradação, a despeito das práticas conservacionistas. Estas, no entanto, quando bem executadas, conseguem evitar a erosão dos solos e os demais processos de degradação. Por exemplo, ao se desmatar grandes áreas, para a agricultura deve-se deixar intacto os mananciais, porque só assim é possível continuar o abastecimento de água, como diminuir a possibilidade de erosão dos solos, nessas áreas florestadas, que serão também um refúgio para a fauna.

2.4. Papel Integrador da Geomorfologia

A Geomorfologia pode possuir um caráter integrador, na medida em que procura compreender a evolução espaço-temporal dos processos do modelado terres-

DEGRADAÇÃO AMBIENTAL

tre, tendo em vista escalas de atuação desses processos, antes e depois da intervenção humana, em um determinado ambiente. O geomorfólogo tem que estar muito atento à essa intervenção, que pode acelerar processos geomorfológicos, em poucos anos, que levariam décadas ou até séculos e milhares de anos para acontecer. A propósito disso, todos os capítulos desse livro possuem um fio condutor, no estudo e na compreensão do ambiente, e dos problemas ambientais — a Geomorfologia.

Logo no início do livro (Capítulo 1), Porto analisa o intemperismo em regiões tropicais, destacando a importância da formação dos perfis de intemperismo na formação dos solos. Além disso, várias formas de intemperismo são analisadas, sendo enfatizadas, como essas formas atuam sobre o modelado do relevo terrestre, em especial nas regiões tropicais. O autor explica a importância do intemperismo na formação dos solos, utilizando de uma série de figuras, que ilustram bem o assunto em questão. A colocação desse capítulo, como sendo o primeiro desse livro, deve-se ao fato de que os processos geomorfológicos que são analisados a seguir (Capítulo 2) são, na sua maioria, dependentes da formação dos solos.

Palmieri e Olmos (Capítulo 2) destacam as relações entre Pedologia e Geomorfologia desde a preparação para os trabalhos de campo, passando pelas atividades de laboratório até as análises feitas em gabinete. A partir daí, os autores enfatizam a importância dos conceitos básicos pedológicos e dos mecanismos de formação dos solos. As relações entre a pedologia e o meio ambiente são analisadas, de modo a compreender-se associações entre os diversos tipos de solos existentes no Brasil e as paisagens onde esses solos ocorrem. Finalmente, os autores destacam as diversas aplicações que os estudos edafo-ambientais podem ter no mundo de hoje.

Os movimentos de massa possuem uma componente geomorfológica fundamental, além, é claro, dos fatores geológicos, climáticos e sociais, sendo analisados por Fernandes e Amaral (Capítulo 3). A propósito desse tema, os referidos autores enfatizam não só a importância da classificação e dos condicionantes geológicos e geomorfológicos, que provocam os movimentos de massa, mas também destacam o papel da documentação e da investigação dos escorregamentos, como etapa significativa para a compreensão dessas catástrofes. Os autores entendem que a partir desse estudo é possível fazer uma previsão dos movimentos de massa e tomar medidas preventivas para a redução dos riscos associados, em especial nas áreas urbanas, onde os movimentos de massa, além de causarem prejuízos materiais, quase sempre provocam a perda de vidas humanas.

A Biogeografia e a Geomorfologia são também destaque nesse livro, sendo abordados por Pereira e Almeida (Capítulo 4). As relações entre Biogeografia e Geomorfologia são abordadas, destacando a importância da dispersão dos oceanos, continentes e ilhas, além do significado das formas de relevo, bem como dos diferentes tipos climáticos, solos e rochas, como fatores que determinam a distribuição dos animais e vegetais na superfície terrestre. O papel da Geomorfologia sobre a distribuição geográfica dos seres vivos no globo terrestre permeia o capítulo quarto. Os autores enfatizam, de maneira muito clara, o significado das relações existentes entre o homem e seu ambiente natural, levando em

DEGRADAÇÃO AMBIENTAL

conta as influências biológicas que afetam os seres humanos, e de que forma influenciam onde e como os grupos humanos vivem.

A questão da desertificação, sua recuperação e o desenvolvimento sustentável, são abordados por Suertegaray (Capítulo 5), que destaca a preocupação do homem no combate à desertificação, enfatizando as primeiras discussões, em nível mundial, quando em 1972, a Conferência das Nações Unidas para o Meio Ambiente (Estocolmo, 1972) e em 1977, numa Conferência em Nairobi (Quênia), ocasiões em que o tema desertificação veio ao debate. A autora destaca que não existe um consenso entre os vários especialistas que estudam o tema sobre o que é desertificação, mas fica claro, pela leitura do seu capítulo, que o processo se caracteriza pela degradação das terras, resultante de variações climáticas e das atividades humanas. Através desse processo os agentes geomorfológicos, que atuam numa determinada área, podem ser substituídos por outros, transformando em desertos terrenos anteriormente úmidos. Pode começar a ênfase em determinados processos geomorfológicos como o caso da erosão eólica, que pode substituir a erosão pluvial, através do escoamento superficial e subsuperficial, como agente modelador principal do relevo, em áreas que estejam passando pelo processo de desertificação.

O papel da Geomorfologia nos EIAs/RIMAs é abordado por Ross (Capítulo 6), que coloca com muita propriedade a importância de se abordar os sistemas ambientais, face às intervenções antrópicas. O autor descreve com bastante detalhe as diversas maneiras de a Geomorfologia atuar como um elemento integrador

DEGRADAÇÃO AMBIENTAL

nos EIAs/RIMAs, através, por exemplo, da caracterização dos padrões de formas e vertentes, e suas relações com os solos, rochas, clima e vegetação. Além disso, a Geomorfologia participa nesses projetos, através da classificação das formas de relevo, quanto à sua gênese e dinâmica atual. E, finalmente, a classificação das formas de relevo pode também ser de grande valor na determinação da sua fragilidade, procurando-se identificar áreas susceptíveis a erosões, deslizamentos, assoreamentos, inundações etc. Como enfatiza o autor, "o diagnóstico da geomorfologia deverá ter como preocupação os efeitos (impactos) que o empreendimento trará ao relevo".

O livro se encerra com o estudo da degradação ambiental abordada por Cunha e Guerra (Capítulo 7), onde os autores destacam as relações entre ambiente, degradação ambiental e geomorfologia, que representa o fio condutor desse livro. Além disso, algumas causas da degradação ambiental são também analisadas, bem como as relações entre a degradação do meio ambiente e a sociedade. Outros tópicos são ainda discutidos, como: desequilíbrios na paisagem, analisando a bacia hidrográfica com uma visão que integra as paisagens natural e social, os impactos e a gestão; a importância do monitoramento dos processos geomorfológicos, como sendo uma alternativa para melhor conhecer esses processos e, dessa forma, intervir e controlar a degradação ambiental.

3. Desequilíbrio na Paisagem

Os desequilíbrios ambientais originam-se, muitas vezes, da visão setorizada dentro de um conjunto de elementos que compõem a paisagem. A bacia hidrográfica, como unidade integradora desses setores (naturais e sociais) deve ser administrada com esta função, a fim de que os impactos ambientais sejam minimizados.

3.1. Bacia Hidrográfica — Uma Visão Integradora

As bacias hidrográficas contíguas, de qualquer hierarquia, estão interligadas pelos divisores topográficos, formando uma rede onde cada uma delas drena água, material sólido e dissolvido para uma saída comum ou ponto terminal, que pode ser outro rio de hierarquia igual ou superior, lago, reservatório, ou oceano.

O sistema de drenagem, então formado, é considerado um sistema aberto (Chorley, 1962; Coelho Netto, 1995) onde ocorre entrada e saída de energia. As bacias de drenagem recebem energia fornecida pela atuação do clima e da tectônica locais, eliminando fluxos energéticos pela saída da água, sedimentos e solúveis. Internamente, verificam-se constantes ajustes nos elementos das formas e nos processos associados, em função das mudanças de entrada e saída de energia (Figura 7.2).

Sob o ponto de vista do auto-ajuste pode-se deduzir que as bacias hidrográficas integram uma visão conjunta do comportamento das condições naturais e das atividades humanas nelas desenvolvidas uma vez que, mudanças significativas em qualquer dessas unidades, podem gerar alterações, efeitos e/ou impactos a jusante e nos fluxos energéticos de saída (descarga, cargas sólidas e dissolvida). Por outro lado, em função da escala e da intensidade de mudança, os tipos de leitos e de canais podem ser alterados (Cunha,1995a). Pelo caráter

DEGRADAÇÃO AMBIENTAL

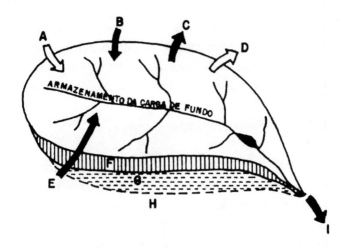

Figura 7.2 — *Bacia de drenagem, fluxos e transformações de energia, água e sedimentos. (A) energia radiante, (B) precipitação, (C) evapotranspiração, (D) energia latente, (E) material intemperizado, (F) armazenamento de umidade do solo, (G) armazenamento de água subterrânea, (H) material fonte, (I) descarga, transporte de sedimentos em suspensão, dissolvido e de fundo.*

integrador das dinâmicas ocorridas nas unidades ambientais, e entre elas, as bacias de drenagem revelam-se excelentes áreas de estudos para o planejamento (Pires e Santos, 1995). A bacia de drenagem tem, também, papel fundamental na evolução do relevo uma vez que os cursos de água constituem importantes modeladores da paisagem.

Mudanças ocorridas no interior das bacias de drenagem podem ter causas naturais entretanto, nos últimos anos, o homem tem participado como um agente acelerador dos processos modificadores e de desequilíbrios da paisagem. Park (1981) e Knighton (1984) consideram que o comportamento da descarga e da carga sólida dos rios têm se modificado pela participação antrópica diretamente nos canais, através de obras de engenharia, e, indiretamente, através das atividades humanas desenvolvidas nas bacias hidrográficas.

As características naturais podem contribuir para a erosão potencial das encostas e para os desequilíbrios ambientais das bacias hidrográficas através da topografia, geologia, solos e clima. Estudos realizados por Patrick *et al.* (1982), para determinar a contribuição relativa dos fatores natural e humano influenciando a acentuada produção de sedimentos na bacia do rio Eel (Califórnia), mostrou que o rápido influxo de sedimentos no leito do rio aconteceu devido às fortes chuvas ocorridas em 1964. Uma análise detalhada da fonte de sedimentos na bacia revelou que apenas 19% seria atribuída às atividades humanas. Como conseqüência do aumento de sedimentos na calha fluvial ocorreu um decréscimo da profundidade e a maneira encontrada pelo rio, para ajustar seu equilíbrio, foi aumentar a largura do canal através da erosão das margens. Dessa forma, ocorreu um aumento de 67% da área de ilhas fluviais e de 23% da área do canal pela erosão das margens. Na maioria das vezes, como no exemplo do rio Eel, os fatores naturais iniciam os desequilíbrios que serão agravados pelas atividades humanas na bacia.

3.2. Encostas

Os desequilíbrios que se registram nas encostas ocorrem, na maioria das vezes, em função da participação do clima e de alguns aspectos das características das encostas que incluem a topografia, geologia, grau de intemperismo, solo e tipo de ocupação.

DEGRADAÇÃO AMBIENTAL

As chuvas representam o principal elemento climático altamente relacionado com os desequilíbrios que se registram na paisagem das encostas. A variação espacial da intensidade das precipitações (volume), associada à sua freqüência (concentração em alguns meses do ano), são fatores primordiais a serem avaliados em situações críticas.

Chuvas concentradas, associadas aos fortes declives, aos espessos mantos de intemperismo e ao desmatamento podem criar áreas potenciais de erosão e de movimentos de massa, fornecedoras de sedimentos para os leitos fluviais. Ainda, o volume da precipitação anual e o número de dias chuvosos espelham a influência do relevo, uma vez que os valores de precipitação aumentam em direção às áreas mais montanhosas das bacias hidrográficas.

A topografia da bacia é um importante contribuinte através da rugosidade topográfica e da presença de declives acentuados, instáveis. Tem um papel relevante no equilíbrio das encostas sendo um dos fatores da erosão potencial e dos movimentos de massa. Cruz (1974 e 1975), ao estudar os deslizamentos ocorridos, durante as fortes chuvas de março de 1967, na serra do Mar, Caraguatatuba, São Paulo, constatou que os mesmos tiveram origem a partir de declives acima de 20% (12 graus). Bigarella (1978) ressaltou que desmoronamentos rápidos são passíveis de ocorrer em vertentes muito íngremes e com solos pouco espessos e saturados, mesmo sob floresta, quando é registrada grande intensidade de precipitação. Em função dos intervalos de classe dos declives, ainda, Bigarella *et al.* (1979) indicaram os diferentes tipos de uso do solo das encostas (Tabela 7.1).

TABELA 7.1 — TIPOS DE USO INDICADOS PARA OS DIVERSOS INTERVALOS DE CLASSE DE DECLIVE (BIGARELLA *ET AL.*,1979)

| Intevalos de classe de declive | | Tipo de uso do solo |
em percentual	em graus	indicado
<1	<1	— agricultura sem restrições
1 a 6	1 a 3	— agricultura intensiva — medidas de conservação ligeiras
6 a 12	3 a 7	— agricultura com práticas moderadas conservacionistas
12 a 20	7 a 12	— agricultura com rotação — limite do trator — conservação intensiva
20 a 45	12 a 24	— culturas permanentes com restrições
>45	>24	— área de preservação obrigatória por lei

O substrato rochoso adquire maior importância quando associado à topografia. A natureza geológica instável pode ser evidenciada por pontos de fraqueza estrutural (falhas e fraturas) e pela fragilidade da composição litológica associada a um alto grau de intemperismo. Esses mantos de alteração aumentam de espessura, do topo para a base da vertente, e podem atingir valores superiores a dezenas de metros.

A camada mais superficial das encostas, possuidora de vida microbiana, constitui o solo que, muitas vezes, por seu uso irracional, pode atingir elevado estágio de degradação. Dentre as causas mais conhecidas inclui-se erosão, acidificação, acumulação de metais pesados, redução de nutrientes e de matéria orgânica

(Drew, 1986; Guerra, 1995). Chuvas concentradas, encostas desprovidas de vegetação, contato solo-rocha abrupto, descontinuidades litológicas e pedológicas, encostas íngremes, são, ainda, algumas condições naturais que podem acelerar os processos de degradação nas encostas das bacias hidrográficas.

As taxas de erosão são controladas por fatores como erosividade da chuva; erodibilidade dos solos, aferida por suas propriedades; natureza da cobertura vegetal e características das encostas. O estudo em detalhe desses fatores fornece informações de como, onde e por que a erosão ocorre.

A erosividade da chuva é medida por parâmetros como o total e intensidade da chuva, momento e energia cinética. O total de chuva é um parâmetro pouco expressivo que apenas relaciona chuva com erosão. A intensidade influencia nas taxas de infiltração reduzindo-as, a partir do encharcamento do solo, e no escoamento superficial, quando a capacidade de infiltração é excedida. Enquanto o momento é o produto entre a massa e a velocidade da gota de chuva, estando relacionado à remoção de partículas do solo, a energia cinética é definida como a energia devida ao movimento translacional de um corpo, podendo predizer a perda de solo.

As principais propriedades do solo, que determinam sua erodibilidade, resistência em ser erodido e transportado, são: textura, densidade aparente, porosidade, teor de matéria orgânica, teor e estabilidade dos agregados e pH. A textura ou teores granulométricos dos solos (areia, silte e argila) relaciona-se com a erosão pela facilidade de alguns grãos serem removidos mais facilmente em relação a outros. O teor de matéria orgâ-

DEGRADAÇÃO AMBIENTAL

nica do solo correlaciona-se na ordem inversa com a erodibilidade, tendo importante papel na agregação das partículas, conferindo-lhes maior estabilidade. A alta estabilidade dos agregados permite maior infiltração, pelo elevado índice de porosidade, diminuindo o escoamento superficial, possibilitando maior resistência do solo ao impacto das gotas de chuva.

A densidade aparente refere-se à maior ou menor compactação dos solos. Atividades de cultivo aumentam a densidade aparente e reduzem o teor de matéria orgânica. De maneira lógica, a porosidade tem uma atuação inversa à densidade aparente dos solos. As medidas de pH indicam acidez ou alcalinidade do solo.

Outros fatores que também controlam as taxas de erosão relacionam-se à cobertura vegetal e às características das encostas. A cobertura vegetal reduz as taxas de erosão do solo através de sua densidade, da possibilidade de reduzir a energia cinética das chuvas, através da intercepção de suas copas, e de formar humus, importante para a estabilidade e teor de agregados dos solos. Tem papel importante na infiltração e na redução do escoamento superficial. Por fim, as características das encostas que afetam a erodibilidade dos solos relacionamse aos elementos declividade, comprimento e forma.

Outra causa da degradação do solo é a sua acidificação devido a fatores como uso constante de fertilizantes, fixação biológica de nitrogênio, remoção de nutrientes pelas lavouras e deposição de ácidos provenientes da atmosfera. A degradação dos solos devido à contaminação por metais pesados, através da mineração ou processos industriais, é de difícil recuperação contaminando, muitas vezes, os alimentos.

DEGRADAÇÃO AMBIENTAL

A degradação dos solos por redução de nutrientes ocorre, em geral, em áreas de agricultura sem adubação, enquanto a redução da matéria orgânica não só degrada como também atinge sua fertilidade natural.

Todas essas condições associadas facilitam a remoção dos solos nas encostas. Cunha (1995b), monitorando as encostas da bacia do rio São João, Rio de Janeiro, de 1988 a 1991, através da colocação de estacas, mostrou uma grande movimentação e variável espessura de perda do solo. Nos três anos de observação, nas encostas utilizadas por pastagem ocorreu uma remoção de 3cm de espessura do solo (encostas da bacia do rio São João). Nas encostas ocupadas por cultivo essa remoção variou entre 5 e 10cm de solo (encostas da subbacia do rio Capivari). Na subbacia do rio Bacaxá a movimentação do solo nas encostas apresentou uma variação de espessura entre 1cm (encostas ocupadas por pastagem) e 3cm (encostas ocupadas pela citricultura), para o mesmo período.

A ocupação desordenada do solo em bacias hidrográficas, com rápidas mudanças decorrentes das políticas e dos incentivos governamentais, agrava seus desequilíbrios. Dentre as atividades que causam degradação podem ser citadas as práticas agrícolas, desmatamento, mineração, superpastoreio e urbanização. O mau uso da terra, desmatamento, mecanização intensa, monocultura, descalçamento e corte das encostas para a construção de casas, prédios e ruas são exemplos de atividades humanas que desestabilizam as encostas e promovem ravinas, voçorocas e movimentos de massa.

3.3. Vale Fluvial

A dinâmica inter-relação que existe entre as encostas e os vales fluviais, incluindo a calha do rio, permite constantes trocas de causa e efeito entre esses elementos da bacia hidrográfica. Assim, mudanças do uso do solo, nas encostas, influenciam os processos erosivos que poderão promover a alteração na dinâmica fluvial. Por exemplo, o desmatamento ou o crescimento da área urbana nas encostas reduz a capacidade de infiltração, aumenta o escoamento superficial, promovendo a erosão hídrica nas encostas e fornece maior volume de sedimentos para a calha fluvial o que pode resultar no assoreamento do leito e enchentes na planície de inundação. Da mesma forma, alterações no comportamento natural dos canais fluviais influenciam os processos que se registram nas encostas. Obras de acentuado entalhe e aprofundamento dos leitos, no sentido de reduzir a ocorrência de enchentes, são exemplos que alteram o nível de base local, gera a retomada erosiva nas encostas e a conseqüente formação das ravinas e voçorocas.

O vale fluvial é uma depressão alongada (longitudinal) constituída por um ou mais talvegues e duas vertentes com sistemas de declive convergente. Pode ser conceituado, também, como planície à beira do rio ou várzea (Guerra, 1993).

O perfil longitudinal do vale difere do perfil do rio porque o primeiro depende do gradiente da planície. Em decorrência, as formas do vale, com seções transversais em U ou V, resultam da interação do clima, relevo, tipo de rocha e estrutura geológica.

O rio, com seu talvegue, controla os processos de

formação do vale, embora a sua influência direta seja restrita à calha e à planície de inundação. Entretanto, quando o leito contorna as paredes do vale, erodindo a base das elevações, os rios reativam os processos das encostas. Entre eles o escoamento em lençol (*sheet wash*), rastejamento (*creep*) e solifluxão (*solifluction*) são os mais importantes considerando que movimentos rápidos como queda de blocos (*rockfalls*), deslizamento de terras (*landslides*) e fluxos de lama (*mudflows*) são mais raros. Em síntese, o vale resulta da ação conjunta da incisão fluvial (I) e da denudação do declive da encosta (D). Por essa razão, a forma do perfil transversal do vale depende, essencialmente, da razão I/D.

O fundo do vale pode ser entendido sob o ponto de vista dos tipos de leito, de canal e de rede de drenagem. Cada uma dessas fisiografias possui uma dinâmica peculiar das águas correntes, associada à uma geometria hidráulica específica, geradas pelos processos de erosão, transporte e deposição dos sedimentos fluviais (Cunha, 1995b).

A associação desses elementos da rede fluvial, com a altimetria e os controles estruturais, que originam importantes níveis de base regionais e locais, permite o desenvolvimento de um perfil longitudinal específico, dinâmico e em constante busca de um equilibrado balanço entre descarga líquida, erosão, transporte e deposição de sedimentos. Desse modo, o rio mantém certa proporcionalidade entre os diferentes tamanhos da sua calha, da nascente à foz (Gregory e Walley, 1977). Atividades humanas desenvolvidas em um trecho do rio podem alterar, de diferentes formas e escalas de intensidade, a dinâmica desse equilíbrio. São exemplos, as obras de engenharia como as construções de reservatórios e canalizações, a substituição da mata ciliar por terras cultivadas, o avanço do processo de urbanização e a exploração de alúvios.

Uma das formas que o rio encontra para retornar ao equilíbrio anterior refere-se à intensa erosão das margens, assim como a mudança na topografia do fundo do leito. Até recentemente, esse tipo de processo de erosão era pouco conhecido e a pesquisa em detalhe teve início na década de 80. Muitas das idéias e questões a respeito do interesse nos processos erosivos das margens são sintetizadas por Lawler (1994) que também avalia as novas técnicas, inclusive de monitoramento, para entender os mecanismos que participam desse processo (Lawler, 1993; Cunha, 1996).

As formas do fundo do leito são criadas pela interação da descarga e dos sedimentos transportados. Canais com areias bem selecionadas, ou silte, têm suas próprias formas características. Ondas de areias, por exemplo, formam bancos transversos, em forma de lóbulos, em plano. Essas formas instáveis contrastam com os perfis dos rios de cascalhos formados pela alternância de declives planos e íngremes das seções rasas e fundas respectivamente. Essas soleiras e depressões são características de rios de cascalhos (*gravel-bed rivers*) que são eliminadas pelas obras de canalização. São necessários longos períodos de tempo para a reconstrução dessas formas (Figura 7.3).

Segundo Keller (1978), a importância dos ambientes de soleiras e depressões para os habitats naturais são inquestionáveis. Na realidade, o que falta, ainda, é desenvolver novos modelos flexíveis de canalização que

Figura 7.3 — *Rio Bananeiras, bacia do alto rio São João, Rio de Janeiro. Fundo do leito em período de águas baixas (dezembro), com bancos e formas de soleira e depressão, após 20 anos das obras de retificação (1995).*

permitam a máxima utilização dos recursos hídricos, reduzindo a degradação ambiental. Isso inclui o planejamento e construção de soleiras e depressões ou, em último caso, ampliar a diversidade das condições de fluxo que simule essas formas, o que significa aplicar os processos fluviais naturais aos modelos de leitos canalizados. Muitos projetos de canalização, em rios de cascalhos, nos Estados Unidos, Inglaterra e Alemanha, tiveram um aumento da produtividade biológica pela adição das soleiras e depressões ao canal projetado.

3.4. Gestão e Impactos

A partir da década de 80 a Geomorfologia tem-se caracterizado por enfatizar os problemas ambientais. Os geomorfólogos, em especial aqueles que trabalham com as questões fluviais, passaram a demonstrar, junto aos planejadores e àqueles que têm o poder de decisão, a importância dessa ciência. Em alguns países, com relação à gestão de bacias hidrográficas, essa atuação foi pouco expressiva devido à falta de agressividade política dos cientistas e a tendência de evitar conflitos com as questões discordantes.

Por outro lado, a complexidade dos sistemas fluviais e suas respostas às mudanças ambientais naturais e/ou antrópicas têm incentivado o desenvolvimento de métodos simples e precisos de avaliação ambiental que os planejadores precisam. Esta complexidade fluvial é identificada nos inúmeros estudos de caso que apresentam respostas espacial e temporal diferenciadas para a regularização dos fluxos por barragens, diques, perda de sedimentos por exploração de areias e cascalhos, poluentes industriais, urbanização e os diversos tipos de canalização. Esses estudos diferem da visão da engenharia, por enfatizar o aspecto histórico das dinâmicas do rio e a necessidade de se considerar a intercomunicação espacial das respostas fluviais aos impactos ambientais.

Também, as nações mais desenvolvidas têm utilizado a bacia hidrográfica como unidade de planejamento e gestão, compatibilizando os diversos usos e interesses pela água e garantindo sua qualidade e quantidade. Os planos de gerenciamento de bacias hidrográficas devem contemplar a utilização múltipla dos recursos da água levando em conta a qualidade do ambiente e da vida da população (Araújo Neto *et al.* 1995).

No Brasil, esses planos têm privilegiado, na maioria das vezes, um único aspecto da utilização dos recursos hídricos (irrigação ou saneamento ou geração de energia), acarretando problemas de ordem sócio-ambiental e econômica, uma vez que esses planos não estão relacionados com o desenvolvimento sustentável, que almeja melhoria na qualidade de vida presente e futura, através do respeito às limitações dos ecossistemas para conservar o estoque de recursos. Em síntese, há uma necessidade de revisão desses planos onde deve constar: maior detalhamento dos outros usos da água, uma vez que o plano de gerenciamento para o uso energético encontra-se mais detalhado, e a atualização do Código das Águas que data de 1934.

O fortalecimento do critério de gestão para as bacias hidrográficas brasileiras teve início com a criação do Comitê Especial de Estudos Integrados de Bacias Hidrográficas (CEEIBH, 1978), cujos objetivos são realizar estudos integrados de bacias hidrográficas, monitorar os usos da água, classificar seus cursos e coordenar as diversas instituições envolvidas. Exemplos conhecidos são o Comitê Executivo de Estudo Integrado da Bacia Hidrográfica do rio Paraíba do Sul (CEEIVAP, 1979), no estado do Rio de Janeiro e os Comitês dos rios Sinos e Gravataí, no Rio Grande do Sul. Experiências de Consórcio entre Municípios, envolvidos diretamente com os recursos da água da bacia hidrográfica, têm sido realizadas a exemplo da bacia do rio Piracicaba (SP).

A Política Nacional de Recursos Hídricos (PNRH) e o Sistema Nacional de Gestão de Recursos Hídricos (SINGREH) constituem um conjunto de leis apresentadas pelo Executivo em 1991 (Projeto de Lei 2249), cujo substitutivo de 1994 propõe, entre outros itens, a utilização da bacia hidrográfica como unidade de gestão e a criação de três regiões hidrográficas (Amazônica, Nordestina e Centro-Sul). A Política Nacional de Recursos Hídricos integra as Políticas Estaduais e deve assegurar a necessária disponibilidade de recursos hídricos para gerações presentes e futuras, com padrões de qualidade adequados aos usos enquanto o Sistema Nacional de Gestão de Recursos Hídricos (SINGREH) objetiva implementar e executar a Política Nacional de Recursos Hídricos (PNRH). A gestão da bacia hidrográfica deve ocorrer de forma integrada, descentralizada, participativa e independente, associada ao Sistema Ambiental, conforme preconiza a Constituição Federal de 1988 e ao Gerenciamento Costeiro (Fernandes *et al.* 1995).

4. Monitoramento da Degradação Ambiental

O monitoramento é de importância fundamental, em qualquer ramo do saber que trate de questões experimentais, em especial àquelas relacionadas com o meio ambiente.

Através da mensuração das diversas formas de degradação ambiental, é possível contribuir na realização de um diagnóstico do problema. Isso faz parte da pesquisa básica, que é desenvolvida nas universidades e em alguns órgãos públicos. Essa mensuração, que possibilita a quantificação dos processos, constitui o monitoramento. Ele pode ser feito, por exemplo, através de

DEGRADAÇÃO AMBIENTAL

fotografias aéreas, imagens de satélite ou de radar, estações experimentais, coleta de amostras de água, rochas, sedimentos, seres vivos etc.

É importante destacar que o monitoramento não é um processo isolado. Em um projeto de pesquisa é preciso decidir onde, como e quando mensurar um determinado processo. É necessário também levantar hipóteses sobre a mensuração, selecionar métodos e técnicas de monitoramento, fazer uma estratégia de amostragem, selecionar e treinar pessoal qualificado que irá fazer o monitoramento, e decidir a periodicidade e a duração que o monitoramento vai levar (Marques, 1996). Dependendo do que esteja sendo monitorado, pode ser feito através de uma estação experimental fixa (Figura 7.4), como num projeto de erosão dos solos, onde ravinas e voçorocas, bem como escoamento superficial e subsuperficial são mensurados (Guerra, 1996). Se o estudo for sobre poluição e assoreamento de uma baía, lago ou reservatório, pode haver a combinação de estações fixas, em determinados locais, em conjunto com coletas periódicas e sistemáticas, em diferentes pontos da área amostrada, onde o problema esteja ocorrendo.

Todas essas decisões têm que ser tomadas pelos pesquisadores, durante a montagem do projeto de pesquisa. Algumas modificações podem ser feitas, no decorrer do monitoramento, mas envolvem perda de tempo, recursos financeiros e de dados já coletados.

4.1. Mensuração

A mensuração possui um papel importante nos estudos de degradação ambiental, pois possibilita conhecer melhor o problema e, através da quantificação

DEGRADAÇÃO AMBIENTAL

Figura 7.4 — *Estação experimental para monitorar escoamento superficial e perda de solo, Fazenda Marambaia, distrito de Cascatinha, Petrópolis, Rio de Janeiro.*

sistemática, chegar à modelagem dos processos de degradação. No entanto, essa mensuração deve ser feita com um embasamento teórico-conceitual sólido, de forma que os dados produzidos ajudem a compreender a realidade ambiental da área estudada.

A partir de um determinado problema, deve-se decidir o que, como e onde mensurar. Isto requer experiência do pesquisador, que deverá otimizar seus experimentos, de forma a compatibilizar qualidade e precisão dos dados, com a disponibilidade de tempo e de recursos financeiros, para o estudo.

O papel da mensuração é também fundamental para as medidas a serem tomadas, no sentido de resolver os problemas ambientais, numa dada região. A pro-

DEGRADAÇÃO AMBIENTAL

pósito disso, Stocking (1978) fez um estudo no Zimbabwe, sobre as medidas tomadas para evitar a evolução da erosão, como por exemplo a construção de muro gabião e de pequenas muretas. No entanto, essas medidas não deram resultado. Através do monitoramento, num período de cinco anos, Stocking (1978) chegou à conclusão de que apenas 13% do material erodido era proveniente de dentro da voçoroca; o resto do material vinha da erosão em lençol, dos terrenos situados entre as voçorocas. Esse exemplo comprova a importância do monitoramento, no diagnóstico e na proposição de medidas que devem ser tomadas, para recuperar áreas degradadas. Além disso, esse exemplo serve para demonstrar a experiência do pesquisador, ou do técnico, em detectar a importância da erosão em lençol. Como nesse caso, em muitas situações, a erosão em lençol, apesar de ser menos observada, do que as voçorocas, possui maior expressão espacial, podendo ser responsável pela maior produção de sedimentos do que as voçorocas (Morgan, 1986). Estas, apesar das cicatrizes que deixam na paisagem, são mais localizadas.

Na pesquisa sobre degradação ambiental, a coleta de dados é, muitas vezes, a principal fonte de erros. Algumas mensurações são difíceis de serem feitas, como por exemplo o monitoramento da carga em suspensão de um rio, que varia com diferentes descargas, ou até com descargas semelhantes. O monitoramento da perda de sedimentos em uma encosta, pode também apresentar erros, em função da forma de coleta, da localização dos coletores e das próprias transformações que têm de ser feitas no ambiente, para a colocação dos instrumentos, afetando assim os resultados finais.

Através dos exemplos abordados é possível entender a importância da mensuração nos estudos de degradação ambiental. Por outro lado, é necessário estar ciente das limitações que a mensuração possui no diagnóstico e prognóstico dos processos de degradação. Além disso, mesmo em situações onde a mensuração seja adequada e bem feita, é preciso destacar que ela sozinha não explica a degradação ambiental. O conhecimento teórico-conceitual de um determinado problema, aliado ao próprio conhecimento empírico que o pesquisador possua de uma área que esteja sofrendo degradação, pode ser suficiente na explicação do processo, no prognóstico da sua evolução, bem como no encaminhamento de medidas para a sua resolução. O que se quer chamar atenção é que, apesar de se reconhecer a importância e o papel da mensuração nos estudos de degradação ambiental, ela nem sempre é possível e deve ser combinada com outras técnicas, que não impliquem, necessariamente, em quantificação.

4.2. Tipos de Mensuração e Problemas Relacionados

Existem vários tipos e formas de mensurar a degradação ambiental. Os problemas relacionados à mensuração também são em grande número. Dessa forma, selecionamos alguns casos e exemplos mais típicos e comuns que serão discutidos nesse item.

Como afirma Stocking (1987), existem problemas relacionados à escala espacial e temporal, difíceis de serem resolvidos. Como as mensurações podem resolver o problema da freqüência e magnitude? Alguns tipos de degradação ambiental ocorrem lentamente, em grandes áreas; outros acontecem de forma abrupta, numa pequena área. Ainda com relação à escala, alguns processos naturais como, por exemplo, a erosão dos solos, pode ocorrer com freqüência e magnitude diferentes, num mesmo local, ao longo do tempo (Daniels e Hammer, 1992).

Todas essas variações temporais e espaciais tornam complexo o monitoramento da degradação. Conseqüentemente, as interpolações e extrapolações que são feitas, a partir dos dados resultantes do monitoramento, nas estações experimentais, têm suas limitações. Além disso, esses dados podem ser usados em equações, para estimar problemas futuros como é o caso da Equação Universal de Perda do Solo (USLE). Dessa forma, deve-se ter muito cuidado e estar ciente de que esses dados podem levar a subestimar, ou superestimar a degradação ambiental, numa determinada região. O conhecimento empírico que o pesquisador possua dos processos de degradação ambiental, numa dada bacia de drenagem, por exemplo, pode ser tão ou mais importante quanto os dados obtidos no monitoramento da degradação dessa bacia.

Dentre as diversas formas de se mensurar os processos de degradação ambiental, as mais utilizadas, em quase todo o mundo, são as parcelas (Morgan, 1986; Mutter e Burnham, 1990; Guerra, 1991, 1995 e 1996), e a instalação de pinos de erosão, tanto nas margens dos rios (Cunha, 1996), como nas encostas (Guerra, 1996). Em ambos os casos, o monitoramento pode não retratar exatamente a evolução, em todos os detalhes, dos processos de erosão (Guerra, *et al.*, 1995b). A propósito disso, Stocking (1987) chama atenção para alguns casos de degradação, que podem ser difíceis de serem moni-

DEGRADAÇÃO AMBIENTAL

torados, com precisão e detalhe, como os solos que sofrem processos de acidificação, gradativamente, mas com chuvas fortes pode se agravar, diminuindo, em períodos de seca. Um outro exemplo dado por Stocking (1987) é que os processos de erosão em lençol e os processos de rastejamento do solo (*creep*) podem ser responsáveis, em certas áreas, por mais de 50% da degradação e, muitas vezes, não são percebidos, nem monitorados. No que diz respeito aos eventos catastróficos, alguns deles, como os grandes deslizamentos, podem ocorrer a cada 50 ou 100 anos, de forma muito localizada, numa área. Como mensurar o surgimento e a evolução desse processo?

É preciso enfatizar que a mensuração dos processos de degradação ambiental deve levar em conta as variações das taxas e a freqüência dos processos, a periodicidade das mensurações e o espaçamento e regularidade das amostragens, dentre outras características, para que o monitoramento possa retratar, o melhor possível, a realidade da degradação ambiental, de uma determinada área (Stocking, 1987). Caso isso não seja seguido, as estimativas feitas com base nesses dados não retratarão a realidade da área. Conseqüentemente, as medidas tomadas, nesses casos, para se recuperar as áreas degradadas, em questão, poderão estar superestimando ou subestimando os processos naturais, que causam a degradação.

Para ilustrar os problemas causados pela mensuração, tomemos o exemplo do monitoramento de carga em suspensão feito por Walling e Webb (1981), no rio Creedy, na Inglaterra. O monitoramento da carga em suspensão foi feito a cada hora, durante um período de

DEGRADAÇÃO AMBIENTAL

sete anos. A partir desses dados Walling e Weeb (1981) compararam a precisão dessa estratégia de amostragem, com dados coletados diretamente do canal pesquisado. Dependendo do intervalo de amostragem, e do procedimento de interpolação, a carga de sedimento estimada chegou a ser apenas 20% da carga medida.

No que diz respeito às estações experimentais, que utilizam parcelas, para monitorar perda de água e solo, existe uma série de possibilidades de erros, que vai desde a seleção do local para a montagem da estação, à sua própria manutenção, até as perturbações, ou "artificializações", que são feitas no solo, para a colocação de placas de ferro galvanizado, calhas coletoras de PVC, aplicação de herbicida, para evitar o crescimento de vegetais, e ravinas que podem ser formadas, ao longo das placas de ferro galvanizado (Morgan, 1986; Guerra, 1991). Essas ravinas talvez não se formassem, caso as placas não fossem colocadas. Além disso, a ação de alguns animais pode também alterar os resultados do monitoramento (Guerra, 1991). Dependendo da periodicidade do monitoramento alguns dados podem ser perdidos, ou subestimados, podendo resultar em estimativas incorretas (Guerra e Oliveira, 1995; Guerra *et al.*, 1995a).

Em síntese, apesar dos aspectos positivos que as mensurações têm para o diagnóstico e prognóstico dos processos de degradação ambiental, é preciso utilizar com muita cautela os dados produzidos porque são várias as fontes de erro, no monitoramento, ou, então, a falta de precisão na coleta dos dados, através das estratégias de amostragem. Se por um lado as mensurações dos processos auxiliam no avanço do conhecimento sistemático das várias formas de degradação ambiental, podendo ajudar no seu controle e recuperação, por outro lado, o uso desses dados, sem um espírito crítico apurado, pode levar a interpretações errôneas da realidade.

5. Conclusões

Este capítulo teve a preocupação de abordar a degradação ambiental com ênfase nas relações entre Meio Ambiente e Geomorfologia, destacando associações entre degradação ambiental e sociedade. Os desequilíbrios na paisagem foram analisados sob o ponto de vista da bacia hidrográfica, unidade integradora das formas de relevo, impactos e gestão. Diversas formas de monitoramento foram também apresentadas com o objetivo de mostrar a sua importância no conhecimento dos processos de degradação ambiental.

O conceito de ambiente (natural e social) tem passado por sucessivas transformações ao longo da história. Esse ambiente, em função dos interesses econômicos e políticos, vem passando por processos de degradação, acentuados no século XX. Isso tem causado uma drástica diminuição da qualidade de vida e um aumento da preocupação mundial em tentar reverter esse quadro.

O manejo inadequado dos recursos naturais, tanto em áreas urbanas como rurais, tem sido a principal causa da degradação. Como conseqüência temos assistido toda uma gama de impactos, como: erosão dos solos, desmatamentos, desertificação, poluição, inundações etc.

A Geomorfologia, por possuir papel integrador na busca da compreensão dos processos de evolução do relevo e dos impactos causados pela ação antrópica, tem

DEGRADAÇÃO AMBIENTAL

dado uma contribuição relevante no diagnóstico da degradação ambiental, bem como tem apontado soluções para resolver esses problemas.

Pelo caráter integrador, a bacia hidrográfica pode ser considerada excelente unidade de gestão dos elementos naturais e sociais. Nesta ótica, é possível acompanhar as mudanças introduzidas pelo homem e as respostas da natureza como erosão dos solos, movimentos de massa e enchentes, cujos processos devem ser acompanhados por monitoramentos que levem à compreensão de uma natureza integrada.

Esperamos que as reflexões apresentadas nesse capítulo possam contribuir, de alguma forma, para o desenvolvimento sustentável e a conseqüente possibilidade de melhoria da qualidade de vida.

6. Bibliografia

ALMEIDA, F.G. e GUERRA, A.J.T. (1994). Erosão dos solos e impacto ambiental na microbacia do rio Lira — MT. *in*: Anais do I Encontro Brasileiro de Ciências Ambientais, vol. III, COPPE-UFRJ, 1010-1021.

ARAÚJO NETO, M.D.; BAPTISTA,G.M.de M. (1995) Recursos Hídricos e Ambiente. Centro Educacional Objetivo. Brasília, 67p.

BIGARELLA, J.J. (1978) A Serra do Mar e a porção oriental do Estado do Paraná. Um problema de segurança ambiental e nacional. Curitiba. Secretaria de Planejamento do Paraná / Associação de Defesa e Educação Ambiental: 248p.

BLAIKIE, P. e BROOKFIELD, H. (1987). Land Degradation and Society. Methuen Ltda., Inglaterra, 296p.

CASSETI, V. (1991) Ambiente e apropriação do relevo. Editora Contexto. São Paulo. 147p.

CHORLEY, R.J. (1962) Geomorfology and the General Systems Theory. U.S. Geol. Survey Prof. Paper, 500-B:10p.

COELHO NETTO, A.L. (1995) Hidrologia na Interface com a Geomorfologia. In Guerra, A.J.T. e Cunha, S. B., Geomorfologia: Uma Atualização de Bases e Conceitos. Editora Bertrand, 2ª edição: 93-148.

CRUZ, O. (1975) Evolução de vertentes nas escarpas da Serra do Mar em Caraguatatuba- SP. Anais da Academia Brasileira de Ciências, 47, (Suplemento):479-482.

CRUZ, O.(1974) A Serra do Mar e o Litoral na Área de Caraguatatuba-SP. Contribuição à Geomorfologia Litorânea Tropical. Série Teses e Monografias, 11, São Paulo:181pp.

CUNHA, S.B. (1995a) Geomorfologia Fluvial. In Guerra, A.J.T. e Cunha, S. B. (org.) Geomorfologia: Uma Atualização de Bases e Conceitos. Editora Bertrand do Brasil, 2ª edição:211-252.

CUNHA, S.B. (1995b) Impactos das obras de engenharia sobre o ambiente biofísico da bacia do rio São João (Rio de Janeiro-Brasil). Editora Instituto de Geociências,UFRJ: 378pp

CUNHA, S.B. (1996). Geomorfologia Fluvial. In: Geomorfologia — Exercícios, Técnicas e Aplicações. Orgs. S. B. Cunha e A. J. T. Guerra, Ed. Bertrand Brasil, Rio de Janeiro, 157-189.

DANIELS, R.B. e HAMMER, R.D. (1992). Soil Geomorphology. John Wiley, Estados Unidos, 236p.

DREW,D (1986) Processos Interativos Homem-Meio Ambiente. Editora Difel. São Paulo. 206p.

FERNANDES, C. V. S; RIBAS, A; ROGUSKI, M; GOBBI, E. F; SUGAI, M. R. B; BITTENCOURT, A; RAMOS, F; DALCANALE, F. SUGAI, H. M; DIAS, N. L. (1995) A água e a sociedade do século XXI. Seminário Franco-Brasileiro de Gestão em Bacias Hidrográficas. Boletim Associação Brasileira de Recursos Hídricos, 53:1-6.

GERRARD, A. J. (1990). Mountain Environments: An Examination of the Physical Geography of Mountains. Belhaven Press, Londres, 317p.

GREGORY, K. J. e WALLEY, D. E. (1977) Drainage Basin, Form and Process. Edward Arnold.

GUERRA, A. J.T. (1991). Soil Characteristics and Erosion, with Particular Reference to Organic Matter Content. Tese de Doutorado, Universidade de Londres, 441p.

GUERRA, A. J.T. (1995). Processos erosivos nas encostas. In: Geomorfologia — uma Atualização de Bases e Conceitos. Orgs. A. J. T. Guerra e S.B. Cunha, Ed. Bertrand Brasil, Rio de Janeiro, 2ª edição, 149-209.

DEGRADAÇÃO AMBIENTAL

GUERRA, A. J. T. (1996). Processos Erosivos nas Encostas. In: Geomorfologia — Exercícios, Técnicas e Aplicações. Orgs. S. B. Cunha e A. J. T. Guerra, Ed. Bertrand Brasil, Rio de Janeiro, 139-155.

GUERRA, A. J.T. e OLIVEIRA, M.C. (1995). A influência dos diferentes tratamentos do solo, na seletividade do transporte de sedimentos: um estudo comparativo entre duas estações experimentais. In: Anais do VI Simpósio Nacional de Geografia Física Aplicada, Goiânia, 455-458.

GUERRA, A. J.T., MARÇAL, M., ALENCAR, A. e SILVA, E. (1995a). Monitoramento de Voçorocas em Açailândia — Maranhão. In: Anais do V Simpósio Nacional de Controle de Erosão, ABGE, Bauru, 373-376.

GUERRA, A. J. T., TEIXEIRA, P. M. F. e SANTOS, R. F. (1995b). Análise dos dados em uma estação experimental em área de mata secundária — Corrêas, Petrópolis (RJ). In: Anais do VI Simpósio Nacional de Geografia Física Aplicada, Goiânia, 78-80.

GUERRA, A. T. (1993) Dicionário Geológico-Geomorfológico. Instituto Brasileiro de Geografia e Estatística. 8ª edição: 446p.

KELLER, E. A. (1978) Pools, riffles, and channelization. Environmental Geology, vol. 2, nº 2:119-127.

KNIGHTON, A. D. (1984) Fluvial Forms and Processes. Edward Arnold, 218p.

LAWLER, D. (1993) The measurement of river bank erosion and lateral channel change: a review. Earth Surface Processes and Landforms vol 18, 777-821

LAWLER, D. (1994) Tales of the river bank. Geography Review 8:2-6.

MARX, K. (1970) Capital. Nova York, International Publishers:

MARQUES, J. S. (1996) Ciência Geomorfológica. In: Geomorfologia — Exercícios, Técnicas e Aplicações. Orgs. S.B. Cunha e A. J. T. Guerra. Editora Bertrand Brasil, Rio de Janeiro, 25-26.

MORGAN, R. P. C. (1986). Soil Erosion and Conservation. Longman Group, Inglaterra, 298p.

MUTTER, G. M. e BURNHAM, C. P. (1990). Plot studies comparing water erosion on chalky and non-calcareous soils. In: Soil erosion on agricultural land. Editores: J. Boardman, I. D. L. Foster e J.A. Dearing, 15-23.

PARK,C.C. (1981) Man, river systems and environmental impacts. Progess in Physical Geography 5(1):1-31.

PATRICK, D. M., SMITH, L. M, e WHITTEN, C. B. (1982) Methods for studying fluvial change. *In*: Gravel Bed Rivers. John Wiley and Sons:783-816.

PIRES, J. S. R.; SANTOS, J. E. (1995) Bacias Hidrográficas-integração entre o meio ambiente e o desenvolvimento. *Revista Ciência Hoje* 19(110):40-45.

STOCKING, M. (1987). Measuring land degradation. *In*: Land Degradation and Society. Editores: P. Blaikie e H. Brookfield, Inglaterra, 49-63.

WALLING, D. E. e WEBB, B.W. (1981). The reliability of suspended sediment load data. *In*: International Association of Hydrological Sciences — Erosion and Sediment Transport Measurement. Publicação 133, Inglaterra, 177-194.

WILCOCK, D. N. (1993) River and inland water environments. *In* Nath, B; Hens, L; Compton, P; Devuyst, D. (org.) Environmental Management: the Ecosystems Approach, Bruxelas, VUB Press: 59-91.

Índice Remissivo

ação antrópica, 328
ação biogênica, 43
ação do homem, 87
ação exógena, 308
ação passiva, 308
acamamentos, 139
ácaros, 220, 221
acidificação, 357
ácido carbônico, 32
adaptação, 195
adição, 73
aeração, 221
afloramentos rochosos, 115
África, 35
agente deteriorador, 88
água, 223
águas correntes, 362
águas superficiais, 343
algas, 222, 245
altimetria, 362
alúvios, 363
ambiente, 340, 352, 370, 375
ambiente natural, 294
ambientes, 226
ambientes lacustres, 218
ameba, 221

amidos, 220
análise da estabilidade, 141
análise do relevo, 306
análise geomorfológica, 334
análises de estabilidade, 159
análises físicas, 63
análises mineralógicas, 63
análises químicas, 63
anfíbios, 242
ângulo de atrito, 156
ângulo de atrito interno, 141, 172
Antártica, 233, 236, 238
arcos de ilhas, 210
área biogeográfica, 232
areais, 254
áreas de risco, 182
áreas degradadas, 338
áreas relíquias, 214
áreas rurais, 345
áreas urbanas, 350
areia, 358, 363
areia fina, 347
areias móveis, 256
areias quartzosas, 111
areias quartzosas hidromórficas, 112
areias quartzosas marinhas, 113

arenização, 254
argila, 358
argila de Belterra, 45
argila natural, 91
argilan, 98
argilans, 101
argilas caoliníticas, 38
argilitos, 138
assoreamento, 306, 333, 343, 345, 361, 368
astenosfera, 210
aterros, 316
atividade de argila, 99
atmosfera, 25, 197, 216, 219, 222, 294
australiana, 233, 236, 238
autênticos, 65
auto-recuperação, 294
auto-regeneração, 293
aves, 242
avifauna, 245

B podzol, 107
B textural, 99
bacia de drenagem, 354, 372
bacia hidrográfica, 337, 352, 353, 365, 366, 367, 375, 376
bacias de drenagem, 353
bacias hidrográficas, 220, 355, 361
bactérias, 222, 224
balanço hídrico, 327
banco de dados, 167
bancos de assoreamento, 316
bancos transversos, 363
bandamento composicional, 154
bandamentos composicionais, 147, 153
barreiras, 227
barreiras ecológicas, 227
batólito, 155
biodiversidade, 200, 205, 246, 282, 343
bioestrutura, 220
biogeografia, 195, 226, 246, 350

biomas, 229
biomassa, 223, 240
biosfera, 202, 207, 222, 223, 294
biota, 301
blastomilonitos, 325
boletim de deslizamentos, 162
bromeliáceas, 242
brunizem, 101
brunizem avermelhado, 101
bruno não cálcico, 102

cabeceiras de drenagem, 330
cactáceas, 242
cadastro de deslizamentos, 162
caducifólias, 235
calcificação, 74
cálcio, 221, 223, 225
calcretes, 50
calha, 362
calha do rio, 361
calha fluvial, 355, 361
calotas polares, 197
câmbico, 101
cambissolos, 105
campos limpos, 241
canais, 353, 363
canal, 362
canalização, 363, 364, 365
canalizações, 363
caolinita, 32, 42, 43, 48, 91, 93, 96, 98
caolinitas, 42
capacidade de competência, 207
capacidade de infiltração, 358, 361
capacidade de transporte, 217
capense, 233, 235
características vérticas, 109
carbonífero, 209
carbono, 223
carga sólida, 354
carta geomorfológica, 318
cartas de risco, 176, 181
cartas de risco a deslizamentos, 176
cartografia de risco, 175
cartografia dos riscos, 181

382

cascalhos, 363
caules, 220
celulose, 220
cenozóico, 213
centopéias, 220, 221
centro de dispersão, 215
cerrado, 241
cerrados, 240
cheias, 342
chuvas, 218, 225, 348
ciclos biogeoquímicos, 223, 246
ciência natural, 339
classes de declividade, 318
classificação, 127
clima, 70, 75, 76, 207, 219, 318, 320, 353
clima dos solos, 81
clivagem, 27
cobertura florestal, 241
cobertura vegetal, 158, 219, 321, 329, 344, 359
código das águas, 296, 366
código florestal, 297
coesão, 172
coesão efetiva, 141
colêmbolos, 220, 221
coleta de dados, 370
colúvio, 159
compactação, 219
competição, 230
compilados, 65
complexos portuários, 334
composição litológica, 357
Conama, 299
concreções, 94, 96
concreções ferruginosas, 107
condicionantes dos deslizamentos, 171
condições ambientais, 215
condutividade hidráulica, 157, 160
conservação, 215
contato solo-rocha, 347
contato solum-saprolito, 139
controle ambiental, 297

controle da poluição, 299
controle das populações, 222
controle estrutural, 325
controles estruturais, 362
cor, 82
cor do solo, 80
corais, 245
cores acinzentadas, 108
cores amarelas, 83
cores vermelhas, 84
corpos naturais, 70
corpos naturais tridimensionais, 66
corrente marítima, 245
correntes atmosféricas, 304
correntes marinhas, 304
corridas, 128, 130, 134, 161
corridas de detritos, 129
corridas de lama, 316
corridas de terra, 129
cortex, 43
creep, 373
cretáceo, 35
criptógamas, 203
crosta, 46
crosta laterítica, 43
crosta terrestre, 308
crostas ferruginosas, 35
crustáceos, 245
cursos d'água, 218
cursos de água, 354

declive, 361
declive da encosta, 362
declives, 356
declividade, 359
declividade da encosta, 157
decomposição, 220
Dedo de Deus, 139
defensivos agrícolas, 342
defesa civil, 124, 183, 185
deformação, 149
degelo, 218
degradação, 88, 337, 345, 347, 351, 360, 373

degradação ambiental, 293, 337, 338, 342, 344, 352, 364, 367, 368, 372, 374, 375
degradação do solo, 359
degradação química, 26
densidade aparente, 347, 358
densidade de drenagem, 319
denudação, 362
depósito de lixo, 136, 138
depósitos aluvionares, 316
depósitos coluviais, 160
depósitos de encosta, 159
depósitos de encostas, 138, 139
depósitos de tálus, 138, 147, 160, 175
depressão, 361
depressões, 363
deriva continental, 208
derivas continentais, 211
desbarrancamento, 134
descarga líquida, 362
descarga, 353, 363
descontinuidades hidráulicas, 157
descontinuidades litológicas, 358
descontinuidades mecânicas, 139, 151
desenvolvimento sustentável, 351, 366, 376
desequilíbrios ambientais, 352, 355
desequilíbrios da paisagem, 354
desertificação, 251, 345, 351
desertização, 343, 375
desertos, 219, 227
desestabilização de vertentes, 328
deslizamento, 134
deslizamento de terras, 362
deslizamentos, 123, 129, 130, 161, 166, 169, 170, 182, 307, 316, 328, 330, 343, 373
deslizamentos de detritos, 129
deslizamentos de rocha, 129
desmatamento, 343, 345, 348, 356, 361
desmatamentos, 125, 375

desmontes, 316
desmontes de morros, 306
desmoronamentos, 307
desmoronamentos rápidos, 356
detalhado, 65
diagnóstico, 367
diagnóstico ambiental, 303, 304
diagnósticos, 324, 338
diagnósticos ambientais, 324
diásporo, 202
diferenciação de horizontes, 73
dijunções, 215
dinâmica da água, 76
dinâmica fluvial, 361
dinâmica hidrológica, 141, 153
diques, 365
diques básicos, 153
disjunção boreal-alpina, 214
disjunções, 214
dispersão biogeográfica, 211
dissecação, 327
dissolução, 30
divisores topográficos, 353
documentação, 125
Dokuchaev, 74
dunas, 114, 256
duricrust, 39
dutos, 221

ecodesenvolvimento, 279
ecologia animal, 195
ecologia vegetal, 195
ecossistema florestal, 224
ecossistemas, 207, 217, 218, 223, 227, 246, 295
ecossistemas marinhos, 216
ecossistemas naturais, 304
EIA, 300
EIAS-RIMAS, 299, 351
embasamento rochoso, 156
enchentes, 361, 376
endemismos, 240
endógenos, 26
energia cinética, 358

entalhamento dos canais, 319
entidade biológica, 231
entidades biológicas, 206
enxofre, 223
enzimas digestivas, 221
epirogênese, 217
equação de Coulomb, 157
equilíbrio dinâmico, 318
equilíbrio natural, 196
equinodermos, 245
erodibilidade, 320, 358, 359
erodibilidade dos solos, 358, 359
erosão, 27, 28, 124, 218, 220, 306, 308, 329, 338, 342, 343, 345, 348, 357, 358, 362, 372
erosão das margens, 355, 363
erosão dos solos, 368, 372, 375, 376
erosão em lençol, 370
erosão fluvial, 138
erosão glacial, 218
erosão hídrica, 361
erosão laminar, 129, 347
erosão linear, 330
erosão marinha, 218
erosão mecânica, 50
erosão eólica, 351
erosão pluvial, 351
erosão potencial, 355, 356
erosão regressiva, 328
erosividade da chuva, 358
erupções vulcânicas, 210
escala, 372
escala espacial, 371
escoamento em lençol, 362
escoamento superficial, 219, 351, 358, 359, 361, 368
escoamento superficial difuso, 320
escorregamento translacional, 151
escorregamentos, 128, 130, 131, 134, 136, 154, 156, 328
escorregamentos rotacionais, 138, 145, 156
escorregamentos translacionais, 139, 141, 145, 155, 156, 160

especiação geográfica, 226, 227
especialização ecológica
espécie, 204, 231
espécies, 203, 207, 226, 241, 244
espécies vegetais, 233
espessura de matéria orgânica, 79
espessura do solo, 79
espigões, 324
espraiamentos, 128
esqueleto, 30
esquemático, 65
estabilidade das encostas, 154
estabilidade de encostas, 139
estabilidade de taludes, 172
estabilidade dos agregados, 358
estação experimental, 368
estações ecológicas, 301
estrada Rio-Teresópolis, 131
estratégia de amostragem, 368
estrato geográfico, 316
estrutura, 94, 320
estrutura estromática, 154
estrutura geológica, 170
estruturas reliquiares, 138
estudos ambientais, 334
etiópica, 233, 237
evapotranspiração, 33
evolução geomorfológica, 160
exógenos, 26
expansão, 207
exploração de areias, 365
exploratório, 65
extinção, 215
extinções, 213

faixa de depleção, 328
falhas, 149, 153, 357
família, 231
famílias, 204, 244
fases de formação, 72
fator de segurança, 141
fator ecológico limitante, 199
fatores, 70
fatores ambientais, 75

fatores condicionantes, 127, 145, 147
fatores edáficos, 229
fauna, 200, 207, 209, 215, 221, 240, 241, 242
fauna endêmica, 241
fauna marinha, 212, 215
favelas, 175
feldspatos potássicos, 32
fenda de tração, 153
fendas de tração, 155
fendas transversais, 139
ferralitização, 38
ferricrete, 39
ferro, 225
ferrólise, 31
fertilizantes, 342
fiordes, 218
físico-biótica, 294
fitogeografia, 197
flora, 201, 207, 209, 212, 215, 240
flora macroscópica, 245
flores, 220
floresta estacional, 240
floresta ombrófila, 240, 241
floresta tropical, 225
florestas de coníferas, 235, 239
florestas equatoriais, 35
florestas temperadas, 243
fluidos intempéricos, 27
flutuações climáticas, 211
fluxo de lama, 362
fluxo gênico, 228
fluxo magmático, 155
fluxo subsuperficial, 145
fluxo subterrâneo, 153
fluxos, 130
fluxos d'água subsuperficiais, 160
fluxos d'água superficiais, 158
folhas, 220
folhelhos, 138
foliação, 154
foliação tectônica, 155
forças ativas, 295
foresia, 201

forma da encosta, 158
formações vegetais, 227
formas agradacionais, 311
formas de degradação, 338
formas de relevo, 216, 309, 316
formas denudacionais, 311, 312
formas do relevo, 295, 307
formigas, 221
fósforo, 221, 223
fósseis, 204, 212
fotografias aéreas, 165, 368
foz, 362
fragilidade potencial do relevo, 316
fratura de alívio, 151
fratura de alívio de tensão, 149
fraturas, 139, 147, 149, 357
fraturas de alívio, 153
fraturas de alívio de tensão, 147, 154, 156
fraturas relíquias, 156
fraturas atectônicas, 149
fraturas tectônicas, 147, 149, 153
frente de intemperismo, 29, 40
frutos, 220
fundo do leito, 363
fundo do vale, 362
fungos, 222, 224

galhos, 220
gases tóxicos, 216
gelo, 218
gene pool, 228
generalizados, 65
gênero, 231
gêneros, 204, 244
gêneros endêmicos, 243
genótipos, 207
geologia, 355
geometria de deslizamentos, 166
geometria hidráulica, 362
geomorfologia, 246, 307, 334, 338, 349, 350, 365, 375
geomorfologia ambiental, 341
gerenciamento costeiro, 367

gibsita, 32, 93
gilgai, 110
glaciação, 217
glaciação permocarbonífera, 218
glaciações, 207, 212, 213
glaciações pleistocênicas, 34
gleissolos, 108
gleização, 74
gnaisses, 147
gnaisses bandados, 151
goetita, 84, 91, 92, 94, 96, 98
Gondwana, 211
gradiente, 361
grau de coesão, 320
grau de dissecação, 325
grau de homogeneidade, 64
grau de intemperismo, 355, 357
grumosidade, 220

habitat, 199, 226
habitats naturais, 363
hábitos, 224
haloisita, 96, 98
hematita, 84, 92, 93, 94, 96, 98
hibernação, 200
hidrófilas, 109
hidrografia, 207
hidrólise, 31, 32, 42
hidrosfera, 197, 294
higrófilas, 109
holártica, 233, 234
holística, 337
hollows, 158
horizonte A, 326
horizonte B, 326
horizonte B espódico, 86
horizonte B incipiente, 105
horizonte B latossólico, 90
horizonte B nátrico, 104
horizonte B textural, 97, 100, 101, 102
horizonte C, 327, 329
horizonte de solo, 66
horizonte glei, 108
horizonte plíntico, 106

horizonte sálico, 104
horizonte superficial, 79
horizontes, 66, 82
horizontes A, E e B, 68
horizontes de solo, 156
húmus, 220

Ibama, 303
ictiofauna, 242
ilhas fluviais, 355
ilita, 32
ilmenita, 94
iluviação, 42, 48
ímã, 96, 97, 329
imagens de satélite, 368
imagens de satélites e radares, 163
impacto ambiental, 296, 301
impactos, 353
impactos ambientais, 305, 324, 353, 365
incisão fluvial, 362
inclinômetros, 168
indivíduo solo, 75
indivíduos rasos, 105
infiltração, 359
infiltração de água, 220
insetos, 220
instabilidade emergente, 317
instabilidade morfodinâmica, 328
instabilidade potencial, 318
instrumentação de encostas, 167
intemperismo, 27, 124, 224, 349
intemperismo bioquímico, 326
intemperismo diferencial, 154
intemperismo físico e químico, 147
intensidade das precipitações, 356
interface solo-rocha, 141
interglaciais, 215
inundação, 218
inundações, 124, 306, 343, 375
inventário de deslizamentos, 173,
investigação, 123
irrigação, 366
irrigação moderna, 256

irrigação tradicional, 256
isointemperismo, 151
isolamento reprodutivo, 228
Itaipava, 151

Jacarepaguá, 131, 145
Jenny, 74
jusantes, 353

Largo do Anil, 134, 145
larvas de insetos, 221
lascas instáveis, 175
lateritização, 38
laterito, 38, 39
latolização, 73
latossolo amarelo, 91
latossolo bruno, 96
latossolo ferrífero, 96
latossolo húmico, 86
latossolo roxo, 94
latossolo vermelho-amarelo, 92
latossolo vermelho-escuro, 93
latossolos, 38, 42, 45, 47, 48
latossolos roxos, 83, 96, 97
Laurásia, 211
lavas incandecentes, 216
lavouras, 219
leito, 361, 362
leito do rio, 355
leitos, 353
leitos canalizados, 364
leitos fluviais, 356
lençol freático, 80,160,330,343
levantamentos sistemáticos, 338
líquens, 203, 244
litologia, 320
litologia-estrutura, 318
litosfera, 25, 197, 210, 294, 295
litossolos, 105
lixiviação, 33, 81, 219, 224, 342
lixo, 136
luminosidade, 200

maciços, 326

maciços graníticos, 151
macrofauna, 220
maghemita, 94
magma, 149
magnésio, 221, 223, 225
magnetita, 94
mamíferos, 242, 245
mananciais, 348
manejo, 347
manejo dos solos, 322
manguezais, 115
manto coluvial, 157
mantos de alteração, 138, 357
mantos de intemperismo, 356
mapa de deslizamentos, 165
mapa de risco, 171
mapa de solos, 64
mapa de susceptibilidade a deslizamentos, 172
mapas autênticos, 64
mapas compilados, 64
mapas de solos autênticos, 61
mapas temáticos, 163
mapeamento de campo, 166, 179
mapeamento geológico, 147, 154
mares, 227
margens, 363
margens dos rios, 338
matas secundárias, 326
matéria orgânica, 82, 220, 221, 347,
357
materiais orgânicos, 114
material coluvial, 138
material de origem, 75
material originário, 71, 72, 73
mecanismo de ruptura, 127
mecanismos, 72
mecanismos de formação, 73
medidas mitigadoras, 305
meio ambiente, 297, 338, 352, 367,
375
meio biológico, 304
meio físico, 206, 304, 333
mensuração, 369

mesofauna, 220
mesosfera, 210
mesozóico, 211
metabolismo, 223
metais pesados, 357
método do talude infinito, 141
métodos geofísicos, 166
microagregada, 42
microfauna, 220
microfraturamento, 40
microfraturamentos, 29
microporos, 40
microporosidade, 43
microrganismos, 205, 220, 224
migmatitos, 154
migmatitos oftalmíticos, 325
migração, 200, 213
milonitos, 325
minerais neoformados, 30
minerais secundários, 29, 30, 40
minerais silicatados, 32
minerais transformados, 30
mineral secundário, 32
minhocas, 220, 221
mioceno, 35, 213
modelagem física, 161
modelos determinísticos, 172
modelos digitais de terreno, 159
modelos hidrológicos, 159
moluscos, 221
monitoramento, 167, 305, 338, 363, 367, 370, 372, 375, 376
monocultura, 347
montanhas, 227
morfocronologia, 309
morfoescultura, 309
morfoestrutura, 309, 310, 311
morfogênese, 309
morfologia, 329
morfologia do terreno, 160
morfometria, 309, 329
morfométricos, 319
movimento de massa, 10, 376
movimento rotacional, 138

movimentos ambientalistas, 297
movimentos de massa, 123, 126, 128, 136, 139, 147, 153, 157, 159, 161, 306, 330, 342, 350, 356, 360
movimentos epirogenéticos, 217
movimentos gravitacionais, 130
movimentos sísmicos, 216
mudanças ambientais, 365
muro gabião, 370
muros de arrimo, 329
musgos, 244

Nações Unidas, 124
nascente, 362
natureza, 298, 307, 339, 376
neártica, 233, 236
nematóides, 220, 221
neotropical, 233, 235, 238
nichos ecológicos, 230
nitrogênio, 221, 223
nível d'água, 172
nível de base, 361
nível do mar, 217, 218
nível freático, 46
núcleos urbanos, 334
nutrição, 220
nutrientes, 201, 221, 357
nutrientes minerais, 223

obras de engenharia, 355, 363
oceânica, 233, 236, 238
oceanos, 244
ocupação urbana, 328
oligoquetos, 199, 221
ONU, 124, 125
organismos, 71, 75, 76, 85, 204, 212, 215, 220, 229, 231, 246
organismos dos solos, 85
organismos marinhos, 222
oriental, 233, 237
oxidação, 31
oxigênio, 222, 223
ozônio, 222

padrões de formas, 311
padrões de formas semelhantes, 311
paisagem, 353
paleártica, 233, 234, 237
paleoclimas, 208
paleocontinentes, 208
paleomagnetismo, 210
paleotropical, 233, 235
paleozóico, 213
pangeae, 208, 211
parabiosfera, 197
parques nacionais, 299
pastagens, 219
patrimônios genéticos, 227, 228
pedoambiente, 82
pedogênese, 320, 326
pedolítica, 40
pedolito, 39
pedologia, 349
pedon, 68, 69
peixes, 242
percolação, 219
perdas, 73
perfil, 67
perfil do rio, 361
perfil laterítico, 43, 47
perfil longitudinal, 361, 362
perfil transversal, 362
perfis de alteração, 167
perfis de intemperismo, 138
perfis geológicos, 167
perfis lateríticos, 31, 38
períodos glaciais, 206, 214, 215
permeâmetro, 168
permocarbonífero, 208
peso específico do solo, 141
pesquisa ambiental, 324
Petrópolis, 151
piezôcones, 167
piezômetros, 168
pisolitos, 47
placa oceânica, 210
placas continentais, 208, 211
placas tectônicas, 210

planejamento ambiental, 310, 317, 334
planejamento regional, 334
planícies, 306, 361
planície de inundação, 361, 362
planícies alveolares, 327
planícies marinhas, 109, 311
plano de falha, 153
plano de ruptura, 134, 157
planos de fraqueza, 139
planos de fratura, 27
planos diretores, 334
planossolos, 103
plasma, 30, 42
plasticidade, 320
plasticidade genética, 204
pleistoceno, 206, 211, 213, 214, 217
plintita, 107
plintito, 39
plintossolos, 106
plintossolos concrecionários, 107
podzol, 86
podzol hidromórfico, 108
podzólico amarelo, 100
podzólico bruno-acinzentado, 99
podzólico vermelho-amarelo, 99
podzolização, 73
podzols, 48, 107
pólens, 201, 205
polipedon, 69
polinização, 201
poluentes industriais, 365
poluição, 298, 375
poluição atmosférica, 343
populações, 207, 226
populações disjuntas, 215
poro-pressão, 127
poro-pressão positiva, 141, 160
poro-pressões, 156, 168
porosidade, 48, 198, 220, 358, 359
potássio, 221, 225
pradaria, 235, 240
práticas conservacionistas, 322, 348

precipitação, 141
predadores, 222
preservação permanente, 304
pressão confinante, 149
previsão, 123
previsão de deslizamentos, 161, 171
problemas ambientais, 345, 347, 365, 369
processo de erosão, 363
processo erosivo, 218
processos de degradação, 339, 358, 375
processos de erosão, 362
processos de formação, 73
processos endógenos, 295, 307
processos erosivos, 220, 328, 338, 345, 361
processos exógenos, 295, 308
processos físicos, 342
processos fluviais, 364
processos intempéricos, 219
processos morfogenéticos, 34, 312
processos pedogenéticos, 42, 156
produção de sedimentos, 355, 370
produtividade, 86
produtividade biológica, 364
prognóstico, 371
prognósticos, 324
propriedades do solo, 358
propriedades hidráulicas, 145
proteção ambiental, 299, 301
proteínas, 220
protolito, 25, 29, 39
protomilonitos, 325
protozoários, 220, 221, 222
províncias, 241

qualidade ambiental, 301
qualidade de vida, 300, 375, 376
qualidade do ambiente, 366
quartzo, 49
quaternário, 213
queda de barreira, 134
queda de blocos, 362

quedas, 128, 129
quedas de blocos, 147
questão ambiental, 297
questões ambientais, 338

raízes, 220
rastejamento, 362, 373
rastejo, 161
rastejos, 130
ravinas, 316, 347, 360, 361, 368
reconhecimento, 65
recurso ambiental, 230
recursos bióticos, 223
recursos da água, 365
recursos hídricos, 364, 366, 367
recursos naturais, 298, 316, 322, 342, 347, 375
rede de drenagem, 362
rede fluvial, 362
refúgios, 204, 214, 228
refúgios marinhos, 215
regime hidrológico, 344
regimes sazonais, 42
regiões temperadas, 200
regiões tropicais, 200, 221
regolito, 25
regolitos, 27
regossolos, 111
regularização dos fluxos, 365
reinos biogeográficos, 233
relevo, 72, 75, 76, 207, 318, 320, 329
relevo local, 76, 333
relevo movimentado, 241
relíquias, 204
relíquias marinhas, 215
rendzinas, 110
répteis, 242
reservatório, 324
reservatórios, 363
resíduos sólidos, 299
resistência ao cisalhamento, 141
resitência da litologia, 308
ressecamento, 306

restingas, 199
retroanálise, 168
rima, 300
rios, 227
rios de cascalhos, 364
risco de deslizamento, 175
riscos, 350
rocha matriz, 219
rochas cristalofilianas, 306
rochas metafórmicas, 154
rota de migração, 198
rotíferos, 220
rugosidade topográfica, 356

salinidade, 215
salinização, 74
saneamento, 366
saneamento básico, 298
saprock, 39, 40
saprolítica, 40
saprolito, 39, 40, 47, 50, 155, 156, 157
saturação de bases, 81
savana, 240
savanas, 240
sedimentação, 217
sedimentos, 362, 363
sedimentos fluviais, 362
sedimentos marinhos, 214
segregação ecológica, 207
seleção natural, 226, 227
sementes, 201, 205
semi detalhado, 65
semideserto, 235, 240
serapilheira, 224
Serra de Teresópolis, 139
silcretes, 50
silte, 347, 358
sistema ambiental, 367
sistema de drenagem, 353
sistema natural, 316
sistemas ambientais, 295, 296
sistemas ambientais naturais, 291
sistemas de informações geográficas, 125, 169

sistemas especialistas, 170
sistemas fluviais, 365
sistemas geográficos de informação, 159
sistemas naturais, 316
slides, 134
sociedade, 344, 352
sódio, 225
soleiras, 363
solifluxão, 362
solo, 66, 219, 318, 333
solo residual, 129, 139, 155, 157
solo saprolítico, 138, 157
solonchack, 104
solonetz-solodizado, 104
solos, 198, 214, 216, 329, 343, 349
solos aluviais, 113
solos da Amazônia, 83
solos de várzea, 80
solos de vasa, 199
solos não saturados, 167
solos orgânicos, 114
solos pouco intemperizados, 84
solos residuais, 138, 167
solos tiomórficos, 109
solos tropicais, 138
solos tropicais, 168
solos úmidos, 220
solubilidade, 30
soluções percolantes, 32
solum, 68
sondagens, 167
sondagens mecânicas, 166
stone line, 48
strike, 154
subespeciação, 215
subespécies, 204
subespécies endêmicas, 244
substâncias alelopáticas, 201
substâncias húmicas, 86
substrato rochoso, 357
sucção, 172
sulco, 129
superfície de ruptura, 139

392

superfície terrestre, 25
superfícies de ruptura, 154
susceptibilidade a deslizamentos, 172
suscetibilidade magnética, 94

talude, 154
tálus, 159
talvegues, 361
taxa, 214
taxas de erosão, 359
taxas de infiltração, 145, 358
taxon, 214, 310, 314
tectônica, 353
tectônica de placas, 208, 210
teias tróficas, 222
temperatura do solo, 80, 81, 200, 219
tempo, 72, 75
tensão cisalhante, 141
tensiômetros, 168
teor de matéria orgânica, 79, 358
teores granulométricos, 358
terciário, 211
Teresópolis, 131
terra bruna estruturada, 98
terra fina seca a 105ºC, 63
terra fina seca ao ar, 63
terra roxa estruturada, 97
terras roxas estruturadas, 83, 98
terremotos, 142, 210
textura, 320, 358
textura porfítica, 325
tilitos, 208
típica de latossolo, 94
tipo de levantamento de solos, 64
tipologia de formas, 311
tipos de Horizonte A, 86
tipos de óxidos de ferro, 82
tolerância ecológica, 204
tombamentos, 128, 149
topografia, 355, 356, 357, 363
toppling, 149
transformações, 73

transição abrupta, 103
translocações, 73
tratamento de resíduos, 299
tridimensional, 69
triássico, 212
troca de cátions, 198
tundra, 235
turfeiras, 214

ultra detalhado, 65
ultramilonitos, 325
umidade, 82
umidade do solo, 81
UNESCO, 124
unidade de classificação, 69
unidade de descrição e de exame, 67
unidade de planejamento, 365
unidade mínima de descrição e de coleta, 68
unidade morfoestrutural, 309, 310
unidades ambientais, 354
unidades ecodinâmicas, 317
unidades ecodinâmicas estáveis, 317
unidades ecodinâmicas instáveis, 317
unidades geomorfológicas, 179
unidades morfoesculturais, 309
unidades morfológicas, 311
urbanização, 363
uso da terra, 318, 344, 345, 347
usos da água, 366

vale, 361, 362
vale fluvial, 361
valência ecológica, 199
vales entalhados, 314
vales fluviais, 361
varialibidade genética, 205
várzea, 361
vegetação, 219
vegetação de cerrado, 87
vegetação xerófila, 242

393

veios de quartzo, 50
vento, 219
vermes, 221
vermiculita, 97, 98
vertebrados, 208
vertentes, 330, 352, 356, 357
vertissolos, 109
voçoroca, 370
voçorocamento, 129
voçorocas, 316, 338, 347, 360, 361, 368
vulcanismo, 216

vulcão, 216

zona mosqueada, 39, 43, 47, 48, 50
zona pálida, 50
zona peritropical, 34
zona tropical, 213
zonas de convergência, 158, 159
zonas de saturação, 159
zonas morfoclimáticas, 33, 34, 309
zonas temperadas, 208
zoneamento ambiental, 301
zoogeografia, 197

Este livro foi impresso no
Sistema Digital Instant Duplex da Divisão Gráfica da
DISTRIBUIDORA RECORD DE SERVIÇOS DE IMPRENSA S.A.
Rua Argentina, 171 - Rio de Janeiro/RJ - Tel.: 2585-2000